组合数学

第二版

曹汝成 编著

内 容 简 介

本书系统地介绍了组合数学的基础知识，包括排列和组合、容斥原理、递推关系、生成函数、整数的分拆、鸽笼原理和 Ramsey 定理、Pólya 计数定理等。书中内容丰富，叙述条理清楚，深入浅出，例题多且配备大量习题（计算题均附有答案），便于读者自学。

本书可用作高等师范院校数学专业教材，也可作为中学教师、科技人员学习组合数学的入门书。

图书在版编目（CIP）数据

组合数学/曹汝成编著. —2版. —广州：华南理工大学出版社，2012.7（2025.2 重印）

ISBN 978-7-5623-3729-4

Ⅰ. ①组… Ⅱ. ①曹… Ⅲ. ①组合数学-师范大学-教材 Ⅳ. ①O157

中国版本图书馆 CIP 数据核字（2012）第 175553 号

组合数学（第二版）

曹汝成　编著

出版发行：华南理工大学出版社
（广州五山华南理工大学 17 号楼　邮编：510640）
http：//hg. cb. scut. edu. cn　E-mail：scutc13@ scut. edu. cn
营销部电话：020-87113487　87111048（传真）

责任编辑：胡　元

印 刷 者：广州小明数码印刷有限公司

开　　本：850mm×1168mm　1/32　**印张**：8.875　**字数**：244 千

版　　次：2012 年 7 月第 2 版　2025 年 2 月第 30 次印刷

印　　数：95 901～96 900 册

定　　价：20.00 元

第二版前言

本书自2000年1月出版以来，已经印刷了14次，共64 000册，从高校数学教材这一角度去衡量，或许可算是一部畅销书。我为能取得这样好的成绩感到高兴，并从心底里感谢广大读者的支持。

我知道，本书存在不少需要改进的地方，因此，当华南理工大学出版社建议对该书进行修订再版时，我自然是举双手赞成。我相信，通过认真、细心的修订，本书的整体水准定能迈上更高的台阶。

此次修订，我保留了原来的结构与风格，改正了原版存在的错误，改写了第六章的第一节——鸽笼原理；适当增加了每章的习题。

本书虽经修订，但限于水平，仍难免存在缺点和疏漏，敬请读者批评指正。

曾汝成

2012年5月于华南师范大学

前言

组合数学是一个历史悠久的数学分支。据传说,大禹治水时(公元前2200年左右),从洛河中浮出一只神龟,它的背部画了一个被称为洛书的神奇点阵图(图1),把点阵图各个部分用点数代替,就得到今天人们称之为三阶幻方的数字方阵(图2)。该方阵的每一行、每一列、每条对角线上的3个数字之和都等于15。

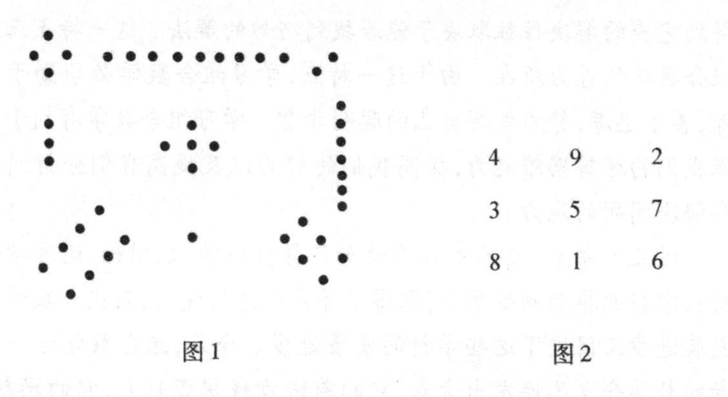

4	9	2
3	5	7
8	1	6

图1　　图2

幻方问题是组合数学所涉及的一个非常有趣的问题。所谓n阶幻方就是由$1,2,\cdots,n^2$这n^2个数字组成的$n\times n$方阵,该方阵的每一行、每一列、每条对角线上的n个数字之和都相等。人们自然想知道:对于任意给出的正整数n,n阶幻方是否存在?如果存在,怎样把它构造出来?有多少种不同的构造方法?

在实际生活和科学研究中存在千千万万类似幻方这样的数学问题,这些问题都是关于离散对象的安排或配置的问题,即所谓的离散构形问题。例如,在 n 阶幻方问题中,离散对象就是 $1,2,\cdots,n^2$ 这 n^2 个正整数,我们要作的构形就是每行、每列、每条对角线上的数字之和都相等的 $n\times n$ 方阵。

组合数学所研究的对象就是离散构形问题,主要包括:

(1) 构形是否存在,即构形的存在性问题。

(2) 如何作出构形,即构形的构造性问题。

(3) 可作出多少种不同的构形,即构形的计数问题。

(4) 找出最理想的构形,即构形的最优化问题。

由于在现实生活和科学研究中存在着无穷无尽的离散构形问题,这就决定了组合数学内容丰富,应用广泛,生命力强。组合数学的另一个特点是讲究方法,讲究技巧。一个组合数学问题能否得到完美的解决往往取决于能否找到巧妙的解法。这一特点正是组合数学的魅力所在。由于这一特点,学习组合数学必须勤于思考,善于思考,努力发挥自己的聪明才智。学习组合数学有利于增强我们的逻辑思维能力,提高我们的智力以及提高我们分析问题和解决问题的能力。

近几十年来,组合数学在诸如计算机科学、规划论、运筹学等新兴学科的推动和刺激下,取得了异常迅速的发展,而组合数学的发展进步又促进了这些学科的发展进步。今天,组合数学这一古老的数学分支已焕发出青春,它的前进步伐越迈越大,它的思想、方法和理论已受到人们的高度关注,它的应用越来越广泛,它的前景无限广阔。

从 1985 年起,我开始给华南师范大学数学系本科生讲授组合数学,本书是在 10 多年来不断修正的授课讲稿的基础上撰写而成的,其中包含自己的一些教学与科研成果。在撰写本书时,力求做到论证严谨,叙述条理清楚,深入浅出,尽量多举例,并配置了大量的习题,目的是帮助初学者更好地领会组合数学的思想、理论和方法，提高分析问题和解决问题的能力。限于水平，难免有缺点和错误，敬请读者批评指正。

最后，我要感谢我的老师钟集教授，是他引领我步入组合数学这一迷人的领域的。

曹汝成

1999年8月于华南师范大学

目　录

第一章　排列和组合

“排列和组合”是组合数学所研究的最简单、最基本的课题.要想完满地解决一个有关排列和组合的问题,往往需要较强的“组合思维”、巧妙的“组合方法”和熟练的“组合技巧”,因此,这一课题既富有挑战性,又展示了组合数学迷人的魅力.

第一节　计数的基本原则

设 A 是一个有限集,以 $|A|$ 表示 A 所包含的元素个数,人们往往希望知道 $|A|$ 的值,这就产生了集合的计数问题.

下面介绍几个常用的计数基本原则.

一、相等原则

相等原则:设 A,B 是两个有限集,如果存在由 A 到 B 上的一个一一对应映射(即双射),则 $|A|=|B|$.

当直接去求一个集合的元素个数较为困难时,可考虑采用相等原则,把问题转化成求另一个集合的元素个数.

例 1.1　n 名选手参加乒乓球单打淘汰赛,需要打多少场比赛才能产生冠军?

解:以 A 表示全部比赛所成之集,以 B 表示除了冠军之外的全部选手所成之集,则 $|B|=n-1$.

作由 A 到 B 的映射 f 如下:

设 $a\in A$,若在比赛 a 中选手 b 被淘汰,则 $f(a)=b$,显见 f 是由 A 到 B 上的一个一一对应映射.

由相等原则,$|A|=|B|=n-1$,所以要打 $n-1$ 场比赛才能产生冠军.

二、加法原则

加法原则:设 A 是有限集,$A_i\subseteq A(i=1,2,\cdots,k)$,如果 $A=\bigcup\limits_{i=1}^{k}A_i$,且 $A_i\cap A_j=\varnothing\ (1\leqslant i<j\leqslant k)$,则 $|A|=\sum\limits_{i=1}^{k}|A_i|$.

人类经过无数次的实践,发现相等原则和加法原则都是正确的,因此这两个计数原则被认为是公理.

加法原则可用文字表述为:如果有限集 A 的全部元素被分成互不相容的(即没有公共元素的)k 类,其中属于第 $i(1\leqslant i\leqslant k)$ 类的元素有 n_i 个,则 $|A|=\sum\limits_{i=1}^{k}n_i$.

加法原则亦可用文字表述成:如果做一件事情的全部方法可分成互不相容的 k 类,其中属于第 $i(1\leqslant i\leqslant k)$ 类的方法有 n_i 种,则做这件事情的方法共有 $\sum\limits_{i=1}^{k}n_i$ 种.

当直接去求一个集合的元素个数较为困难时,可考虑将该集合的全部元素进行分类,然后求出每一类的元素个数,则由加法原则,可求出集合的元素个数.

应用加法原则去解组合计数问题,常常可以化难为易,化繁为简.

例 1.2 设 n 为大于1的正整数,求满足条件 $x+y\leqslant n$ 的有序正整数对 (x,y) 的个数.

解:设所求为 N. 因为满足条件 $x+y\leqslant n$,且 $x=k(1\leqslant k\leqslant$

$n-1$)的有序正整数对(x,y)有$n-k$个,故由加法原则,有

$$\begin{aligned}N &= \sum_{k=1}^{n-1}(n-k)\\ &= (n-1)+(n-2)+\cdots+2+1\\ &= \frac{n(n-1)}{2}.\end{aligned}$$

例 1.3 把4个人分成两组,每组至少1人,求不同的分组方法数.

解:设所求为N.以甲、乙、丙、丁表示4个人,则满足题意的N种分组方法可分成如下两类:

(1)有一组仅含有1人的分组方法.

因为在1人组中的人可以是甲、乙、丙、丁这4个人中的任何一个人,故属于此类的分组方法有4种.

(2)两个组各含有2个人的分组方法.

因为甲所在的组确定之后,另一组也就确定了,而与甲同组的人可以是乙、丙、丁这3个人中的任何一个人,故属于此类的分组方法有3种.

由加法原则,$N=4+3=7$.

三、乘法原则

定理 1.1 已知做一件事要经过两个步骤,完成第一个步骤的方法有m种,完成第一个步骤之后,完成第二个步骤的方法有n种,则做这件事的方法共有mn种.

证明:设完成第一个步骤的m种方法为$a_1,a_2,\cdots,a_m$,则做这件事采用方法$a_i(1\leqslant i\leqslant m)$去完成第一个步骤的方法有$n$种.由加法原则,做这件事的方法的种数为

$$\underbrace{n+n+\cdots+n}_{m个n}=mn.$$

在定理1.1的基础上，采用数学归纳法，容易证明下面的定理1.2(证明留给读者).

定理1.2(乘法原则)　已知做一件事要依次经过 k 个步骤，且在已完成前面 $i-1(1\leqslant i\leqslant k)$ 个步骤的情况下，完成第 i 个步骤有 n_i 种方法，则做这件事的方法共有 $n_1\cdot n_2\cdot\cdots\cdot n_k=\prod_{i=1}^{k}n_i$ 种.

例1.4　求 n 元集 $A=\{a_1,a_2,\cdots,a_n\}$ 的子集的个数.

解:可依次经过 n 个步骤去构造 n 元集 A 的子集，其中第 $k(k=1,2,\cdots,n)$ 个步骤是确定是否选取 a_k 作为该子集的元素. 因为完成每个步骤的方法均有两种，故由乘法原则，构造 n 元集 A 的子集的方法共有 2^n 种，即 n 元集 A 的子集共有 2^n 个.

例1.5　以 N 表示万位数字不是5且各位数字互异的5位数的个数，求 N.

解:可依次确定万位、千位、百位、十位、个位数字去作出满足题意的5位数. 由于万位数字不能是0和5，且各位数字必须彼此相异，故确定5位数的万位、千位、百位、十位、个位数字的方法分别有8种、9种、8种、7种、6种. 由乘法原则，有

$$N=8\times9\times8\times7\times6=24\,192.$$

例1.6　设自然数 $n(n\geqslant2)$ 的质因数分解式为 $n=p_1^{\alpha_1}p_2^{\alpha_2}\cdots p_k^{\alpha_k}$，求 n 的不同正约数的个数.

解:n 的任一个正约数 s 可唯一地表成 $s=p_1^{\beta_1}p_2^{\beta_2}\cdots p_k^{\beta_k}$，其中 $\beta_i(i=1,2,\cdots,k)$ 是整数，且 $0\leqslant\beta_i\leqslant\alpha_i$，于是可通过依次确定 $\beta_1,\beta_2,\cdots,\beta_k$ 去作出 n 的正约数. 因为 $\beta_i(1\leqslant i\leqslant k)$ 可以是 $0,1,2,\cdots,\alpha_i$ 这 a_i+1 个数中的任一个，即确定 β_i 的方法有 α_i+1 种，故由乘法原则，n 的不同正约数的个数为

$$(\alpha_1+1)(\alpha_2+1)\cdots(\alpha_k+1)=\prod_{i=1}^{k}(\alpha_i+1).$$

第二节　排　列

一、n 元集的 r-排列

定义 1.1　设 A 是 n 元集，如果序列 $a_1a_2\cdots a_r$ 中的 r 个元 a_1，a_2，…，a_r 都属于 A 且彼此相异，则称序列 $a_1a_2\cdots a_r$ 是 n 元集 A 的一个 r-排列，并称 $a_k(1\leqslant k\leqslant r)$ 是该 r-排列的第 k 个元，或称 a_k 在该 r-排列中排在第 k 位.

定义 1.2　n 元集 $A=\{a_1,a_2,\cdots,a_n\}$ 的 n-排列称为 n 元集 A 的一个全排列，亦称为由 $a_1,a_2,\cdots,a_n$ 作成的一个全排列.

定理 1.3　设 $n,r(n\geqslant r)$ 是正整数，以 $P(n,r)$ 表示 n 元集的 r-排列的个数，则

$$P(n,r)=n(n-1)\cdots(n-r+1)=\frac{n!}{(n-r)!}.$$

证明：设 A 是任一个 n 元集，可依次确定排列的第 1，2，…，r 个元去作出 n 元集 A 的 r-排列 $a_1a_2\cdots a_r$. 因为当 $a_1,a_2,\cdots,a_{k-1}(1\leqslant k\leqslant r)$ 确定之后，a_k 可以是 $n-k+1$ 元集 $A-\{a_1,a_2,\cdots,a_{k-1}\}$ 中的任一个元，即确定 a_k 的方法有 $n-k+1$ 种，于是由乘法原则，有

$$\begin{aligned}P(n,r)&=\prod_{k=1}^{r}(n-k+1)\\&=n(n-1)\cdots(n-r+1)\\&=\frac{n!}{(n-r)!}.\end{aligned}$$

推论 1.1　n 元集的全排列的个数为 $n!$.

例 1.7　求由 n 个相异元 $a_1,a_2,\cdots,a_n$ 作成的 a_1 与 a_2 不相邻的全排列的个数.

解：设所求为 N. 因为由 $a_1,a_2,\cdots,a_n$ 作成的全排列共有 $n!$

个,其中 a_1 与 a_2 不相邻的全排列有 N 个,a_1 与 a_2 相邻的全排列有 $2\cdot(n-1)!$ 个,故由加法原则,有

$$N+2\cdot(n-1)!=n!,$$

所以

$$N=n!-2(n-1)!=(n-2)(n-1)!.$$

例 1.8 设由 1,2,3,4,5,6 组成的各位数字互异的 4 位偶数共有 N 个,它们的和记为 M,求 N 和 M.

解:由 1,2,3,4,5,6 组成的各位数字互异,且个位数字为 2,4,6 的 4 位偶数均有 $P(5,3)=60$ 个,于是由加法原则,有

$$N=60\times 3=180.$$

以 a_1,a_2,a_3,a_4 分别表示这 180 个偶数的个位、十位、百位、千位数字之和,则

$$M=a_1+10a_2+100a_3+1000a_4.$$

因为在这 180 个偶数中,个位数字为 2,4,6 的偶数各有 60 个,故

$$a_1=(2+4+6)\times 60=720.$$

因为在这 180 个偶数中,十(百,千)位数字为 1,3,5 的偶数各有 $3\times P(4,2)=3\times 4\times 3=36$ 个,为 2,4,6 的偶数各有 $2\times P(4,2)=2\times 4\times 3=24$ 个,故

$$a_2=a_3=a_4=(1+3+5)\times 36+(2+4+6)\times 24=612.$$

所以

$$M=720+612\times(10+100+1000)=680040.$$

二、n 元集的 r-可重复排列

定义 1.3 设 A 为 n 元集,如果序列 $a_1a_2\cdots a_r$ 的元素都属于

A,则称序列 $a_1a_2\cdots a_r$ 是 n 元集 A 的一个 r-可重复排列.

由定义 1.3 可知,在 n 元集 A 的一个 r-可重复排列中,A 中的同一个元素可以出现多次.

定理 1.4 n 元集的 r-可重复排列的个数为 n^r.

证明:设 A 是任一个 n 元集,可依次确定排列中的第 $1,2,\cdots,r$ 个元去作出 n 元集 A 的 r-可重复排列 $a_1a_2\cdots a_r$. 因为 $a_k(1\leqslant k\leqslant r)$ 可以是 n 元集 A 中的任一个元,即确定 a_k 的方法有 n 种,由乘法原则,n 元集 A 的 r-可重复排列的个数为 n^r.

例 1.9 由 1,2,3,4,5,6 可组成多少个大于 35 000 的 5 位数?

解:设由 1,2,3,4,5,6 组成的大于 35000 的 5 位数共有 N 个,则这 N 个 5 位数可分成如下两类:

(1)万位数字为 3 的 5 位数.

属于此类的 5 位数的千位数字必为 5 或 6,所以属于此类的 5 位数有 $2\times6^3=632$ 个.

(2)万位数字大于 3 的 5 位数.

属于此类的 5 位数的万位数字必为 4,5 或 6,故属于此类的 5 位数有 $3\times6^4=3\,888$ 个.

由加法原则,得

$$N=432+3\,888=4320.$$

三、多重集的排列

定义 1.4 由 n_1 个 a_1,n_2 个 a_2,$\cdots$,n_k 个 a_k 组成的集合 M 记为 $M=\{n_1\cdot a_1,n_2\cdot a_2,\cdots,n_k\cdot a_k\}$,$M$ 称为多重集,也称 M 是一个 n-多重集,其中 $n=n_1+n_2+\cdots+n_k$.

定义 1.5 设 $M=\{n_1\cdot a_1,n_2\cdot a_2,\cdots,n_k\cdot a_k\}$,$\pi$ 是集合 $A=\{a_1,a_2,\cdots,a_k\}$ 的一个 n-可重复排列且 π 中有 n_1 个 a_1,n_2 个 a_2,$\cdots$,n_k 个 a_k,则称 π 是多重集 M 的一个全排列,此时也称 π 是

由 n_1 个 a_1，n_2 个 a_2，…，n_k 个 a_k 作成的全排列.

定理 1.5 多重集 $M=\{n_1\cdot a_1, n_2\cdot a_2, \cdots, n_k\cdot a_k\}$ 的全排列的个数为 $\dfrac{(n_1+n_2+\cdots+n_k)!}{n_1!n_2!\cdots n_k!}$.

证明：设 M 的全排列的个数为 x. 以 M' 表示把 M 中的 $n_i(i=1,2,\cdots,k)$ 个 a_i 换成 n_i 个相异元 $a_{i1}, a_{i2}, \cdots, a_{in_i}$ 所成之集，则 M' 是 $n_1+n_2+\cdots+n_k$ 元集，其全排列的个数为 $(n_1+n_2+\cdots+n_k)!$，但我们可依如下两个步骤去构造 M' 的全排列：先作 M 的全排列，然后把排列中的 $n_i(i=1,2,\cdots,k)$ 个 a_i 换成 $a_{i1}, a_{i2}, \cdots, a_{in_i}$. 完成前一个步骤的方法有 x 种，完成后一个步骤的方法有 $n_1!\ n_2!\ \cdots n_k!$ 种. 于是由乘法原则，构造 M' 的全排列的方法有 $x\cdot n_1!\ n_2!\ \cdots n_k!$ 种，从而

$$(n_1+n_2+\cdots+n_k)! = x\cdot n_1!n_2!\cdots n_k!,$$

所以

$$x=\frac{(n_1+n_2+\cdots+n_k)!}{n_1!n_2!\cdots n_k!}.$$

定义 1.6 设 $M=\{n_1\cdot a_1, n_2\cdot a_2, \cdots, n_k\cdot a_k\}$ 和 $A=\{s_1\cdot a_1, s_2\cdot a_2, \cdots, s_k\cdot a_k\}$ 都是多重集，且 $0\leqslant s_i\leqslant n_i(i=1,2,\cdots,k)$，则称 A 是 M 的一个子集. 如果 $s_1+s_2+\cdots+s_k=r$，则称 A 是 M 的一个 r-子集.

定义 1.7 设 $M=\{n_1\cdot a_1, n_2\cdot a_2, \cdots, n_k\cdot a_k\}$ 是多重集，π 是 M 的某个 r-子集的全排列，则称 π 是 M 的一个 r-排列.

例 1.10 求多重集 $M=\{5\cdot a, 3\cdot b\}$ 的 6-排列的个数.

解：设所求为 N. 因为 M 的 6-子集有如下 3 个：$A_1=\{5\cdot a, 1\cdot b\}$，$A_2=\{4\cdot a, 2\cdot b\}$，$A_3=\{3\cdot a, 3\cdot b\}$，而 A_1 的全排列数为 $\dfrac{6!}{5!1!}=6$，A_2 的全排列数为 $\dfrac{6!}{4!2!}=15$，A_3 的全排列数为 $\dfrac{6!}{3!3!}=20$，所以由加法原则，得

$$N = 6 + 15 + 20 = 41.$$

第三节　T 路的计数

一、T 路

定义 1.8　由 $p \times q$ 个单位正方形拼成的长为 p，宽为 q 的长方形叫做一个 $p \times q$ 棋盘.

定理 1.6　沿 $p \times q$ 棋盘(图 1.1)上的线段，由顶点 A 到顶点 B 的最短路的条数为 $\dfrac{(p+q)!}{p!q!}$.

证明：由 A 到 B 的最短路可看成是由 p 条单位横线段 a 与 q 条单位纵线段 b 作成的全排列，所以由 A 到 B 的最短路的条数等于由 p 个 a 和 q 个 b 作成的全排列数，为 $\dfrac{(p+q)!}{p!q!}$.

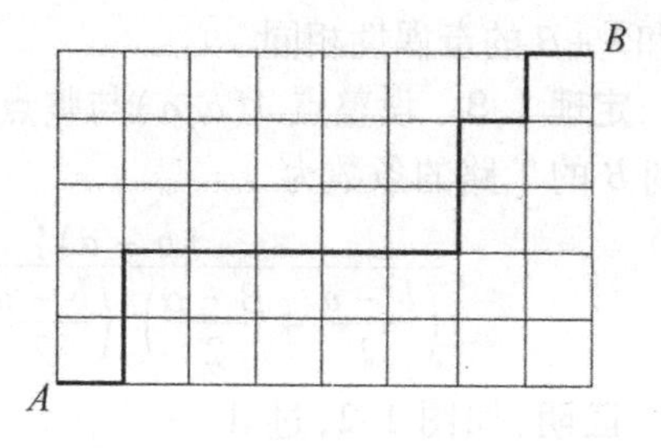

图 1.1

定义 1.9　在 Oxy 坐标平面上，横坐标与纵坐标都是整数的点叫做整点. 由任一个整点 (x,y) 到整点 $(x+1,y+1)$ 或 $(x+1,y-1)$ 的有向线段叫做一个 T 步.

定义 1.10　由整点 A 到整点 B 的一条 T 路是指由若干个 T 步组成的起点为 A、终点为 B 的有向折线.

定理 1.7　如果存在由整点 $A(a,\alpha)$ 到整点 $B(b,\beta)$ 的 T 路，则

①$b > a$.

②$b-a\geqslant|\beta-\alpha|$.

③$a+\alpha$ 与 $b+\beta$ 的奇偶性相同.

上述三个条件合称为 T 条件.

证明:设存在由整点 $A(a,\alpha)$ 到整点 $B(b,\beta)$ 的一条 T 路 l,l 由 s 个 T 步组成.

①因为每个 T 步的终点与起点的横坐标之差为 1,所以 $b>a$,且 $s=b-a$.

②因为每个 T 步的终点与起点的纵坐标之差为 1 或 -1,所以 $-s\leqslant\beta-\alpha\leqslant s$,从而 $|\beta-\alpha|\leqslant s$,即 $|\beta-\alpha|\leqslant b-a$.

③对任一个 T 步,其起点的两个坐标之和与终点的两个坐标之和的差为 -2 或 0,所以两者的奇偶性相同,而 T 路 l 由 s 个 T 步组成,所以 T 路 l 的起点 A 的两坐标之和 $a+\alpha$ 与终点 B 的两坐标之和 $b+\beta$ 的奇偶性相同.

定理 1.8 设整点 $A(a,\alpha)$ 与整点 $B(b,\beta)$ 满足 T 条件,则由 A 到 B 的 T 路的条数为

$$\frac{(b-a)!}{\left(\frac{b-a}{2}+\frac{\beta-\alpha}{2}\right)!\left(\frac{b-a}{2}-\frac{\beta-\alpha}{2}\right)!}.$$

证明:如图 1.2,过 A 和 B 分别作斜率为 1 和 -1 的两条直线得矩形 $ACBD$,直线 AD 的方程为

$$y-\alpha=x-a,$$

直线 BD 的方程为

$$y-\beta=-(x-b),$$

于是容易求得 D 的横坐标为

$$x=\frac{a+b}{2}+\frac{\beta-\alpha}{2}.$$

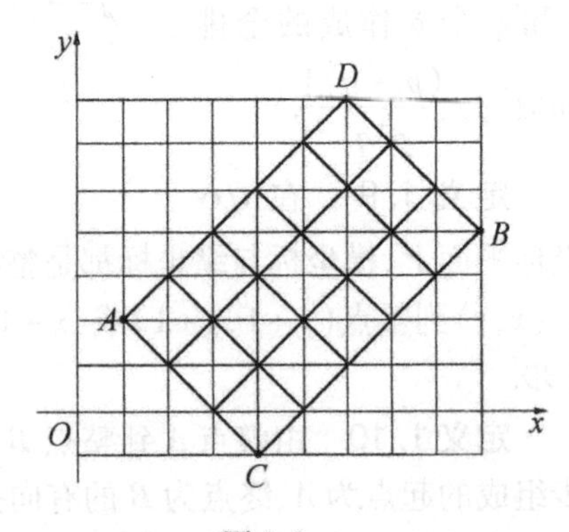

图 1.2

所以线段 AD 上的整点数为

$$\frac{a+b}{2}+\frac{\beta-\alpha}{2}-a+1=\frac{b-a}{2}+\frac{\beta-\alpha}{2}+1,$$

线段 BD 上的整点数为

$$b-\left(\frac{a+b}{2}+\frac{\beta-\alpha}{2}\right)+1=\frac{b-a}{2}-\frac{\beta-\alpha}{2}+1.$$

过线段 AD 上的每个整点作斜率为 -1 的直线，过线段 BD 上的每个整点作斜率为 1 的直线，这些直线把矩形 $ACBD$ 变成一个 $\left(\frac{b-a}{2}+\frac{\beta-\alpha}{2}\right)\times\left(\frac{b-a}{2}-\frac{\beta-\alpha}{2}\right)$ 棋盘. 显见由 A 到 B 的任一条 T 路就是该棋盘上由 A 到 B 的一条最短路，反之亦然. 所以，由 A 到 B 的 T 路的条数为

$$\frac{\left(\frac{b-a}{2}+\frac{\beta-\alpha}{2}+\frac{b-a}{2}-\frac{\beta-\alpha}{2}\right)!}{\left(\frac{b-a}{2}+\frac{\beta-\alpha}{2}\right)!\left(\frac{b-a}{2}-\frac{\beta-\alpha}{2}\right)!}$$

$$=\frac{(b-a)!}{\left(\frac{b-a}{2}+\frac{\beta-\alpha}{2}\right)!\left(\frac{b-a}{2}-\frac{\beta-\alpha}{2}\right)!}.$$

二、反射原理

定理 1.9(反射原理)　设整点 $A(a,\alpha)$ 与整点 $B(b,\beta)$ 满足 T 条件，且 $\alpha>0,\beta>0,b-a\geqslant\alpha+\beta$，则由 A 到 B 且经过 x 轴(即与 x 轴有交点)的 T 路的条数等于由 $A'(a,-\alpha)$ 到 B 的 T 路的条数，为

$$\frac{(b-a)!}{\left(\frac{b-a}{2}+\frac{\beta+\alpha}{2}\right)!\left(\frac{b-a}{2}-\frac{\beta+\alpha}{2}\right)!}.$$

证明：以 K 表示由 A 到 B 且经过 x 轴的全体 T 路所成之集，以 K' 表示由 $A'(a,-\alpha)$ 到 B 的全部 T 路所成之集，由定理 1.8，有

$$|K'|=\frac{(b-a)!}{\left(\frac{b-a}{2}+\frac{\beta+\alpha}{2}\right)!\left(\frac{b-a}{2}-\frac{\beta+\alpha}{2}\right)!}.$$

作 K 到 K' 的映射 ϕ 如下：$\forall l\in K$，若 l 与 x 轴的第一个交点为 G，则 $\phi(l)=l'$，其中 l' 是由 A' 到 B 且经过 G 的有向折线，l' 与 l 在 G 之前的部分关于 x 轴对称，其余部分相同. 显见 ϕ 是一个由 K 到 K' 上的一一对应映射，由相等原则，$|K|=|K'|$，故定理 1.9 成立.

由定理 1.8 和定理 1.9 即得定理 1.10.

定理 1.10 设整点 $A(a,\alpha)$ 与整点 $B(b,\beta)$ 满足 T 条件且 $\alpha>0,\beta>0,b-a\geqslant\alpha+\beta$，则由 A 到 B 且不经过 x 轴的 T 路的条数为

$$\frac{(b-a)!}{\left(\frac{b-a}{2}+\frac{\beta-\alpha}{2}\right)!\left(\frac{b-a}{2}-\frac{\beta-\alpha}{2}\right)!}-\frac{(b-a)!}{\left(\frac{b-a}{2}+\frac{\beta+\alpha}{2}\right)!\left(\frac{b-a}{2}-\frac{\beta+\alpha}{2}\right)!}.$$

例 1.11 甲、乙两人比赛乒乓球，最后打成 21∶17，求在比赛过程中甲都领先于乙的记分情形的种数.

解：设所求为 N. 一种记分情形唯一地确定了一个数列 $a_1a_2\cdots a_{38}$，其中

$$a_j=\begin{cases}1 & \text{当第 } j \text{ 次记分时，甲得分}\\ -1 & \text{当第 } j \text{ 次记分时，乙得分}\end{cases}\quad(1\leqslant j\leqslant 38).$$

以 A_j 表示点 $(j,a_1+a_2+\cdots+a_j)$ $(j=1,2,\cdots,38)$，则比赛记分情形可用有向折线 $\overline{A_1A_2\cdots A_{38}}$ 表示. 由于甲的得分由始至终都领先于乙，故 A_j 的纵坐标大于零. 又 A_{j+1} 与 A_j $(j=1,2,\cdots,37)$ 的横坐标之差为 1，纵坐标之差为

$$(a_1+a_2+\cdots+a_{j+1})-(a_1+a_2+\cdots+a_j)=a_{j+1},$$

其值为 1 或 -1，故 $\overline{A_jA_{j+1}}$ 是一个 T 步，从而 $\overline{A_1A_2\cdots A_{38}}$ 是由 $A_1(1,1)$ 到 $A_{38}(38,4)$ 且不经过 x 轴的 T 路，所以 N 等于由点 $(1,1)$ 到点 $(38,4)$ 且不经过 x 轴的 T 路的条数. 由定理 1.10，有

$$N=\frac{(38-1)!}{\left(\frac{38-1}{2}+\frac{4-1}{2}\right)!\left(\frac{38-1}{2}-\frac{4-1}{2}\right)!}-\frac{(38-1)!}{\left(\frac{38-1}{2}+\frac{4+1}{2}\right)!\left(\frac{38-1}{2}-\frac{4+1}{2}\right)!}$$

$$=\frac{37!}{20!17!}-\frac{37!}{21!16!}=\frac{4\times 37!}{21!17!}.$$

定理 1.11 设 n 为正整数,

(1)由点 $O(0,0)$ 到点 $V(2n,0)$,中途不经过 x 轴且位于上半平面的 T 路的条数为 $\frac{(2n-2)!}{n!(n-1)!}$.

(2)由点 $O(0,0)$ 到点 $V(2n,0)$ 且位于上半平面的 T 路的条数为 $\frac{(2n)!}{(n+1)!n!}$.

证明:(1)依题意,所求的 T 路的条数等于由点 $A(1,1)$ 到点 $B(2n-1,1)$ 且不经过 x 轴的 T 路的条数. 由定理 1.10,它等于

$$\frac{(2n-2)!}{(n-1)!(n-1)!}-\frac{(2n-2)!}{n!(n-2)!}=\frac{(2n-2)!}{n!(n-1)!}.$$

(2)满足题意的 T 路不经过直线 $y=-1$. 以直线 $y=-1$ 为新的横坐标轴(方向与原横坐标轴方向相同),仍以 y 轴为纵坐标轴得到一个新的直角坐标系. 在新的直角坐标系中,O 和 V 的坐标分别为 $(0,1)$ 和 $(2n,1)$,于是所求 T 路的条数等于在新直角坐标系中由 $(0,1)$ 到 $(2n,1)$ 且不经过横坐标轴的 T 路的条数. 由定理 1.10,它等于

$$\frac{(2n)!}{n!n!}-\frac{(2n)!}{(n+1)!(n-1)!}=\frac{(2n)!}{(n+1)!n!}.$$

三、Catalan(卡塔兰)数

令 $C_n=\frac{(2n-2)!}{n!(n-1)!}(n=1,2,3,\cdots)$,$C_n$ 叫做 Catalan 数. 由

定理 1.11 可知,C_n 是由点(0,0)到点(2n,0),中途不经过 x 轴且位于上半平面的 T 路的条数.

定理 1.12 以 S_{2n} 表示满足条件

$$\begin{cases} x_1 + x_2 + \cdots + x_{2n} = n \\ x_1 + x_2 + \cdots + x_j < \dfrac{1}{2}j \quad (j = 1,2,\cdots,2n-1) \\ x_j = 0 \text{ 或 } 1 \quad (j = 1,2,\cdots,2n) \end{cases}$$

的解($x_1,x_2,\cdots,x_{2n}$)的集合,则

$$|S_{2n}| = C_n = \frac{(2n-2)!}{n!(n-1)!}.$$

证明:以 K 表示由点 $A_0(0,0)$ 到点 $A_{2n}(2n,0)$,中途不经过 x 轴且位于上半平面的全部 T 路所成之集,则

$$|K| = C_n = \frac{(2n-2)!}{n!(n-1)!}.$$

设 $s \in S_{2n}$ 且 $s = (x_1,x_2,\cdots,x_{2n})$. 以 $A_j(j=1,2,\cdots,2n-1)$ 表示点$(j,j-2x_1-2x_2-\cdots-2x_j)$. 由题设,$A_j(j=0,1,2,\cdots,2n)$是整点且当 $1 \leqslant j \leqslant 2n-1$ 时,A_j 在 x 轴的上方. 又因为 A_{j+1} 与 A_j 的横坐标之差为 1,纵坐标之差为

$$\begin{aligned} &(j+1-2x_1-2x_2-\cdots-2x_{j+1}) - \\ &\quad (j-2x_1-2x_2-\cdots-2x_j) \\ &= 1-2x_{j+1}, \end{aligned}$$

其值为 1 或 −1,所以$\overline{A_jA_{j+1}}$是一个 T 步,从而 $l_s = \overline{A_0A_1\cdots A_{2n}} \in K$ 且 l_s 由 s 唯一确定. 作由 S_{2n}到 K 的映射 ϕ: $\phi(s) = l_s, \forall s \in S_{2n}$,显见 ϕ 是一个由 S_{2n}到 K 上的一一对应映射. 由相等原则,有

$$|S_{2n}| = |K| = C_n = \frac{(2n-2)!}{n!(n-1)!}.$$

用类似于定理 1.12 的证法,可以证明定理 1.13.

定理 1.13 以 T_{2n}表示满足条件

$$\begin{cases} x_1 + x_2 + \cdots + x_{2n} = n \\ x_1 + x_2 + \cdots + x_j \leqslant \frac{1}{2}j \quad (j = 1,2,\cdots,2n-1) \\ x_j = 0 \text{ 或 } 1 \quad (j = 1,2,\cdots,2n) \end{cases}$$

的解$(x_1, x_2, \cdots, x_{2n})$的集合,则

$$|T_{2n}| = C_{n+1} = \frac{(2n)!}{(n+1)!n!}.$$

例 1.12 甲、乙两人比赛乒乓球,最后结果为 20:20,问比赛过程中,甲都领先于乙的记分情形的种数.

解:设所求为 N. 比赛记分情形可用由 0 和 1 作成的长为 40 的有序数组$(x_1, x_2, \cdots, x_{40})$表示,其中

$$x_j = \begin{cases} 0 & \text{若第 } j \text{ 次记分时,甲得分} \\ 1 & \text{若第 } j \text{ 次记分时,乙得分} \end{cases}.$$

依题意有

$$\begin{cases} x_1 + x_2 + \cdots + x_{40} = 20 \\ x_1 + x_2 + \cdots + x_j < \frac{1}{2}j \quad (j = 1,2,\cdots,39), \\ x_j = 0 \text{ 或 } 1 \quad (j = 1,2,\cdots,40) \end{cases} \qquad (*)$$

所以 N 等于$(*)$的解的个数,为 $C_{20} = \frac{38!}{20!\ 19!}$.

第四节 组 合

一、n 元集的 r-组合

定义 1.11 集合 A 的含有 r 个元素的子集称为 A 的一个 r-组合.

设 $A = \{a_1, a_2, \cdots, a_n\}$ 是 n 元集,则 A 的任一个 r-组合可表成

$\{a_{i_1}, a_{i_2}, \cdots, a_{i_r}\}$，其中 $i_1, i_2, \cdots, i_r$ 均是整数，且 $1 \leqslant i_1 < i_2 < \cdots < i_r \leqslant n$.

以 C_n^r 或 $\binom{n}{r}$ 表示 n 元集的 r-组合的个数，简称为组合数.

定理 1.14 设 n 是正整数，r 是非负整数，则

$$\binom{n}{r} = \begin{cases} 0 & \text{当 } r > n \text{ 时} \\ \dfrac{n!}{r!(n-r)!} & \text{当 } 0 \leqslant r \leqslant n \text{ 时} \end{cases}.$$

证明：当 $r > n$ 时，显然有 $\binom{n}{r} = 0$；当 $r = 0$ 时，因为 n 元集的含有零个元素的子集只有一个，就是空集，所以 $\binom{n}{0} = 1$，此时结论成立. 当 $1 \leqslant r \leqslant n$ 时，设 A 为任一个 n 元集，则 A 的 r-排列的个数为 $P(n,r) = \dfrac{n!}{(n-r)!}$. 但我们可依如下两个步骤去构造 n 元集 A 的 r-排列：先作 A 的 r-组合，有 $\binom{n}{r}$ 种方法；再作该组合（是 r 元集）的全排列，有 $r!$ 种方法. 由乘法原则，有

$$\binom{n}{r} \cdot r! = \frac{n!}{(n-r)!},$$

所以

$$\binom{n}{r} = \frac{n!}{r!(n-r)!}.$$

例 1.13 设 A_n 是一个凸 n 边形，在 A_n 中任何 3 条对角线不相交于同一点，求：

(1) A_n 的对角线的条数.

(2) 由 A_n 的边和对角线围成的三角形（称为 A_n 的三角形）的个数.

解:(1)把 A_n 的边和对角线都叫做 A_n 的线,则 A_n 共有 $\binom{n}{2}$ 条线,其中有 n 条线是 A_n 的边,故 A_n 的对角线的条数为

$$\binom{n}{2}-n=\frac{n(n-1)}{2}-n=\frac{n(n-3)}{2}.$$

(2)设 A_n 的三角形共有 N 个,则这 N 个三角形可分成如下 4 类:

①3 个顶点均为 A_n 的顶点的三角形. 属于此类的三角形有 $\binom{n}{3}$ 个.

②只有两个顶点是 A_n 的顶点的三角形. 属于此类的三角形由两条相交的对角线和一条边围成(图 1.3a),该边的两个端点是这两条对角线的端点 . 因为 A_n 的 4 个顶点确定了两条相交的对角线,而两条相交的对角线确定了 4 个属于此类的三角形,故属于此类的三角形有 $4\binom{n}{4}$ 个.

③只有一个顶点是 A_n 的顶点的三角形. 属于此类的三角形由 3 条对角线围成(图 1.3b),这 3 条对角线共有 5 个点是 A_n 的顶点,且围出 5 个属于此类的三角形,因此属于此类的三角形共有 $5\binom{n}{5}$ 个.

④3 个顶点均不是 A_n 的顶点. 属于此类的三角形由 3 条对角线围成(图 1.3c),这 3 条对角线共有 6 个点是 A_n 的顶点,且围出 1 个属于此类的三角形,因此属于此类的三角形共有 $\binom{n}{6}$ 个.

由加法原则,得

$$N=\binom{n}{3}+4\binom{n}{4}+5\binom{n}{5}+\binom{n}{6}.$$

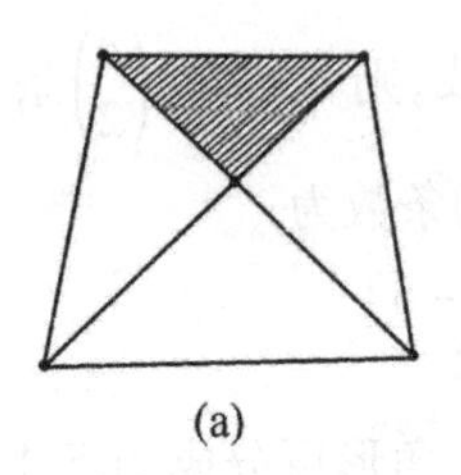
(a)

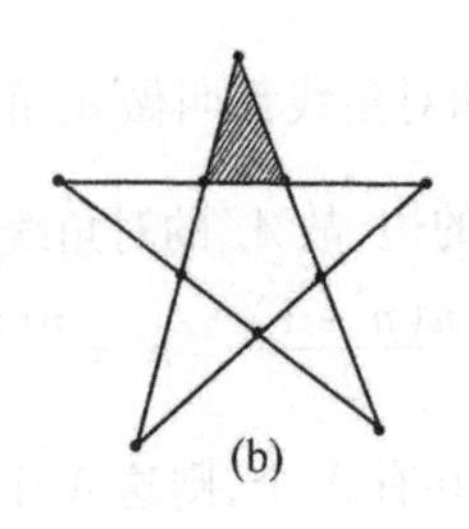
(b)

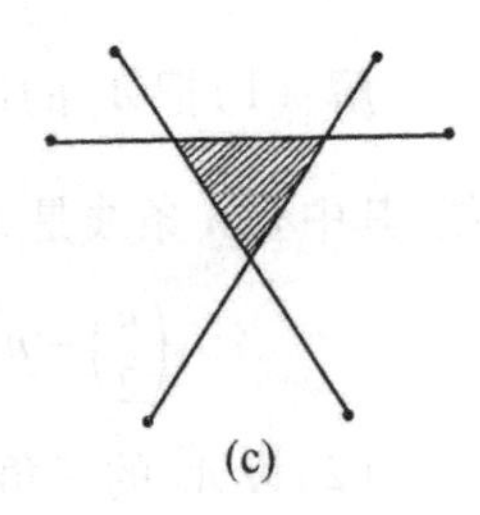
(c)

图 1.3

例 1.14 从一个 n 元排列中选取 k 个元作组合,使得该组合中任何两个元在原排列中至少相隔 $r(n+r>kr)$ 个元. 以 $f_r(n,k)$ 表示作成的不同组合的个数,求证:

$$f_r(n,k)=\binom{n-kr+r}{k}.$$

证明:不妨设给出的排列为 $123\cdots n$,并设 $\{a_1,a_2,\cdots,a_k\}$ 是满足题意的任一个组合,其中 $1\leqslant a_1<a_2<\cdots<a_k\leqslant n$,则 $a_s-a_{s-1}>r(s=2,3,\cdots,k)$,即

$$a_{s-1}<a_s-r\quad(s=2,3,\cdots,k),$$

所以

$$\begin{aligned}1\leqslant a_1<a_2-r<a_3-2r<\cdots<a_k-(k-1)r\\ \leqslant n-(k-1)r=n-kr+r.\end{aligned}$$

因此 $\{a_1,a_2-r,a_3-2r,\cdots,a_k-kr+r\}$ 是 $n-kr+r$ 元集 $A=\{1,2,\cdots,n-kr+r\}$ 的一个 k-组合,从而知 $f_r(n,k)$ 等于 $n-kr+r$ 元集 A 的 k-组合的个数,所以

$$f_r(n,k)=\binom{n-kr+r}{k}.$$

二、n 元集的 r-可重复组合

定义 1.12 从集合 A 中可重复地选取 r 个元作成的多重集,称为集合 A 的一个 r-可重复组合.

设 $A=\{a_1,a_2,\cdots,a_n\}$ 是 n 元集，则 A 的任一个 r-可重复组合可表成 $\{x_1\cdot a_1,x_2\cdot a_2,\cdots,x_n\cdot a_n\}$，其中 $x_i(i=1,2,\cdots,n)$ 是非负整数，且 $x_1+x_2+\cdots+x_n=r$. A 的任一个 r-可重复组合也可表成 $\{a_{i_1},a_{i_2},\cdots,a_{i_r}\}$，其中 $i_k(k=1,2,\cdots,r)$ 是正整数，且 $1\leqslant i_1\leqslant i_2\leqslant\cdots\leqslant i_r\leqslant n$.

定理 1.15 n 元集的 r-可重复组合的个数为 $\binom{n+r-1}{r}$.

证明：取 n 元集 $A=\{1,2,\cdots,n\}$，以 K 表示 A 的全部 r-可重复组合所成之集. 令 $A_1=\{1,2,\cdots,n+r-1\}$，以 K_1 表示 $n+r-1$ 元集 A_1 的全部 r-组合所成之集，则 $|K_1|=\binom{n+r-1}{r}$. 设 $\{a_1,a_2,\cdots,a_r\}\in K$，其中 $1\leqslant a_1\leqslant a_2\leqslant\cdots\leqslant a_r\leqslant n$，则

$$1\leqslant a_1<a_2+1<a_3+2<\cdots<a_r+r-1\leqslant n+r-1.$$

显然，映射 ϕ：

$$\{a_1,a_2,a_3,\cdots,a_r\}\to\{a_1,a_2+1,a_3+2,\cdots,a_r+r-1\}$$

是 K 到 K_1 上的一个一一对应映射. 故由相等原则，有

$$|K|=|K_1|=\binom{n+r-1}{r},$$

所以 n 元集的 r-可重复组合的个数为 $\binom{n+r-1}{r}$.

推论 1.2 不定方程 $x_1+x_2+\cdots+x_n=r$ 的非负整数解的个数为 $\binom{n+r-1}{r}$.

证明：设 $A=\{a_1,a_2,\cdots,a_n\}$ 是 n 元集，则 A 的任一个 r-可重复组合可表成 $\{x_1\cdot a_1,x_2\cdot a_2,\cdots,x_n\cdot a_n\}$，其中 $x_i(i=1,2,\cdots,n)$ 是非负整数，且 $x_1+x_2+\cdots+x_n=r$. 所以 n 元集 A 的 r-可重复组合的个数等于不定方程 $x_1+x_2+\cdots+x_n=r$ 的非负整数解的个数. 由定理 1.15 即知不定方程 $x_1+x_2+\cdots+x_n=r$ 的非负整数解的个数为 $\binom{n+r-1}{r}$.

推论 1.3 不定方程 $x_1+x_2+\cdots+x_n=r(r\geqslant n)$ 的正整数解的个数为 $\binom{r-1}{r-n}$.

证明:令 $y_i=x_i-1(i=1,2,\cdots,n)$,则当 $x_i\geqslant 1$ 时,有 $y_i\geqslant 0$,且当 $x_1+x_2+\cdots+x_n=r$ 时,有 $y_1+y_2+\cdots+y_n=r-n$,反之亦然. 所以不定方程 $x_1+x_2+\cdots+x_n=r$ 的正整数解的个数等于不定方程 $y_1+y_2+\cdots+y_n=r-n$ 的非负整数解的个数,为

$$\binom{n+r-n-1}{r-n}=\binom{r-1}{r-n}.$$

例 1.15 以 N 表示把 r 件相同的物件分给 n 个人的不同方法数,求 N.

解:设第 $i(1\leqslant i\leqslant n)$ 个人分得 x_i 件物件,则 $x_i\geqslant 0$ 且 $x_1+x_2+\cdots+x_n=r$,所以 N 等于不定方程 $x_1+x_2+\cdots+x_n=r$ 的非负整数解的个数,为 $\binom{n+r-1}{r}$.

例 1.16 求把 r 件相同的物件分给 $n(n\leqslant r)$ 个人,使得每人至少分得一件物件的不同方法数.

解:设所求为 N,又设第 $i(1\leqslant i\leqslant n)$ 个人分得 x_i 件物件,则 $x_i\geqslant 1$ 且 $x_1+x_2+\cdots+x_n=r$,所以 N 等于不定方程 $x_1+x_2+\cdots+x_n=r$ 的正整数解的个数,为 $\binom{r-1}{r-n}$.

三、组合数的基本性质

应用公式 $\binom{n}{k}=\frac{n!}{k!(n-k)!}(n\geqslant k\geqslant 0)$,容易证明下面两个定理(证明留给读者).

定理 1.16 (1) $\binom{n}{k}=\binom{n}{n-k}\quad(n\geqslant k\geqslant 0)$.

(2) $\binom{n}{k}=\binom{n-1}{k}+\binom{n-1}{k-1}\quad(n>k\geqslant 1)$.

(3) $\binom{n}{k}=\frac{n}{k}\binom{n-1}{k-1}\quad(n\geqslant k\geqslant 1)$.

(4) $\binom{n}{k}=\frac{n-k+1}{k}\binom{n}{k-1}\quad(n\geqslant k\geqslant 1)$.

(5) $\binom{n}{k}=\frac{n}{n-k}\binom{n-1}{k}\quad(n>k\geqslant 0)$.

定理 1.17 $\binom{n}{m}\binom{m}{k}=\binom{n}{k}\binom{n-k}{m-k}\quad(n\geqslant m\geqslant k)$.

应用公式

$$\binom{n}{k}=\binom{n-1}{k}+\binom{n-1}{k-1}\quad(n>k\geqslant 1),$$

$$\binom{n}{0}=1,\quad\binom{n}{n}=1,$$

及当 $r>n$ 时,$\binom{n}{r}=0$,容易作出组合数的数值表(见表 1.1).

表 1.1 组合数的数值表

n \ $\binom{n}{k}$ \ k	0	1	2	3	4	5	6	…
0	1							
1	1	1						
2	1	2	1					
3	1	3	3	1				
4	1	4	6	4	1			
5	1	5	10	10	5	1		
6	1	6	15	20	15	6	1	
⋮	⋮	⋮	⋮	⋮	⋮	⋮	⋮	

组合数的数值表亦可用图 1.4 的三角形数值表表示,这个三角形数值表就是大家熟悉的杨辉三角形.

$$
\begin{array}{ccccccccccccc}
 & & & & & & 1 & & & & & & \\
 & & & & & 1 & & 1 & & & & & \\
 & & & & 1 & & 2 & & 1 & & & & \\
 & & & 1 & & 3 & & 3 & & 1 & & & \\
 & & 1 & & 4 & & 6 & & 4 & & 1 & & \\
 & 1 & & 5 & & 10 & & 10 & & 5 & & 1 & \\
1 & & 6 & & 15 & & 20 & & 15 & & 6 & & 1 \\
\cdots & & \cdots & & \cdots & & \cdots & & \cdots & & \cdots & & \cdots
\end{array}
$$

图 1.4　杨辉三角形

四、多项式定理

定理 1.18(多项式定理)　设 n 是正整数,$x_1,x_2,\cdots,x_k$ 是任意 k 个实变数,则

$$
(x_1+x_2+\cdots+x_k)^n = \sum_{\substack{n_1+n_2+\cdots+n_k=n \\ n_i(i=1,2,\cdots,k) \\ \text{是非负整数}}} \frac{n!}{n_1!n_2!\cdots n_k!}x_1^{n_1}x_2^{n_2}\cdots x_k^{n_k}.
$$

证明:$(x_1+x_2+\cdots+x_k)^n$ 是 n 个因式$(x_1+x_2+\cdots+x_k)$的乘积,其展开式中共有 k^n 项.我们可按如下方法将这些项进行分类:设 $x_{i_1}x_{i_2}\cdots x_{i_n}$ 是展开式中任一项,如果在 $x_{i_1},x_{i_2},\cdots,x_{i_n}$ 中有 n_1 个 x_1,n_2 个 x_2,$\cdots$,n_k 个 x_k($n_1+n_2+\cdots+n_k=n$),则把 $x_{i_1}x_{i_2}\cdots x_{i_n}$ 归于$(n_1,n_2,\cdots,n_k)$类.显见,属于$(n_1,n_2,\cdots,n_k)$类的项的个数等于由 n_1 个 x_1,n_2 个 x_2,$\cdots$,n_k 个 x_k 作成的全排列数,为 $\frac{n!}{n_1!n_2!\cdots n_k!}$.因此在$(x_1+x_2+\cdots+x_k)^n$ 的展开式中(合并同类项之后),$x_1^{n_1}x_2^{n_2}\cdots x_k^{n_k}$ 的系数为 $\frac{n!}{n_1!n_2!\cdots n_k!}$,所以定理 1.18 的结论成立.

推论 1.4(二项式定理)　设 n 是正整数,x 和 y 是任意实数,则

$$(x+y)^n=\sum_{k=0}^{n}\binom{n}{k}x^k y^{n-k}.$$

证明:由多项式定理,有

$$\begin{aligned}(x+y)^n &= \sum_{\substack{k+s=n\\ k\text{与}s\text{为}\\ \text{非负整数}}}\frac{n!}{k!s!}x^k y^s\\ &= \sum_{k=0}^{n}\frac{n!}{k!(n-k)!}x^k y^{n-k}\\ &= \sum_{k=0}^{n}\binom{n}{k}x^k y^{n-k}.\end{aligned}$$

由二项式定理即得推论 1.5.

推论 1.5 设 n 是正整数,x 是任一实数,则

$$(1+x)^n=\sum_{k=0}^{n}\binom{n}{k}x^k.$$

在上式中分别令 $x=1$ 和 $x=-1$,得推论 1.6.

推论 1.6 设 n 是正整数,则

(1) $\sum_{k=0}^{n}\binom{n}{k}=2^n$.

(2) $\sum_{k=0}^{n}(-1)^k\binom{n}{k}=0$.

例 1.17 求 $(1+2x+3x^2+4x^3)^5$ 的展开式中 x^5 的系数.

解:因为

$$\begin{aligned}&(1+2x+3x^2+4x^3)^5\\ &= \left[(1+x)^2+2x^2(1+2x)\right]^5\\ &= (1+x)^{10}+10x^2(1+x)^8(1+2x)+\\ &\quad 40x^4(1+x)^6(1+2x)^2+\\ &\quad 80x^6(1+x)^4(1+2x)^3+\cdots,\end{aligned}$$

所以 $(1+2x+3x^2+4x^3)^5$ 的展开式中 x^5 的系数为

$$\binom{10}{5}+10\left[\binom{8}{3}+\binom{8}{2}\cdot 2\right]+40\left[\binom{6}{1}+2\cdot 2\right]$$
$$=252+1120+400=1772.$$

五、组合恒等式

表示组合数之间关系的恒等式称为组合恒等式,下面 3 个组合恒等式是我们所熟知的.

$$\binom{n}{k}=\binom{n-1}{k}+\binom{n-1}{k-1}\quad (n>k\geqslant 1),$$

$$\sum_{k=0}^{n}\binom{n}{k}=2^n\quad (n\geqslant 0),$$

$$\sum_{k=0}^{n}(-1)^k\binom{n}{k}=0\quad (n\geqslant 1).$$

证明组合恒等式的方法很多. 应用组合数的基本性质去证明组合恒等式的方法是最常用的方法,其它方法包括数学归纳法、微积分法、组合分析法、递推方法等.

例 1.18 证明 $\displaystyle\sum_{i=0}^{k}\binom{n-1-i}{k-i}=\binom{n}{k}\quad (n>k\geqslant 1).$

证明: $\displaystyle\sum_{i=0}^{k}\binom{n-1-i}{k-i}$

$$=\sum_{i=0}^{k-1}\left[\binom{n-i}{k-i}-\binom{n-1-i}{k-i-1}\right]+\binom{n-1-k}{k-k}$$

$$=\sum_{i=0}^{k-1}\binom{n-i}{k-i}-\sum_{i=0}^{k-1}\binom{n-1-i}{k-i-1}+1$$

$$=\sum_{i=0}^{k-1}\binom{n-i}{k-i}-\sum_{i=1}^{k}\binom{n-i}{k-i}+1$$

$$=\binom{n-0}{k-0}-\binom{n-k}{k-k}+1=\binom{n}{k}-1+1$$

$$= \binom{n}{k}.$$

例 1.19 求证：$\sum_{k=1}^{n}(-1)^k k\binom{n}{k} = 0 \quad (n \geqslant 2)$.

证明：
$$\sum_{k=1}^{n}(-1)^k k\binom{n}{k} = \sum_{k=1}^{n}(-1)^k k \cdot \frac{n}{k}\binom{n-1}{k-1}$$
$$= n\sum_{k=1}^{n}(-1)^k\binom{n-1}{k-1}$$
$$= -n\sum_{j=0}^{n-1}(-1)^j\binom{n-1}{j}$$
$$= (-n) \times 0 = 0.$$

例 1.20 求证：$\sum_{k=0}^{n}\frac{1}{k+1}\binom{n}{k} = \frac{1}{n+1}(2^{n+1}-1)$.

证明：
$$\sum_{k=0}^{n}\frac{1}{k+1}\binom{n}{k} = \frac{1}{n+1}\sum_{k=0}^{n}\frac{n+1}{k+1}\binom{n}{k}$$
$$= \frac{1}{n+1}\sum_{k=0}^{n}\binom{n+1}{k+1}$$
$$= \frac{1}{n+1}\sum_{j=1}^{n+1}\binom{n+1}{j}$$
$$= \frac{1}{n+1}\left[\sum_{j=0}^{n+1}\binom{n+1}{j} - 1\right]$$
$$= \frac{1}{n+1}(2^{n+1}-1).$$

例 1.21 求证：$\sum_{k=m}^{n}(-1)^{n-k}\binom{n}{k}\binom{k}{m} = \begin{cases}1 & 若 n = m \\ 0 & 若 n > m\end{cases}$.

证明：当 $n = m$ 时，结论显然成立.

当 $n > m$ 时，由定理 1.17，有

$$\sum_{k=m}^{n}(-1)^{n-k}\binom{n}{k}\binom{k}{m} = \sum_{k=m}^{n}(-1)^{n-k}\binom{n}{m}\binom{n-m}{k-m}$$

$$= \binom{n}{m} \sum_{k=m}^{n} (-1)^{n-m-(k-m)} \binom{n-m}{k-m}$$

$$= \binom{n}{m} \sum_{j=0}^{n-m} (-1)^{n-m-j} \binom{n-m}{j}$$

$$= \binom{n}{m} \times 0 = 0.$$

例 1.22 求证：$\sum_{s=m}^{n} \binom{s}{m} = \binom{n+1}{m+1} \quad (n \geqslant m).$

证明：当 $n=m$ 时，结论显然成立.

假设 $n=k(k \geqslant m)$ 时结论成立，则当 $n=k+1$ 时，有

$$\sum_{s=m}^{n} \binom{s}{m} = \sum_{s=m}^{k+1} \binom{s}{m} = \sum_{s=m}^{k} \binom{s}{m} + \binom{k+1}{m}$$

$$= \binom{k+1}{m+1} + \binom{k+1}{m} = \binom{k+2}{m+1}$$

$$= \binom{n+1}{m+1},$$

所以当 $n=k+1$ 时结论仍然成立. 由数学归纳法，结论成立.

例 1.23 求证：

(1) $\sum_{k=0}^{r} \binom{n}{k} \binom{m}{r-k} = \binom{n+m}{r} \quad (n+m \geqslant r)$；

(2) $\sum_{k=0}^{n} \binom{n}{k}^2 = \binom{2n}{n}$（范德蒙恒等式）.

证明：(1) 因 $(1+x)^n \cdot (1+x)^m = (1+x)^{n+m}$，所以

$$\sum_{k=0}^{n} \binom{n}{k} x^k \cdot \sum_{j=0}^{m} \binom{m}{j} x^j = \sum_{r=0}^{n+m} \binom{n+m}{r} x^r.$$

比较上式两边 x^r 的系数得

$$\sum_{k=0}^{r} \binom{n}{k} \binom{m}{r-k} = \binom{n+m}{r}.$$

(2) 在上式中令 $m=r=n$，得

$$\sum_{k=0}^{n}\binom{n}{k}\binom{n}{n-k}=\binom{n+n}{n},$$

即

$$\sum_{k=0}^{n}\binom{n}{k}^{2}=\binom{2n}{n}.$$

例 1.24 求证：$\sum_{k=1}^{n}\frac{(-1)^{k-1}}{k}\binom{n}{k}=\sum_{k=1}^{n}\frac{1}{k}\quad(n\geqslant 1).$

证法一：令 $f(x)=\sum_{k=1}^{n}\frac{(-1)^{k-1}}{k}\binom{n}{k}x^{k}$，则 $f(0)=0$，

$$f(1)=\sum_{k=1}^{n}\frac{(-1)^{k-1}}{k}\binom{n}{k},$$

$$\begin{aligned}f'(x)&=\sum_{k=1}^{n}(-1)^{k-1}\binom{n}{k}x^{k-1}\\&=-\frac{1}{x}\sum_{k=1}^{n}(-1)^{k}\binom{n}{k}x^{k}\\&=\frac{(1-x)^{n}-1}{-x}=\frac{1-(1-x)^{n}}{1-(1-x)}\\&=1+(1-x)+(1-x)^{2}+\cdots+(1-x)^{n-1},\end{aligned}$$

即

$$f'(x)=\sum_{j=0}^{n-1}(1-x)^{j}.$$

上式两边同时求积分得

$$f(x)=-\sum_{j=0}^{n-1}\frac{1}{j+1}(1-x)^{j+1}+C,$$

所以

$$0=f(0)=-\sum_{j=0}^{n-1}\frac{1}{j+1}+C,$$

$$C=\sum_{j=0}^{n-1}\frac{1}{j+1}=\sum_{k=1}^{n}\frac{1}{k}.$$

从而

$$f(x)=-\sum_{j=0}^{n-1}\frac{1}{j+1}(1-x)^{j+1}+\sum_{k=1}^{n}\frac{1}{k},$$

$$\sum_{k=1}^{n}\frac{(-1)^{k-1}}{k}\binom{n}{k}=f(1)=\sum_{k=1}^{n}\frac{1}{k}.$$

证法二:令 $f_n=\sum_{k=1}^{n}\frac{(-1)^{k-1}}{k}\binom{n}{k}(n=1,2,\cdots)$,则 $f_1=1$. 当 $n\geqslant 2$ 时,

$$\begin{aligned}f_n&=\sum_{k=1}^{n}\frac{(-1)^{k-1}}{k}\left[\binom{n-1}{k}+\binom{n-1}{k-1}\right]\\&=\sum_{k=1}^{n-1}\frac{(-1)^{k-1}}{k}\binom{n-1}{k}+\sum_{k=1}^{n}\frac{(-1)^{k-1}}{k}\binom{n-1}{k-1}\\&=f_{n-1}-\frac{1}{n}\sum_{k=1}^{n}(-1)^{k}\binom{n}{k}\\&=f_{n-1}-\frac{1}{n}\left[\sum_{k=0}^{n}(-1)^{k}\binom{n}{k}-1\right]\\&=f_{n-1}-\frac{1}{n}(0-1),\end{aligned}$$

所以

$$\begin{aligned}f_n&=f_{n-1}+\frac{1}{n}=f_{n-2}+\frac{1}{n-1}+\frac{1}{n}\\&=\cdots\\&=f_1+\frac{1}{2}+\frac{1}{3}+\cdots+\frac{1}{n}\\&=1+\frac{1}{2}+\frac{1}{3}+\cdots+\frac{1}{n}=\sum_{k=1}^{n}\frac{1}{k}.\end{aligned}$$

例 1.25 求证: $\sum_{k=0}^{n-1}\binom{n}{k}\binom{n}{k+1}=\binom{2n}{n-1}\quad(n\geqslant 2).$

证明:设 A 是 $2n$ 元集,A_1 是 A 的一个 n 元子集. A 的 $n-1$ 元子集共有 $\binom{2n}{n-1}$ 个,其中含有 A_1 中的 $k(0\leqslant k\leqslant n-1)$ 个元的子集有 $\binom{n}{k}\binom{n}{n-1-k}=\binom{n}{k}\binom{n}{k+1}$ 个. 由加法原则得

$$\sum_{k=0}^{n-1}\binom{n}{k}\binom{n}{k+1}=\binom{2n}{n-1}.$$

上面的证法称为组合分析法. 用组合分析法证明组合恒等式的步骤是:先指出式子一边是某个组合问题的解,然后再应用加法原则、乘法原则等去证明式子的另一边也是该组合问题的解.

也可用例 1.23 之(1)的结论去证明例 1.25,只需令 $m=n$,$r=n-1$,即得例 1.25 的结论.

第五节　二项式反演公式

一、二项式反演公式

引理 1.1　设 n,s 是非负整数且 $n\geqslant s$,对于每个非负整数 $k(s\leqslant k\leqslant n)$,$a_{k,i}(i=s,s+1,\cdots,k)$ 是复数,则

$$\sum_{k=s}^{n}\sum_{i=s}^{k}a_{k,i}=\sum_{i=s}^{n}\sum_{k=i}^{n}a_{k,i}.$$

证明:
$$\begin{aligned}\sum_{k=s}^{n}\sum_{i=s}^{k}a_{k,i}=\ & a_{s,s}+\\ & a_{s+1,s}+a_{s+1,s+1}+\\ & a_{s+2,s}+a_{s+2,s+1}+a_{s+2,s+2}+\\ & \vdots \qquad\quad \vdots \qquad\quad \vdots\\ & a_{n,s}+a_{n,s+1}+a_{n,s+2}+\cdots+a_{n,n}\\ =\ & \sum_{k=s}^{n}a_{k,s}+\sum_{k=s+1}^{n}a_{k,s+1}+\cdots+\sum_{k=n}^{n}a_{k,n},\end{aligned}$$

令 $$b_i = \sum_{k=i}^{n} a_{k,i} \quad (i = s, s+1, \cdots, n),$$

则
$$\sum_{k=s}^{n} \sum_{i=s}^{k} a_{k,i} = b_s + b_{s+1} + \cdots + b_n$$
$$= \sum_{i=s}^{n} b_i = \sum_{i=s}^{n} \sum_{k=i}^{n} a_{k,i}.$$

定理 1.19(二项式反演公式) 设$\{a_n\}_{n\geqslant 0}$和$\{b_n\}_{n\geqslant 0}$是两个数列,s 是非负整数,如果对任意不小于 s 的整数 n,都有

$$a_n = \sum_{k=s}^{n} \binom{n}{k} b_k,$$

则对任意不小于 s 的整数 n,都有

$$b_n = \sum_{k=s}^{n} (-1)^{n-k} \binom{n}{k} a_k.$$

证明:设 n 是任一个不小于 s 的整数,则

$$\sum_{k=s}^{n} (-1)^{n-k} \binom{n}{k} a_k = \sum_{k=s}^{n} (-1)^{n-k} \binom{n}{k} \sum_{i=s}^{k} \binom{k}{i} b_i$$
$$= \sum_{k=s}^{n} \sum_{i=s}^{k} (-1)^{n-k} \binom{n}{k} \binom{k}{i} b_i$$
$$= \sum_{i=s}^{n} \left[\sum_{k=i}^{n} (-1)^{n-k} \binom{n}{k} \binom{k}{i} \right] b_i,$$

由熟知的组合恒等式

$$\sum_{k=i}^{n} (-1)^{n-k} \binom{n}{k} \binom{k}{i} = \begin{cases} 1 & 若\ n = i \\ 0 & 若\ n > i \end{cases}.$$

即知

$$\sum_{k=s}^{n} (-1)^{n-k} \binom{n}{k} a_k = b_n.$$

例 1.26 求证:

$$\sum_{k=1}^{n}(-1)^{k-1}\binom{n}{k}\left(1+\frac{1}{2}+\frac{1}{3}+\cdots+\frac{1}{k}\right)=\frac{1}{n}\quad(n\geqslant 1).$$

证明:由本章例 1.24,有

$$1+\frac{1}{2}+\frac{1}{3}+\cdots+\frac{1}{n}=\sum_{k=1}^{n}\binom{n}{k}\frac{(-1)^{k-1}}{k}\quad(n\geqslant 1).$$

由二项式反演公式得

$$\frac{(-1)^{n-1}}{n}=\sum_{k=1}^{n}(-1)^{n-k}\binom{n}{k}\left(1+\frac{1}{2}+\cdots+\frac{1}{k}\right)\quad(n\geqslant 1),$$

所以

$$\frac{1}{n}=\sum_{k=1}^{n}(-1)^{k-1}\binom{n}{k}\left(1+\frac{1}{2}+\frac{1}{3}+\cdots+\frac{1}{k}\right)\quad(n\geqslant 1).$$

例 1.27 以 $g(m,n)$ 表示由 m 元集 A 到 n 元集 B 的满射的个数,求证:

$$g(m,n)=\sum_{k=1}^{n}(-1)^{n-k}\binom{n}{k}k^{m}.$$

证明:设 m 是任一取定的正整数,则对任一个正整数 n,由 m 元集 A 到 n 元集 B 的映射共有 n^m 个,其中使得 $f(A)$ 是 B 的 $k(1\leqslant k\leqslant n)$ 元子集的映射有 $\binom{n}{k}g(m,k)$ 个. 由加法原则,有

$$n^{m}=\sum_{k=1}^{n}\binom{n}{k}g(m,k).$$

由二项式反演公式(这里 $a_n=n^m,b_k=g(m,k)$)得

$$g(m,n)=\sum_{k=1}^{n}(-1)^{n-k}\binom{n}{k}k^{m}.$$

例 1.28 用 $m(m\geqslant 2)$ 种颜色去涂 $1\times n$ 棋盘,每格涂一种颜色. 以 $h(m,n)$ 表示使得相邻格子异色且每种颜色都用上的涂色方法数,求 $h(m,n)$ 的计数公式.

解:用 m 种颜色去涂 $1\times n$ 棋盘,每格涂一种颜色且使得相邻

格子异色的涂色方法共有 $m(m-1)^{n-1}$ 种，其中恰好用上了 $k(2\leqslant k\leqslant m)$ 种颜色的涂色方法有 $\binom{m}{k}h(k,n)$ 种. 由加法原则，有

$$m(m-1)^{n-1}=\sum_{k=2}^{m}\binom{m}{k}h(k,n),$$

由二项式反演公式得

$$h(m,n)=\sum_{k=2}^{m}(-1)^{m-k}\binom{m}{k}\cdot k(k-1)^{n-1}.$$

例 1.29 设 $a_1,a_2,\cdots,a_k$ 是 k 个相异元，以 $R_m(n_1,n_2,\cdots,n_k)$ 表示把 n_1 个 a_1，n_2 个 a_2，$\cdots$，n_k 个 a_k 放到 m 个相异盒中，使得无一个盒空的方法数，求 $R_m(n_1,n_2,\cdots,n_k)$ 的计数公式.

解：由例 1.15 知，把 n_1 个 a_1，n_2 个 a_2，$\cdots$，n_k 个 a_k 放到 m 个相异盒中的方法共有 $\prod_{i=1}^{k}\binom{m+n_i-1}{n_i}$ 种，其中使得非空盒子数为 $j(1\leqslant j\leqslant m)$ 的方法有 $\binom{m}{j}R_j(n_1,n_2,\cdots,n_k)$ 种. 由加法原则，有

$$\prod_{i=1}^{k}\binom{m+n_i-1}{n_i}=\sum_{j=1}^{m}\binom{m}{j}R_j(n_1,n_2,\cdots,n_k),$$

由二项式反演公式得

$$R_m(n_1,n_2,\cdots,n_k)=\sum_{j=1}^{m}(-1)^{m-j}\binom{m}{j}\prod_{i=1}^{k}\binom{j+n_i-1}{n_i}.$$

二、有限集的覆盖

设 A 是 n 元集，以 $P^*(A)$ 表示 A 的全体非空子集所成之集，则 $|P^*(A)|=2^n-1$，$P^*(A)$ 共有 $2^{2^n-1}-1$ 个非空子集.

定义 1.13 设 A 是 n 元集，$\Gamma\subseteq P^*(A)$，如果 $\bigcup_{F\in\Gamma}F=A$，则称 Γ 是 n 元集 A 的一个覆盖.

由定义 1.13，若 $\Gamma\subseteq P^*(A)$，则 Γ 不一定是 A 的一个覆盖，但

Γ 是 A 的子集 $B=\bigcup\limits_{F\in\Gamma}F$ 的一个覆盖.

定义 1.14 如果 Γ 是 n 元集 A 的一个覆盖且 $|\Gamma|=m$,则称 Γ 是 n 元集 A 的一个 m-覆盖.

例 1.30 设 $A=\{1,2,3,4,5\}$, $\Gamma_1=\{\{1,2\},\{3,4\},\{4,5\}\}$, $\Gamma_2=\{\{1\},\{3\},\{1,3,5\}\}$,则

$$\Gamma_1\subseteq P^*(A),\quad \Gamma_2\subseteq P^*(A).$$

因为

$$\bigcup_{F\in\Gamma_1}F=\{1,2,3,4,5\}=A.$$

$$\bigcup_{F\in\Gamma_2}F=\{1,3,5\}\neq A.$$

所以 Γ_1 是 A 的一个覆盖且是 A 的一个 3-覆盖,Γ_2 不是 A 的一个覆盖,但 Γ_2 是 A 的子集 $B=\{1,3,5\}$ 的一个 3-覆盖.

例 1.31 以 $C_{n,m}$ 表示 n 元集 A 的 m-覆盖的个数,求出 $C_{n,m}$ 的计数公式.

解: 以 W 表示 $P^*(A)$ 的全体 m 元子集所成之集. 因为 $|P^*(A)|=2^n-1$,所以 $|W|=\binom{2^n-1}{m}$. 今用如下方法把 W 的元分成 n 类:设 $\Gamma\in W$,如果 $\left|\bigcup\limits_{F\in\Gamma}F\right|=j(1\leqslant j\leqslant n)$,则称 Γ 是 W 的一个第 j 类元. 显见,Γ 是 W 的一个第 j 类元素,当且仅当 Γ 是 A 的某一个 j 元子集的一个 m-覆盖. 因为 A 的 j 元子集有 $\binom{n}{j}$ 个,一个 j 元集的 m-覆盖有 $C_{j,m}$ 个,故由乘法原则,W 的第 j 类元共有 $\binom{n}{j}C_{j,m}$ 个. 由加法原则,有

$$\binom{2^n-1}{m}=\sum_{j=1}^{n}\binom{n}{j}C_{j,m},$$

由二项式反演公式得

$$C_{n,m}=\sum_{j=1}^{n}(-1)^{n-j}\binom{n}{j}\binom{2^j-1}{m}.$$

例 1.32 以 C_n 表示 n 元集 A 的覆盖的个数,求证:

$$C_n = \sum_{j=0}^{n} (-1)^{n-j} \binom{n}{j} 2^{2^j-1}.$$

证明:

$$\begin{aligned}
C_n &= \sum_{m=1}^{2^n-1} C_{n,m} = \sum_{m=1}^{2^n-1} \sum_{j=1}^{n} (-1)^{n-j} \binom{n}{j} \binom{2^j-1}{m} \\
&= \sum_{j=1}^{n} (-1)^{n-j} \binom{n}{j} \sum_{m=1}^{2^j-1} \binom{2^j-1}{m} \\
&= \sum_{j=1}^{n} (-1)^{n-j} \binom{n}{j} (2^{2^j-1}-1) \\
&= \sum_{j=1}^{n} (-1)^{n-j} \binom{n}{j} 2^{2^j-1} - \sum_{j=1}^{n} (-1)^{n-j} \binom{n}{j} \\
&= \sum_{j=1}^{n} (-1)^{n-j} \binom{n}{j} 2^{2^j-1} + (-1)^n \\
&= \sum_{j=0}^{n} (-1)^{n-j} \binom{n}{j} 2^{2^j-1}.
\end{aligned}$$

三、多元二项式反演公式

定理 1.20(多元二项式反演公式) 设 $s_1, s_2, \cdots, s_r$ 是 r 个给定的非负整数,又设对任意的 r 个非负整数 $n_1, n_2, \cdots, n_r$ ($n_i \geqslant s_i$, $i=1,2,\cdots,r$),$f(n_1, n_2, \cdots, n_r)$ 及 $g(n_1, n_2, \cdots, n_r)$ 都是实数,且

$$f(n_1, n_2, \cdots, n_r) = \sum_{\substack{s_i \leqslant k_i \leqslant n_i \\ i=1,2,\cdots,r}} \prod_{i=1}^{r} \binom{n_i}{k_i} g(k_1, k_2, \cdots, k_r),$$

则对任意 r 个非负整数 $n_1, n_2, \cdots, n_r$ ($n_i \geqslant s_i, i=1,2,\cdots,r$),有

$$g(n_1, n_2, \cdots, n_r) = \sum_{\substack{s_i \leqslant k_i \leqslant n_i \\ i=1,2,\cdots,r}} \prod_{i=1}^{r} (-1)^{n_i-k_i} \binom{n_i}{k_i} f(k_1, k_2, \cdots, k_r).$$

证明:

$$\sum_{\substack{s_i \leqslant k_i \leqslant n_i \\ i=1,2,\cdots,r}} \prod_{i=1}^{r} (-1)^{n_i-k_i} \binom{n_i}{k_i} f(k_1, k_2, \cdots, k_r)$$

$$= \sum_{\substack{s_i \leqslant k_i \leqslant n_i \\ i=1,2,\cdots,r}} \prod_{i=1}^{r} (-1)^{n_i-k_i} \binom{n_i}{k_i} \sum_{\substack{s_i \leqslant t_i \leqslant k_i \\ i=1,2,\cdots,r}} \prod_{i=1}^{r} \binom{k_i}{t_i} g(t_1, t_2, \cdots, t_r)$$

$$= \sum_{\substack{s_i \leqslant t_i \leqslant n_i \\ i=1,2,\cdots,r}} \left[\sum_{\substack{t_i \leqslant k_i \leqslant n_i \\ i=1,2,\cdots,r}} \prod_{i=1}^{r} (-1)^{n_i-k_i} \binom{n_i}{k_i} \binom{k_i}{t_i} \right] g(t_1, t_2, \cdots, t_r)$$

$$= \sum_{\substack{s_i \leqslant t_i \leqslant n_i \\ i=1,2,\cdots,r}} \left[\prod_{i=1}^{r} \sum_{t_i \leqslant k_i \leqslant n_i} (-1)^{n_i-k_i} \binom{n_i}{k_i} \binom{k_i}{t_i} \right] g(t_1, t_2, \cdots, t_r),$$

由熟知的组合恒等式

$$\sum_{t \leqslant k \leqslant n} (-1)^{n-k} \binom{n}{k} \binom{k}{t} = \begin{cases} 1 & 若 n = t \\ 0 & 若 n > t \end{cases}$$

即得

$$\sum_{\substack{s_i \leqslant k_i \leqslant n_i \\ i=1,2,\cdots,r}} \prod_{i=1}^{r} (-1)^{n_i-k_i} \binom{n_i}{k_i} f(k_1, k_2, \cdots, k_r)$$
$$= g(n_1, n_2, \cdots, n_r).$$

例 1.33 以 $f(n_1, n_2, \cdots, n_r)$ 表示由 n_1 个 a_1, n_2 个 a_2, $\cdots$, n_r 个 a_r 作成的没有两个相邻元素相同的全排列(称为交错排列)的个数,则

$$f(n_1, n_2, \cdots, n_r)$$
$$= \sum_{\substack{1 \leqslant t_i \leqslant n_i \\ i=1,2,\cdots,r}} \prod_{i=1}^{r} (-1)^{n_i-t_i} \binom{n_i - 1}{t_i - 1} \frac{(t_1 + t_2 + \cdots + t_r)!}{t_1! t_2! \cdots t_r!}.$$

证明:以 A 表示由 n_1 个 a_1, n_2 个 a_2, $\cdots$, n_r 个 a_r 作成的全排列之集,则 $|A| = \dfrac{(n_1 + n_2 + \cdots + n_r)!}{n_1! n_2! \cdots n_r!}$. 设 $\pi \in A$,若在排列 π 中, $n_i (1 \leqslant i \leqslant r)$ 个 a_i 被其它元素分隔成 $t_i (1 \leqslant t_i \leqslant n_i, i = 1, 2, \cdots, r)$ 段,则称 π 是 A 的一个型为 $(t_1, t_2, \cdots, t_r)$ 的元素. 因为把长度为 n_i $(1 \leqslant i \leqslant r)$ 的线段切割成长度均为正整数的有序的 t_i 段的方法数,

等于不定方程 $x_1+x_2+\cdots+x_{t_i}=n_i$ 的正整数解的个数，为 $\binom{n_i-1}{t_i-1}$，所以 A 中型为 $(t_1,t_2,\cdots,t_r)$ 的排列的个数为 $\prod_{i=1}^{r}\binom{n_i-1}{t_i-1}f(t_1,t_2,\cdots,t_r)$. 由加法原则，有

$$\frac{(n_1+n_2+\cdots+n_r)!}{n_1!n_2!\cdots n_r!}=\sum_{\substack{1\leqslant t_i\leqslant n_i\\ i=1,2,\cdots,r}}\prod_{i=1}^{r}\binom{n_i-1}{t_i-1}f(t_1,t_2,\cdots,t_r),$$

所以

$$n_1n_2\cdots n_r\cdot\frac{(n_1+n_2+\cdots+n_r)!}{n_1!n_2!\cdots n_r!}=\sum_{\substack{1\leqslant t_i\leqslant n_i\\ i=1,2,\cdots,r}}\prod_{i=1}^{r}\binom{n_i}{t_i}t_1t_2\cdots t_r\cdot f(t_1,t_2,\cdots,t_r).$$

由多元二项式反演公式得

$$n_1n_2\cdots n_r\cdot f(n_1,n_2,\cdots,n_r)=\sum_{\substack{1\leqslant t_i\leqslant n_i\\ i=1,2,\cdots,r}}\prod_{i=1}^{r}(-1)^{n_i-t_i}\binom{n_i}{t_i}t_1t_2\cdots t_r\cdot\frac{(t_1+t_2+\cdots+t_r)!}{t_1!t_2!\cdots t_r!},$$

所以

$$f(n_1,n_2,\cdots,n_r)=\sum_{\substack{1\leqslant t_i\leqslant n_i\\ i=1,2,\cdots,r}}\prod_{i=1}^{r}(-1)^{n_i-t_i}\binom{n_i-1}{t_i-1}\frac{(t_1+t_2+\cdots+t_r)!}{t_1!t_2!\cdots t_r!}.$$

习 题 一

1. 从 1 至 100 的整数中不重复地选取两个数组成有序对(x,y),使得 x 与 y 的乘积 xy 不能被 3 整除,共可组成多少对?

2. 把 $2n$ 个人分成 n 组,每组 2 人,有多少种不同的分组方法?

3. 整除 88 200 的正整数有多少个?

4. 整除 510 510 的正奇数有多少个?

5. 在 $m \times n$ 棋盘中选取两个相邻的方格(即有一条公共边的两个方格),有多少种不同的选取方法?

6. 有多少个能被 3 整除而又不含数字 6 的 3 位数?

7. 以 A 表示集合$\{1,2,\cdots,n\}$的全部非空子集所成之集. 设 $a \in A$,以 $\delta(a)$表示 a 中诸元素之和,求 $\sum\limits_{a \in A} \delta(a)$.

8. 求万位数字不是 5,个位数字不是 2,且各位数字相异的 5 位数的个数.

9. 求不含数字 2,也不含数字 7,且各位数字相异的大于 5 400 的 4 位数的个数.

10. 从 $1,2,\cdots,30$ 中选取 3 个相异的正整数,使得它们的和能被 3 整除,有多少种选取方法?

11. 以 $g(n,k)$表示把 n 件相异的物件分给 k 个人,使得每人至少分得一件物件的不同方法数,求证:

$$g(n+1,k) = k \cdot g(n,k-1) + k \cdot g(n,k) \quad (n \geqslant k \geqslant 2).$$

12. 今有 $m(m \geqslant 2)$种颜色,用这些颜色去染 $1 \times n$ 棋盘,每个方格染一种颜色,问使得相邻方格颜色相异的染色方法一共有多少种?

13. 求由 $n(n \geqslant 2)$个相异元 $a_1, a_2, \cdots, a_n$ 作成的 a_1 不排在第 1 位,a_2 不排在第 2 位的全排列的个数.

14. 把 5 只白色棋子和 3 只红色棋子摆放在 8×8 棋盘上,使得没有两只棋子在同一行或同一列,问共有多少种不同的摆放方法?

15. 求由 2 个 0、3 个 1 和 3 个 2 作成的 8 位数的个数.

16. 求多重集 $M = \{1 \cdot a, 4 \cdot b, 3 \cdot c\}$ 的 6-排列的个数.

17. 甲、乙两人竞选厂长,甲得选票 a 张,乙得选票 b 张,$a>b$,问在点票过程中甲的得票恒领先于乙的情形有多少种?

18. 某电影院票房前有 $2n$ 个人排队,每人欲购买一张 5 元的电影票. 在这些人中,有 n 个人,每人有一张 5 元钞票,其余的人每人有一张 10 元钞票,而票房在卖票前并无任何钞票,问使得每个人都能顺利地买到电影票的排队方式有多少种?

19. 10 个节目中有 6 个演唱,4 个舞蹈. 今编写节目单,要求任意两个舞蹈之间至少有 1 个演唱,问可编写出多少种不同的演出节目单?

20. 求由 3 个绿球、2 个红球、2 个白球和 3 个黄球作成的没有两个黄球相邻的全排列的个数.

21. 某班有男生 21 人,女生 14 人. 今选举 4 人组成班委会,要求被选出的班委会中有男有女,问最多有多少种不同的选举结果?

22. 有 $k(k\geqslant 2)$ 种相异物件,其中第 $i(i=1,2,\cdots,k)$ 种物件有 n_i 件. 今把这 $\sum\limits_{i=1}^{k} n_i$ 件物件分给 m 个人,有多少种不同的分法?

23. 在 1 至 10000 的整数中有多少个整数的各位数字之和等于 5?

24. 把 $n+1$ 个相异的小球放到 n 个相异盒子中,使得不出现空盒,有多少种不同的放法?

25. 今安排 7 个人入住某旅馆的 5 个房间,每个房间至少安排一人,有多少种不同的安排住宿的方法?

26. 设 A,B,C 为实数,已知对任意的正整数 n 都有 $2n^3+3n^2=A\cdot\binom{n}{3}+B\cdot\binom{n}{2}+C\cdot\binom{n}{1}$,求 A,B,C.

27. 有 m 支足球队,每支足球队有 n 个运动员. 今从这 mn 个运动员中选出 $k(k\leqslant m)$ 个运动员组成运动员福利委员会,要求委员会中的人来自不同的足球队,问有多少种不同的选法?

28. 设 $A=a_1a_2\cdots a_n(0\leqslant a_i\leqslant 9,i=1,2,\cdots,n)$ 是一个 n 位数,如果 $a_1\leqslant a_2\leqslant\cdots\leqslant a_n$,则称 A 是一个数字具有非降顺序的 n 位数. 求小于 10^n 且其数字具有非降顺序的正整数的个数.

29. 由 5 个字母 a,b,c,d,e 作成的 6 次齐次式最多可以有多少个不同类的项?

30. 求由 n 个相异元 $a_1, a_2, \cdots, a_n$ 作成的 a_1 与 a_2 之间有且只有一个元的全排列数.

31. 外事部门计划安排8位外宾参观4所中学和4所小学. 每人参观一所学校,但外宾甲和乙要求参观中学,外宾丙要求参观小学,问有多少种不同的安排方法?

32. 求 $(1+4x+4x^2+3x^3)^6$ 展开式中 x^5 的系数.

33. 证明下列组合恒等式:

(1) $\sum_{k=0}^{n}(-1)^k k^2\binom{n}{k}=0 \quad (n>2)$.

(2) $\sum_{k=0}^{n}\frac{1}{(k+1)(k+2)}\binom{n}{k}=\frac{2^{n+2}-n-3}{(n+1)(n+2)}$.

(3) $\sum_{k=0}^{n}\frac{k+2}{k+1}\binom{n}{k}=\frac{(n+3)\cdot 2^n-1}{n+1}$.

(4) $\sum_{k=0}^{n}(k+1)^2\binom{n}{k}=2^{n-2}(n^2+5n+4)$.

(5) $\sum_{k=0}^{n}\frac{1}{k+2}\binom{n}{k}=\frac{n\cdot 2^{n+1}+1}{(n+1)(n+2)}$.

(6) $\sum_{k=0}^{n}\binom{2n}{k}=2^{2n-1}+\frac{1}{2}\binom{2n}{n}$.

34. 求下列各式的和:

(1) $\sum_{k=0}^{n}\frac{3^{k+1}}{k+1}\binom{n}{k}$.

(2) $\sum_{k=2}^{n}\binom{k}{k-2} \quad (n\geqslant 2)$.

(3) $\sum_{k=0}^{n}(k^2+3)\binom{n}{k}$.

(4) $\sum_{k=0}^{n}(k+1)2^k\binom{n}{k}$.

(5) $\sum_{k=0}^{n}\frac{(-1)^k}{k+1}\binom{n}{k} \quad (n\geqslant 1)$.

(6) $\sum_{k=0}^{n}\frac{k+3}{k+1}\binom{n}{k}$.

35. 证明下列组合恒等式：

(1) $\sum_{k=0}^{m}(-1)^k\binom{n-k}{n-m}\binom{n}{k}=0\quad(n\geqslant m>0)$.

(2) $\sum_{k=0}^{m}\binom{n-k}{n-m}\binom{n}{k}=2^m\binom{n}{m}\quad(n\geqslant m>0)$.

(3) $\sum_{k=0}^{n-m}(-1)^k\binom{n-k}{m}\binom{n}{k}=0\quad(n>m\geqslant 0)$.

36. 记$(x)_0=1,(x)_n=x(x-1)\cdots(x-n+1)\quad(n\geqslant 1)$. 求证：

$$(x+y)_n=\sum_{k=0}^{n}\binom{n}{k}(x)_k(y)_{n-k}.$$

37. 记$(x)^{(0)}=1,(x)^{(n)}=x(x+1)\cdots(x+n-1)\quad(n\geqslant 1)$. 求证：

$$(x+y)^{(n)}=\sum_{k=0}^{n}\binom{n}{k}(x)^{(k)}(y)^{(n-k)}.$$

38. 设$\{a_n\}_{n\geqslant 0}$是等差数列，求证：

(1) $\sum_{k=0}^{n}\binom{n}{k}a_k=(a_0+a_n)\cdot 2^{n-1}\quad(n\geqslant 1)$.

(2) $\sum_{k=0}^{n}(-1)^{n-k}\binom{n}{k}a_k=0\quad(n\geqslant 2)$.

39. 以 $h_m(n)$ 表示用 m 种颜色去涂 $2\times n$ 棋盘，使得相邻格子异色的涂色方法数，求证：

$$h_m(n)=(m^2-3m+3)^{n-1}m(m-1).$$

40. 以 $h'_m(n)$ 表示用 m 种颜色去涂 $2\times n$ 棋盘，使得相邻格子异色且每种颜色至少用一次的涂色方法数，求 $h'_m(n)$ 的计数公式.

41. 设 $\pi=a_1a_2\cdots a_n$ 是由 $1,2,\cdots,n$ 作成的任一个全排列，如果 $a_i=i(1\leqslant i\leqslant n)$，则称 i 在排列 π 中保位. 以 D_n 表示由 $1,2,\cdots,n$ 作成的没有一个数字保位的全排列数，求 D_n 的计数公式.

42. 设 n,m 都是正整数，r 是非负整数，证明：

(1) $\sum_{k=0}^{n}\binom{n}{k}\binom{m}{k+r}=\binom{n+m}{m-r}\quad(m\geqslant r)$.

(2) $\sum_{k=0}^{n}(-1)^{n-k}\binom{n}{k}\binom{k+m}{m-r}=\binom{m}{n+r}$.

(3) $\sum_{k=0}^{n}(-1)^{n-k}\binom{n}{k}\binom{k+m}{m}=\binom{m}{n}$.

(4) $\sum_{k=0}^{n}(-1)^{n-k}\binom{n}{k}\binom{k+n-1}{k}=0\quad(n\geqslant 1)$.

43. 设Γ是n元集A的一个覆盖,如果Γ中每个元都是A的k元子集,则称Γ是n元集A的一个k-均匀覆盖. 以g_n^k表示n元集A的k-均匀覆盖的个数,求证:

$$g_n^k=\sum_{j=k}^{n}(-1)^{n-j}\binom{n}{j}\left(2^{\binom{j}{k}}-1\right)\quad(n\geqslant k\geqslant 1).$$

44. 设A是n元集,Γ是A的一个m-覆盖,又是A的一个k-均匀覆盖,则称Γ是n元集A的一个(m,k)-均匀覆盖. 以$g_n(m,k)$表示n元集的(m,k)-均匀覆盖的个数,求证:

$$g_n(m,k)=\sum_{j=k}^{n}(-1)^{n-j}\binom{n}{j}\binom{\binom{j}{k}}{m}.$$

45. 用$m(m\geqslant 2)$种颜色去涂$1\times n$棋盘$(n\geqslant m)$,每格涂一种颜色,求使得相邻格子异色,首末两格也异色且每种颜色至少用上一次的涂色方法数.

46. 设n,k都是正整数,$n>k$且n与k互质,求证:组合数$\binom{n}{k}$能被n整除.

47. 设n,k是两个正整数且$n>k>1$,求由n个相异元$a_1,a_2,\cdots,a_n$作成的$a_j(j=k+1,k+2,\cdots,n)$排在a_k左边的全排列的个数.

48. 甲、乙两队各出n名队员按事先排好的出场顺序参加围棋擂台赛,双方先由1号队员出场比赛,负者被淘汰,胜者再与负方2号队员比赛,依此类推,直到有一方队员全被淘汰而另一方获得胜利为止,这样形成一种比赛过程. 以g_n表示不同的比赛过程的种数,求g_n的计数公式.

49. 设$A=\{a_1,a_2,\cdots,a_n\}$是n元集,$Z_i\subseteq A(i=1,2,\cdots,m)$,如果$\bigcup_{i=1}^{m}Z_i=A$,则称有序$m$元组$(Z_1,Z_2,\cdots,Z_m)$是$n$元集$A$的一个$m$-覆盖;如果$\bigcup_{i=1}^{m}Z_i=A$

且$\bigcap_{i=1}^{m} Z_i = \varnothing$,则称有序 m 元组$(Z_1, Z_2, \cdots, Z_m)$是 n 元集 A 的一个交为空集的 m-覆盖.

(1)求 n 元集 A 的有序 m-覆盖的个数.

(2)求 n 元集 A 的交为空集的有序 m-覆盖的个数.

50. 设 n 为正整数,求由三条直线 $y = x, y = n, x + y = n$ 围成的三角形内(包括边界)的整点的个数.

51. 用红、白、黑三种颜色去涂 $1 \times n$ 棋盘,每个方格涂一种颜色,求使得没有两个相邻格子都被涂成红色的涂色方法数.

52. 以 a_n 表示三边长度均为整数且最长边的边长为 n 的三角形的个数,求 a_n 的计数公式.

53. 求和 $\sum_{k=0}^{n-1} (m + k)(m + k + 1)$.

54. 求证:$\sum_{k=0}^{n} \binom{n}{k}^2 \cdot \binom{k}{n-j} = \binom{n}{j}\binom{n+j}{j}$.

55. 设 A 是 n 元集,求 $\sum_{B \subseteq A} |B|$.

56. 今要安排 8 位外国客人去参观 3 间工厂,每间工厂至少去 2 人,有多少种不同的安排方法?

57. (1)把 $3n$ 个人分成 n 组,每组 3 人,有多少种分组方法?

(2)把 $3n$ 个不同身高的人编排成 $3 \times n$ 阵列,使得每一列的 3 个人的身高由大到小,有多少种编排方法?

58. 从 n 双不同的鞋中取出 $2r(2r < n)$ 只鞋,使得其中恰有 $k(k \leqslant r)$ 双成对的鞋,问有多少种不同的取法?

59. 设 n 是正整数,令 $A_n = \{1, 2, \cdots, n\}$,以 $W_r(1 \leqslant r \leqslant n)$ 表示由 A_n 的一切 r 元子集所成之集. $\forall B \in W_r$,以 $m(B)$ 表示 B 中的最小元(正整数),并令

$$F(n, r) = \frac{1}{|W_r|} \sum_{B \in W_r} m(B),$$

求证:

$$F(n, r) = \frac{n+1}{r+1}.$$

60. 证明李善兰恒等式 I:

$$\sum_{j=0}^{m} \binom{m}{j}\binom{k}{j}\binom{n+j}{m+k} = \binom{n}{m}\binom{n}{k}.$$

61. 证明李善兰恒等式Ⅱ：

$$\sum_{j=0}^{k}\binom{k}{j}\binom{l}{j}\binom{n+k+l-j}{k+l}=\binom{n+l}{l}\binom{n+k}{k}.$$

62. 设$\{a_n\}_{n\geq 0}$和$\{b_n\}_{n\geq 0}$是两个数列，s是非负整数. 求证：如果对任意的不小于s的整数n，都有

$$a_n=\sum_{k=s}^{n}(-1)^{n-k}\binom{n}{k}b_k,$$

则对任意的不小于s的整数n，都有

$$b_n=\sum_{k=s}^{n}\binom{n}{k}a_k.$$

63. 试用二项式反演公式证明：

$$\sum_{k=0}^{n}(-1)^{n-k}\binom{n}{k}\cdot\frac{(k+5)2^k-2}{k+1}=\frac{n+3}{n+1}\quad(n\geqslant 0).$$

64. 试用二项式反演公式证明：

$$\sum_{k=0}^{n}(-1)^{n-k}\binom{n}{k}\cdot\frac{2^{k-1}(k^2+5k-4)+2}{k+1}=\frac{n^2+3n}{n+1}\quad(n\geqslant 0).$$

65. 求证：$\sum_{i=0}^{n}(-1)^i\binom{n}{i}\binom{n+i}{m}=(-1)^n\binom{n}{m-n}\quad(n\leqslant m\leqslant 2n).$

66. 设m,n,s都是正整数，求证：

$$\sum_{k=0}^{m}\binom{m}{k}\binom{n}{s+k}=\binom{m+n}{m+s}.$$

67. 求证：$\sum_{k=0}^{n}\sum_{j=0}^{n-k}\frac{(-1)^j}{k!\cdot j!}=1\quad(n\geqslant 1).$

第二章　容斥原理及其应用

容斥原理又称为包含排斥原理，它是解决组合计数问题的一个重要工具. 由加法原则我们知道：如果 A 是有限集，$A_i \subseteq A(i=1,2,\cdots,n)$，$A=\bigcup_{i=1}^{n} A_i$，$A_i \cap A_j=\emptyset(1\leqslant i<j\leqslant n)$，则 $|A|=\sum_{i=1}^{n}|A_i|$. 如果条件 $A_i \cap A_j=\emptyset(1\leqslant i<j\leqslant n)$ 不成立，怎样去求 $|A|$？容斥原理给出了解决这个问题的一种方法.

第一节　容 斥 原 理

一、容斥原理

定理 2.1　设 S 是有限集，$A,B\subseteq S$，则

(1) $|S-A|=|S|-|A|$.

(2) $|A-B|=|A|-|A\cap B|$.

(3) $|A\cup B|=|A|+|B|-|A\cap B|$.

(4) $|S-A\cup B|=|S|-|A|-|B|+|A\cap B|$.

证明：(1) 因为 $A\cup(S-A)=S$，　$A\cap(S-A)=\emptyset$，由加法原则，有

$$|S|=|A|+|S-A|,$$

所以
$$|S-A|=|S|-|A|.$$

(2) 因为 $A-B=A-A\cap B$，　$A\cap B\subseteq A$，所以

$$|A-B|=|A-A\cap B|=|A|-|A\cap B|.$$

(3) 因 $A\cup B=A\cup(B-A)$，$A\cap(B-A)=\varnothing$，所以

$$\begin{aligned}|A\cup B| &= |A\cup(B-A)| \\ &= |A|+|B-A| \\ &= |A|+|B|-|A\cap B|.\end{aligned}$$

(4) 因 $A\cup B\subseteq S$，所以

$$\begin{aligned}|S-A\cup B| &= |S|-|A\cup B| \\ &= |S|-|A|-|B|+|A\cap B|.\end{aligned}$$

定理 2.2 设 S 是有限集，$A,B,C\subseteq S$，则

(1) $|A\cup B\cup C|=|A|+|B|+|C|-|A\cap B|-|A\cap C|-|B\cap C|+|A\cap B\cap C|$.

(2) $|S-A\cup B\cup C|=|S|-|A|-|B|-|C|+|A\cap B|+|A\cap C|+|B\cap C|-|A\cap B\cap C|$.

证明：(1)

$$\begin{aligned}|A\cup B\cup C| &= |(A\cup B)\cup C| \\ &= |A\cup B|+|C|-|(A\cup B)\cap C| \\ &= |A|+|B|-|A\cap B|+|C|-|(A\cap C)\cup(B\cap C)| \\ &= |A|+|B|+|C|-|A\cap B|-|A\cap C|-|B\cap C|+|A\cap B\cap C|.\end{aligned}$$

(2) 因 $A\cup B\cup C\subseteq S$，所以

$$\begin{aligned}|S-A\cup B\cup C| &= |S|-|A\cup B\cup C| \\ &= |S|-|A|-|B|-|C|+|A\cap B|+|A\cap C|+|B\cap C|-|A\cap B\cap C|.\end{aligned}$$

定理 2.3 设 n,k 都是正整数，$S=\{1,2,\cdots,n\}$，则 S 中能被 k 整除的正整数的个数为 $\left[\frac{n}{k}\right]$，其中 $\left[\frac{n}{k}\right]$ 表示不大于 $\frac{n}{k}$ 的最大的整数.

证明：S 中能被 k 整除的正整数可表成 tk，其中 t 是正整数且

$tk \leqslant n$,即 $t \leqslant \frac{n}{k}$,所以 S 中能被 k 整除的正整数的个数为 $\left[\frac{n}{k}\right]$.

例 2.1 由 1 至 300 的整数中,有多少个整数能被 7 整除且能被 2 或 5 整除?

解:设所求为 N. 令 $S=\{1,2,\cdots,300\}$,以 A 和 B 分别表示 S 中能被 $7\times 2=14$ 和 $7\times 5=35$ 整除的整数所成之集,则 $N=|A\cup B|$. 由定理 2.1,得

$$
\begin{aligned}
N &= |A|+|B|-|A\cap B| \\
&= \left[\frac{300}{14}\right]+\left[\frac{300}{35}\right]-\left[\frac{300}{7\times 2\times 5}\right] \\
&= 21+8-4=25.
\end{aligned}
$$

例 2.2 由 1 至 1000 的整数中,有多少个整数能被 2 整除但不能被 3 也不能被 5 整除?

解:设所求为 N. 令 $S=\{1,2,\cdots,1000\}$,以 A,B,C 分别表示 S 中能被 2,3,5 整除的整数所成之集,则

$$
\begin{aligned}
N &= |A-B\cup C| = |A|-|A\cap(B\cup C)| \\
&= |A|-|(A\cap B)\cup(A\cap C)| \\
&= |A|-|A\cap B|-|A\cap C|+|A\cap B\cap C| \\
&= \left[\frac{1000}{2}\right]-\left[\frac{1000}{2\times 3}\right]-\left[\frac{1000}{2\times 5}\right]+\left[\frac{1000}{2\times 3\times 5}\right] \\
&= 500-166-100+33=267.
\end{aligned}
$$

例 2.3 求由 $n(n\geqslant 4)$ 个相异元 $a_1,a_2,\cdots,a_n$ 作成的 a_1 与 a_2 不相邻,a_3 与 a_4 也不相邻的全排列的个数.

解:设所求为 N. 以 S 表示由 $a_1,a_2,\cdots,a_n$ 作成的全排列之集,则 $|S|=n!$. 以 A,B 分别表示 S 中 a_1 与 a_2 相邻,a_3 与 a_4 相邻的全排列所成之集,则

$$
|A|=|B|=2\cdot(n-1)!,
$$

$$
|A\cap B|=4\cdot(n-2)!,
$$

且 $$N = |S - A \cup B|.$$

由定理2.1,得

$$\begin{aligned} N &= |S| - |A| - |B| + |A \cap B| \\ &= n! - 2 \cdot (n-1)! - 2 \cdot (n-1)! + 4 \cdot (n-2)! \\ &= (n^2 - 5n + 8)(n-2)!. \end{aligned}$$

例2.4 以 h_n 表示把 n 件相异物分给3个小孩,使得每个小孩至少分得一件物件的不同方法数,求 h_n 的计数公式.

解:以 S 表示把 n 件相异物分给3个小孩的不同方法之集,则 $|S| = 3^n$. 以 $A_i(i=1,2,3)$ 表示 S 中使得第 i 个小孩没有分得物件的分配方法所成之集,则

$$h_n = |S - A_1 \cup A_2 \cup A_3|,$$

$$|A_1| = |A_2| = |A_3| = 2^n,$$

$$|A_1 \cap A_2| = |A_1 \cap A_3| = |A_2 \cap A_3| = 1,$$

$$|A_1 \cap A_2 \cap A_3| = 0.$$

由定理2.2,得

$$\begin{aligned} h_n &= |S| - |A_1| - |A_2| - |A_3| + |A_1 \cap A_2| + \\ &\quad |A_1 \cap A_3| + |A_2 \cap A_3| - |A_1 \cap A_2 \cap A_3| \\ &= 3^n - 3 \cdot 2^n + 3. \end{aligned}$$

定理2.4 设 S 是有限集,$A_i \subseteq S(i=1,2,\cdots,n,n \geqslant 2)$,则

$$\begin{aligned} \left|\bigcup_{i=1}^{n} A_i\right| &= \sum_{1 \leqslant i_1 \leqslant n} |A_{i_1}| - \sum_{1 \leqslant i_1 < i_2 \leqslant n} |A_{i_1} \cap A_{i_2}| + \cdots + \\ &\quad (-1)^{k-1} \sum_{1 \leqslant i_1 < i_2 < \cdots < i_k \leqslant n} |A_{i_1} \cap A_{i_2} \cap \cdots \cap A_{i_k}| + \cdots + \\ &\quad (-1)^{n-1} |A_1 \cap A_2 \cap \cdots \cap A_n| \\ &= \sum_{k=1}^{n} (-1)^{k-1} \sum_{1 \leqslant i_1 < i_2 < \cdots < i_k \leqslant n} |A_{i_1} \cap A_{i_2} \cap \cdots \cap A_{i_k}|. \end{aligned}$$

证明:当 $n=2$ 时,由定理2.1知结论成立.

假设 $n=s(s\geqslant 2)$ 时结论成立，则当 $n=s+1$ 时，

$$\left|\bigcup_{i=1}^{n} A_i\right| = \left|\bigcup_{i=1}^{s+1} A_i\right| = \left|\left(\bigcup_{i=1}^{s} A_i\right) \cup A_{s+1}\right|$$

$$= \left|\bigcup_{i=1}^{s} A_i\right| + |A_{s+1}| - \left|\left(\bigcup_{i=1}^{s} A_i\right) \cap A_{s+1}\right|$$

$$= \left|\bigcup_{i=1}^{s} A_i\right| + |A_{s+1}| - \left|\bigcup_{i=1}^{s}(A_i \cap A_{s+1})\right|$$

$$= \sum_{1\leqslant i_1\leqslant s+1} |A_{i_1}| +$$

$$\sum_{k=2}^{s}(-1)^{k-1}\sum_{1\leqslant i_1<i_2<\cdots<i_k\leqslant s}|A_{i_1}\cap A_{i_2}\cap\cdots\cap A_{i_k}|+$$

$$\sum_{k=1}^{s-1}(-1)^{k}\sum_{1\leqslant i_1<i_2<\cdots<i_k\leqslant s}|A_{i_1}\cap A_{i_2}\cap\cdots\cap A_{i_k}\cap A_{s+1}|+$$

$$(-1)^{s}|A_1\cap A_2\cap\cdots\cap A_s\cap A_{s+1}|$$

$$= \sum_{1\leqslant i_1\leqslant s+1} |A_{i_1}| +$$

$$\Bigg[\sum_{k=2}^{s}(-1)^{k-1}\sum_{1\leqslant i_1<i_2<\cdots<i_k\leqslant s}|A_{i_1}\cap A_{i_2}\cap\cdots\cap A_{i_k}|+$$

$$\sum_{k=2}^{s}(-1)^{k-1}\sum_{1\leqslant i_1<i_2<\cdots<i_{k-1}\leqslant s}|A_{i_1}\cap A_{i_2}\cap\cdots\cap A_{i_{k-1}}\cap A_{s+1}|\Bigg]+$$

$$(-1)^{s}|A_1\cap A_2\cap\cdots\cap A_{s+1}|$$

$$= \sum_{1\leqslant i_1\leqslant s+1} |A_{i_1}| +$$

$$\sum_{k=2}^{s}(-1)^{k-1}\sum_{1\leqslant i_1<i_2<\cdots<i_s\leqslant s+1}|A_{i_1}\cap A_{i_2}\cap\cdots\cap A_{i_k}|+$$

$$(-1)^{s}|A_1\cap A_2\cap\cdots\cap A_{s+1}|$$

$$= \sum_{k=1}^{s+1} (-1)^{k-1} \sum_{1 \leqslant i_1 < i_2 < \cdots < i_k \leqslant s+1} |A_{i_1} \cap A_{i_2} \cap \cdots \cap A_{i_k}|$$

$$= \sum_{k=1}^{n} (-1)^{k-1} \sum_{1 \leqslant i_1 < i_2 < \cdots < i_k \leqslant n} |A_{i_1} \cap A_{i_2} \cap \cdots \cap A_{i_k}|.$$

所以当 $n=s+1$ 时,结论仍成立. 由数学归纳法,对任意的自然数 $n(n\geqslant 2)$,定理 2.4 的结论成立.

推论 2.1 设 S 是有限集,$A_i \subseteq S(i=1,2,\cdots,n,n\geqslant 2)$,则

$$\left|S - \bigcup_{i=1}^{n} A_i\right|$$

$$= |S| + \sum_{k=1}^{n} (-1)^{k} \sum_{1 \leqslant i_1 < i_2 < \cdots < i_k \leqslant n} |A_{i_1} \cap A_{i_2} \cap \cdots \cap A_{i_k}|.$$

证明:由定理 2.1 的(1)及定理 2.4 即知推论 2.1 的结论成立.

例 2.5 以 g_n 表示由$2n(n\geqslant 2)$个相异元 $a_1,a_2,\cdots,a_n,b_1,b_2,\cdots,b_n$ 作成的 a_k 与 $b_k(k=1,2,\cdots,n)$ 均不相邻的不同的全排列的个数,求 g_n 的计数公式.

解:以 S 表示由 $2n(n\geqslant 2)$ 个相异元 $a_1,a_2,\cdots,a_n,b_1,b_2,\cdots,b_n$ 作成的全排列所成之集,则 $|S|=(2n)!$. 以 $A_i(i=1,2,\cdots,n)$ 表示 S 中的 a_i 与 b_i 相邻的排列所成之集,则

$$g_n = \left|S - \bigcup_{i=1}^{n} A_i\right|$$

$$= |S| + \sum_{k=1}^{n} (-1)^{k} \sum_{1 \leqslant i_1 < i_2 < \cdots < i_k \leqslant n} |A_{i_1} \cap A_{i_2} \cap \cdots \cap A_{i_k}|.$$

因为 $A_{i_1} \cap A_{i_2} \cap \cdots \cap A_{i_k} (1 \leqslant i_1 < i_2 < \cdots < i_k \leqslant n)$ 表示由 $a_1,a_2,\cdots,a_n,b_1,b_2,\cdots,b_n$ 作成的 a_{i_j} 与 $b_{i_j}(j=1,2,\cdots,k)$ 相邻的全排列所成之集,所以

$$|A_{i_1} \cap A_{i_2} \cap \cdots \cap A_{i_k}| = 2^k \cdot (2n-k)!,$$

从而

$$g_n = (2n)! + \sum_{k=1}^{n}(-1)^k\binom{n}{k}2^k(2n-k)!$$

$$= \sum_{k=0}^{n}(-1)^k\binom{n}{k}2^k(2n-k)!.$$

定理 2.5 设 S 是有限集，$a_1,a_2,\cdots,a_n$ 是 n 个性质. 对任意 k $(1\leqslant k\leqslant n)$ 个正整数 $i_1,i_2,\cdots,i_k(1\leqslant i_1<i_2<\cdots<i_k\leqslant n)$，以 $N(a_{i_1}a_{i_2}\cdots a_{i_k})$ 表示 S 中同时具有性质 $a_{i_1},a_{i_2},\cdots,a_{i_k}$ 的元素个数，以 $N(a'_1a'_2\cdots a'_n)$ 表示 S 中不具有 $a_1,a_2,\cdots,a_n$ 中任一个性质的元素个数，则

$$N(a'_1a'_2\cdots a'_n)$$

$$= |S| + \sum_{k=1}^{n}(-1)^k\sum_{1\leqslant i_1<i_2<\cdots<i_k\leqslant n}N(a_{i_1}a_{i_2}\cdots a_{i_k}).$$

证明：以 $A_i(i=1,2,\cdots,n)$ 表示 S 中具有性质 a_i 的全部元素所成之集，则 $S-\bigcup_{i=1}^{n}A_i$ 表示 S 中不具有 $a_1,a_2,\cdots,a_n$ 中任一个性质的全部元素所成之集，所以

$$N(a'_1a'_2\cdots a'_n) = \left|S-\bigcup_{i=1}^{n}A_i\right|$$

$$= |S| + \sum_{k=1}^{n}(-1)^k\sum_{1\leqslant i_1<i_2<\cdots<i_k\leqslant n}|A_{i_1}\cap A_{i_2}\cap\cdots\cap A_{i_k}|.$$

因为 $A_{i_1}\cap A_{i_2}\cap\cdots\cap A_{i_k}(1\leqslant i_1<i_2<\cdots<i_k\leqslant n)$ 表示 S 中同时具有性质 $a_{i_1},a_{i_2},\cdots,a_{i_k}$ 的全部元素所成之集，所以

$$|A_{i_1}\cap A_{i_2}\cap\cdots\cap A_{i_k}| = N(a_{i_1}a_{i_2}\cdots a_{i_k}),$$

从而

$$N(a'_1a'_2\cdots a'_n)$$

$$= |S| + \sum_{k=1}^{n}(-1)^k\sum_{1\leqslant i_1<i_2<\cdots<i_k\leqslant n}N(a_{i_1}a_{i_2}\cdots a_{i_k}).$$

定理 2.4、推论 2.1 及定理 2.5 均称为容斥原理.

例2.6 以 $g(m,n)$ 表示把 m 件相异物分给 $n(m \geqslant n)$ 个人，使得每人至少分得一件物件的不同的分配方法数，求 $g(m,n)$ 的计数公式.

解：以 S 表示把 m 件相异物分给 $n(m \geqslant n)$ 个人的全部不同方法所成之集，则 $|S| = n^m$. 设 $s \in S$，若在分配方法 s 之下，第 $i(1 \leqslant i \leqslant n)$ 个人没有分得物件，则称 s 具有性质 a_i. 对任意 $k(1 \leqslant k \leqslant n)$ 个正整数 $i_1, i_2, \cdots, i_k (1 \leqslant i_1 < i_2 < \cdots < i_k \leqslant n)$，以 $N(a_{i_1}a_{i_2}\cdots a_{i_k})$ 表示 S 中同时具有性质 $a_{i_1}, a_{i_2}, \cdots, a_{i_k}$ 的元素个数，则 $N(a_{i_1}a_{i_2}\cdots a_{i_k})$ 等于把 m 件相异物分给除了第 $i_1, i_2, \cdots, i_k$ 个人的 $n-k$ 个人的不同方法数，所以

$$N(a_{i_1}a_{i_2}\cdots a_{i_k}) = (n-k)^m.$$

由容斥原理，S 中不具有 $a_1, a_2, \cdots, a_n$ 中任一个性质的元素个数，即所求的不同的分配方法数为

$$\begin{aligned} g(m,n) &= |S| + \sum_{k=1}^{n} (-1)^k \sum_{1 \leqslant i_1 < i_2 < \cdots < i_k \leqslant n} N(a_{i_1}a_{i_2}\cdots a_{i_k}) \\ &= n^m + \sum_{i=1}^{n} (-1)^k \binom{n}{k} (n-k)^m \\ &= \sum_{k=0}^{n-1} (-1)^k \binom{n}{k} (n-k)^m \\ &= \sum_{k=1}^{n} (-1)^{n-k} \binom{n}{k} k^m. \end{aligned}$$

二、容斥原理的符号形式

为了便于记忆和便于使用容斥原理，约定

$$N(a \pm b) = N(a) \pm N(b), \quad N(1) = N.$$

在上述约定下，我们有定理2.6.

定理2.6（容斥原理的符号形式） 设 S 是有限集，$|S| = N$，

$a_1, a_2, \cdots, a_n$是 n 个性质. 对任意 $k(1 \leqslant k \leqslant n)$ 个正整数 $i_1, i_2, \cdots, i_k$ $(1 \leqslant i_1 < i_2 < \cdots < i_k \leqslant n)$，以 $N(a_{i_1} a_{i_2} \cdots a_{i_k})$ 表示 S 中同时具有性质 $a_{i_1}, a_{i_2}, \cdots, a_{i_k}$ 的元素个数，以 $N(a'_1 a'_2 \cdots a'_n)$ 表示 S 中不具有 a_1, $a_2, \cdots, a_n$ 中任一个性质的元素个数，则

$$N(a'_1 a'_2 \cdots a'_n) = N\left[(1-a_1)(1-a_2)\cdots(1-a_n)\right].$$

证明：因$(1-a_1)(1-a_2)\cdots(1-a_n)$

$$= 1 + \sum_{k=1}^{n}(-1)^k \sum_{1 \leqslant i_1 < i_2 < \cdots < i_k \leqslant n} a_{i_1} a_{i_2} \cdots a_{i_k},$$

所以 $N\left[(1-a_1)(1-a_2)\cdots(1-a_n)\right]$

$$= N\left[1 + \sum_{k=1}^{n}(-1)^k \sum_{1 \leqslant i_1 < i_2 < \cdots < i_k \leqslant n} a_{i_1} a_{i_2} \cdots a_{i_k}\right]$$

$$= N + \sum_{k=1}^{n}(-1)^k \sum_{1 \leqslant i_1 < i_2 < \cdots < i_k \leqslant n} N(a_{i_1} a_{i_2} \cdots a_{i_k})$$

$$= N(a'_1 a'_2 \cdots a'_n).$$

推论 2.2 设 S 是有限集，$a_1, a_2, \cdots, a_n$是 n 个性质. 对任意 k $(1 \leqslant k \leqslant n)$ 个整数 $i_1, i_2, \cdots, i_k$ $(1 \leqslant i_1 < i_2 < \cdots < i_k \leqslant n)$，以 $N(a_{i_1} a_{i_2} \cdots a_{i_k})$ 表示 S 中同时具有性质 $a_{i_1}, a_{i_2}, \cdots, a_{i_k}$ 的元素个数，以 $N(a_1 a_2 \cdots a_k a'_{k+1} \cdots a'_n)$ 表示 S 中同时具有性质 $a_1, a_2, \cdots, a_k$ 但不具有 $a_{k+1}, \cdots, a_n$ 中任一个性质的元素个数，则

$$N(a_1 a_2 \cdots a_k a'_{k+1} \cdots a'_n) = N\left[a_1 a_2 \cdots a_k (1-a_{k+1})\cdots(1-a_n)\right].$$

证明：以 S_1 表示 S 中同时具有性质 $a_1, a_2, \cdots, a_k$ 的元素所成之集，并令 $|S_1| = N_1$，则 $N_1 = N(a_1 a_2 \cdots a_k)$. 对任意 $j(1 \leqslant j \leqslant n-k)$ 个正整数 $i_1, i_2, \cdots, i_j$ $(k+1 \leqslant i_1 < i_2 < \cdots < i_j \leqslant n)$，以 $N_1(a_{i_1} a_{i_2} \cdots a_{i_j})$ 表示 S_1 中同时具有性质 $a_{i_1}, a_{i_2}, \cdots, a_{i_j}$ 的元素个数，以 $N_1(a'_{k+1} a'_{k+2} \cdots a'_n)$ 表示 S_1 中不具有 $a_{k+1}, a_{k+2}, \cdots, a_n$ 中任一个性质的元素个数，则

$$N(a_1 a_2 \cdots a_k a_{i_1} a_{i_2} \cdots a_{i_j}) = N_1(a_{i_1} a_{i_2} \cdots a_{i_j}),$$

$$N(a_1a_2\cdots a_k a'_{k+1}a'_{k+2}\cdots a'_n) = N_1(a'_{k+1}a'_{k+2}\cdots a'_n).$$

由定理2.6,有

$$\begin{aligned}
N(a_1a_2\cdots a_k a'_{k+1}a'_{k+2}\cdots a'_n) &= N_1(a'_{k+1}a'_{k+2}\cdots a'_n) \\
&= N_1\left[(1-a_{k+1})(1-a_{k+2})\cdots(1-a_n)\right] \\
&= N_1\left[1+\sum_{j=1}^{n-k}(-1)^j\sum_{k+1\leqslant i_1<i_2<\cdots<i_j\leqslant n}a_{i_1}a_{i_2}\cdots a_{i_j}\right] \\
&= N_1(1)+\sum_{j=1}^{n-k}(-1)^j\sum_{k+1\leqslant i_1<i_2<\cdots<i_j\leqslant n}N_1(a_{i_1}a_{i_2}\cdots a_{i_j}) \\
&= N(a_1a_2\cdots a_k)+ \\
&\quad \sum_{j=1}^{n-k}(-1)^j\sum_{k+1\leqslant i_1<i_2<\cdots<i_j\leqslant n}N(a_1a_2\cdots a_k a_{i_1}a_{i_2}\cdots a_{i_j}) \\
&= N\Big[a_1a_2\cdots a_k+ \\
&\quad \sum_{j=1}^{n-k}(-1)^j\sum_{k+1\leqslant i_1<i_2<\cdots<i_j\leqslant n}a_1a_2\cdots a_k a_{i_1}a_{i_2}\cdots a_{i_j}\Big] \\
&= N[a_1a_2\cdots a_k(1-a_{k+1})(1-a_{k+2})\cdots(1-a_n)].
\end{aligned}$$

例2.7 由1至1000的整数中,有多少个整数能被4整除但不能被3也不能被10整除?

解:令 $S=\{1,2,\cdots,1000\}$. 设 $s\in S$,若 s 能被4,3,10整除,则分别称 s 具有性质 a_1,a_2,a_3. 由推论2.2,所求的整数个数为

$$\begin{aligned}
N(a_1a'_2a'_3) &= N\left[a_1(1-a_2)(1-a_3)\right] \\
&= N(a_1-a_1a_2-a_1a_3+a_1a_2a_3) \\
&= N(a_1)-N(a_1a_2)-N(a_1a_3)+N(a_1a_2a_3) \\
&= \left[\frac{1000}{4}\right]-\left[\frac{1000}{4\times 3}\right]-\left[\frac{1000}{4\times 5}\right]+\left[\frac{1000}{4\times 3\times 5}\right] \\
&= 250-83-50+16=133.
\end{aligned}$$

三、容斥原理的一般形式

设S是有限集,S中的每个元都被赋予了权(如长度、面积、质量、价格等),$a_1,a_2,\cdots,a_n$是n个性质.下面的容斥原理的一般形式给出了求S中恰好具有$a_1,a_2,\cdots,a_n$中m个性质的元素的权和的方法.

定理2.7(容斥原理的一般形式) 设S是有限集,S中的任一个元s都被赋予了唯一的权$w(s)$,$a_1,a_2,\cdots,a_n$是n个性质.对任意$k(1\leqslant k\leqslant n)$个正整数$i_1,i_2,\cdots,i_k(1\leqslant i_1<i_2<\cdots<i_k\leqslant n)$,以$w(a_{i_1}a_{i_2}\cdots a_{i_k})$表示$S$中同时具有性质$a_{i_1},a_{i_2},\cdots,a_{i_k}$的元素的权和,令

$$W(k)=\sum_{1\leqslant i_1<i_2<\cdots<i_k\leqslant n}w(a_{i_1}a_{i_2}\cdots a_{i_k}).$$

又以$W(0)$表示S中所有元素的权和,以$E(m)$表示S中恰好具有$a_1,a_2,\cdots,a_n$中$m(0\leqslant m\leqslant n)$个性质的元素的权和,则

$$E(m)=\sum_{k=m}^{n}(-1)^{k-m}\binom{k}{m}W(k).$$

证明:设k为不大于n的非负整数,对任意的$s\in S$,以$g(s,k)$表示s的权$w(s)$在$W(k)$中计算的次数,则$W(k)=\sum_{s\in S}g(s,k)\cdot w(s)$.设$s\in S$且$s$恰具有$a_1,a_2,\cdots,a_n$中的$t(0\leqslant t\leqslant n)$个性质(此时记$s\in S_t$).因为从$t$个性质中选取$k$个性质的方法有$\binom{t}{k}$种,故$s$的权$w(s)$在$W(k)$中计算的次数$g(s,k)=\binom{t}{k}$,从而

$$\begin{aligned}W(k)&=\sum_{s\in S}g(s,k)\cdot w(s)\\&=\sum_{t=0}^{n}\sum_{s\in S_t}g(s,k)\cdot w(s)\end{aligned}$$

$$= \sum_{t=0}^{n} \sum_{s \in S_t} \binom{t}{k} \cdot w(s)$$

$$= \sum_{t=0}^{n} \binom{t}{k} \sum_{s \in S_t} w(s) = \sum_{t=0}^{n} \binom{t}{k} E(t)$$

$$= \sum_{t=k}^{n} \binom{t}{k} E(t),$$

所以

$$\sum_{k=m}^{n} (-1)^{k-m} \binom{k}{m} W(k) = \sum_{k=m}^{n} (-1)^{k-m} \binom{k}{m} \sum_{t=k}^{n} \binom{t}{k} E(t)$$

$$= \sum_{t=m}^{n} \left[\sum_{k=m}^{t} (-1)^{k-m} \binom{t}{k} \binom{k}{m} \right] E(t),$$

而
$$\sum_{k=m}^{t} (-1)^{k-m} \binom{t}{k} \binom{k}{m} = \begin{cases} 1 & 若\ t = m \\ 0 & 若\ t > m \end{cases}.$$

所以
$$\sum_{k=m}^{n} (-1)^{k-m} \binom{k}{m} W(k) = E(m).$$

在定理 2.7 中，令 S 中每个元的权均为 1，即得推论 2.3.

推论 2.3　设 S 是有限集，$a_1, a_2, \cdots, a_n$ 是 n 个性质. 对任意 $k(1 \leqslant k \leqslant n)$ 个正整数 $i_1, i_2, \cdots, i_k (1 \leqslant i_1 < i_2 < \cdots < i_k \leqslant n)$，以 $N(a_{i_1} a_{i_2} \cdots a_{i_k})$ 表示 S 中同时具有性质 $a_{i_1}, a_{i_2}, \cdots, a_{i_k}$ 的元素个数，令

$$N_k = \sum_{1 \leqslant i_1 < i_2 < \cdots < i_k \leqslant n} N(a_{i_1} a_{i_2} \cdots a_{i_k}),$$

并令 $N_0 = |S|$. 以 $N(m)$ 表示 S 中恰好具有 $a_1, a_2, \cdots, a_n$ 中 $m(0 \leqslant m \leqslant n)$ 个性质的元素个数，则

$$N(m) = \sum_{k=m}^{n} (-1)^{k-m} \binom{k}{m} N_k.$$

在推论 2.3 中令 $m = 0$ 即得定理 2.5.

例 2.8　在 1 至 100 的整数中，有多少个整数能且仅能被 2，

3,5,7 这 4 个整数中的两个整除?

解:令 $S=\{1,2,\cdots,100\}$. 设 $s\in S$,若 s 能被 2,3,5,7 整除,则分别称 s 具有性质 a_1,a_2,a_3,a_4. 沿用推论 2.3 中的记号,所求的整数个数为

$$
\begin{aligned}
N(2) &= \sum_{k=2}^{4}(-1)^{k-2}\binom{k}{2}\sum_{1\leqslant i_1<i_2<\cdots<i_k\leqslant 4}N(a_{i_1}a_{i_2}\cdots a_{i_k})\\
&= N(a_1a_2)+N(a_1a_3)+N(a_1a_4)+N(a_2a_3)+\\
&\qquad N(a_2a_4)+N(a_3a_4)-3\left[N(a_1a_2a_3)+N(a_1a_2a_4)+\right.\\
&\qquad \left.N(a_1a_3a_4)+N(a_2a_3a_4)\right]+6N(a_1a_2a_3a_4)\\
&= \left[\frac{100}{2\times 3}\right]+\left[\frac{100}{2\times 5}\right]+\left[\frac{100}{2\times 7}\right]+\left[\frac{100}{3\times 5}\right]+\\
&\qquad \left[\frac{100}{3\times 7}\right]+\left[\frac{100}{5\times 7}\right]-3\times\left(\left[\frac{100}{2\times 3\times 5}\right]+\right.\\
&\qquad \left.\left[\frac{100}{2\times 3\times 7}\right]+\left[\frac{100}{2\times 5\times 7}\right]+\left[\frac{100}{3\times 5\times 7}\right]\right)+\\
&\qquad 6\times\left[\frac{100}{2\times 3\times 5\times 7}\right]\\
&= 16+10+7+6+4+2-3\times(3+2+1+0)+6\times 0\\
&= 27.
\end{aligned}
$$

第二节　容斥原理的应用

容斥原理是解决组合计数问题的一个重要工具. 下面介绍如何应用容斥原理解决“重排问题”、“夫妻问题”、“不含连续数对的排列问题”以及涉及数论的 3 个计数问题.

一、重排问题

定义 2.1　设 π 是由 n 个相异元 $a_1,a_2,\cdots,a_n$ 作成的全排列,

如果 $a_j(1\leqslant j\leqslant n)$ 在 π 中排在第 j 位,则称 a_j 在 π 中保位. 以 D_n 表示由 $a_1,a_2,\cdots,a_n$ 作成的没有一个元保位的全排列(称为 n 元重排)的个数,D_n 称为 n 元重排数.

易知 $D_1=0,D_2=1,D_3=2$. 令 $D_0=1$.

定理2.8 $D_n=n!\sum_{k=0}^{n}(-1)^k/k!\quad(n\geqslant 0)$.

证明:当 $n=0,1$ 时,结论显然成立.

设 $n\geqslant 2$,以 S 表示由 n 个相异元 $a_1,a_2,\cdots,a_n$ 作成的所有全排列所成之集,则 $|S|=n!$. 设 $s\in S$,若在排列 s 中 $a_j(1\leqslant j\leqslant n)$ 保位,则称 s 具有性质 b_j. 对任意 $k(1\leqslant k\leqslant n)$ 个正整数 $i_1,i_2,\cdots,i_k(1\leqslant i_1<i_2<\cdots<i_k\leqslant n)$,以 $N(b_{i_1}b_{i_2}\cdots b_{i_k})$ 表示 S 中同时具有性质 $b_{i_1},b_{i_2},\cdots,b_{i_k}$ 的元素个数,则 $N(b_{i_1}b_{i_2}\cdots b_{i_k})$ 等于 $n-k$ 元集 $S-\{a_{i_1},a_{i_2},\cdots,a_{i_k}\}$ 的全排列的个数,故

$$N(b_{i_1}b_{i_2}\cdots b_{i_k})=(n-k)!.$$

由容斥原理,S 中不具有 $b_1,b_2,\cdots,b_n$ 中任一个性质的元素个数,即我们所求的 n 元重排数为

$$\begin{aligned}D_n&=|S|+\sum_{k=1}^{n}(-1)^k\sum_{1\leqslant i_1<i_2<\cdots<i_k\leqslant n}N(b_{i_1}b_{i_2}\cdots b_{i_k})\\&=n!+\sum_{k=1}^{n}(-1)^k\binom{n}{k}(n-k)!\\&=\sum_{k=0}^{n}(-1)^k\binom{n}{k}(n-k)!=n!\sum_{k=0}^{n}(-1)^k/k!.\end{aligned}$$

推论2.4 $D_n=nD_{n-1}+(-1)^n\quad(n\geqslant 1)$.

证明:
$$\begin{aligned}D_n&=n!\sum_{k=0}^{n}(-1)^k/k!\\&=n\cdot(n-1)!\sum_{k=0}^{n-1}(-1)^k/k!+n!\cdot\frac{(-1)^n}{n!}\\&=n\cdot D_{n-1}+(-1)^n.\end{aligned}$$

定理2.9 $D_n=(n-1)(D_{n-1}+D_{n-2})\quad(n\geqslant 2)$.

证明:当$n=2$时结论显然成立.

设$n\geqslant 3$,由n个相异元$a_1,a_2,\cdots,a_n$作成的n元重排共有D_n个,其中$a_k(2\leqslant k\leqslant n)$排在第1位的$n$元重排可分成如下两类:

①a_1排在第k位的n元重排.属于此类的n元重排有D_{n-2}个.

②a_1不排在第k位的n元重排.属于此类的n元重排有D_{n-1}个.

由加法原则,$a_k(2\leqslant k\leqslant n)$排在第1位的$n$元重排有$D_{n-1}+D_{n-2}$个,再由加法原则得

$$D_n=(n-1)(D_{n-1}+D_{n-2})\quad(n\geqslant 3).$$

二、夫妻问题

Lucas(鲁卡斯,法国数学家,1842—1891)曾提出如下的“夫妻问题”:今需安排n对夫妻围圆桌($2n$个座位已编号)而坐,男女相间,夫妻不相邻,问有多少种不同的安排座位方法?应用容斥原理容易解决这个似乎很困难的问题.

定理2.10 n对夫妻围圆桌($2n$个座位已编号)而坐,男女相间,夫妻不相邻,则不同的坐法数为

$$M_n=4n\cdot n!\sum_{k=0}^{n}(-1)^k\binom{2n-k}{k}\cdot\frac{(n-k)!}{2n-k}.$$

M_n称为夫妻数.

证明:以S表示n对夫妻男女相间地围圆桌而坐的全部不同坐法所成之集,则$|S|=2\cdot(n!)^2$.设$s\in S$,若在坐法s中,第$i(1\leqslant i\leqslant n)$对夫妻相邻而坐,则称$s$具有性质$a_i$.对任意$k(1\leqslant k\leqslant n)$个正整数$i_1,i_2,\cdots,i_k(1\leqslant i_1<i_2<\cdots<i_k\leqslant n)$,以$N(a_{i_1}a_{i_2}\cdots a_{i_k})$表示$S$中同时具有性质$a_{i_1},a_{i_2},\cdots,a_{i_k}$的元素个数.下面求

$N(a_{i_1}a_{i_2}\cdots a_{i_k})$.

先设 $k<n$,可依如下 4 个步骤去作出具有性质 $a_{i_1},a_{i_2},\cdots,a_{i_k}$ 的坐法.

步骤 1:设不在集合 $\{i_1,i_2,\cdots,i_k\}$ 中的最小正整数为 j,安排第 j 对夫妻的丈夫 A_j 入座(这样男女座位编号的奇偶性就确定了),有 $2n$ 种方法.

步骤 2:安排第 $i_1,i_2,\cdots,i_k$ 对夫妻入座,使得每对夫妻相邻而坐. 因为男女座位编号的奇偶性已确定了,所以每对夫妻可看成一个人,他们坐的两个座位可看成一个座位,故完成步骤 2 的方法数等于从 $2n-1-k$ 个座位中选取 k 个座位,再把 k 个人安排在这 k 个座位上的方法数,为 $\binom{2n-k-1}{k}\cdot k!$.

步骤 3:安排余下的 $n-k-1$ 个男人入座,有 $(n-k-1)!$ 种方法.

步骤 4:安排余下的 $n-k$ 个女人入座,有 $(n-k)!$ 种方法.

由乘法原则,

$$\begin{aligned}
&N(a_{i_1}a_{i_2}\cdots a_{i_k})\\
&=2n\cdot\binom{2n-k-1}{k}\cdot k!\cdot(n-k-1)!\cdot(n-k)!\\
&=\frac{4n\cdot(2n-k)!\left[(n-k)!\right]^2}{(2n-k)(2n-2k)!}.
\end{aligned}$$

因为 $N(a_1a_2\cdots a_n)=4\cdot n!$,故当 $k=n$ 时上式仍成立. 于是由容斥原理,S 中不具有 $a_1,a_2,\cdots,a_n$ 中任一个性质的元素个数,即所求的夫妻数为

$$\begin{aligned}
M_n&=|S|+\sum_{k=1}^{n}(-1)^k\sum_{1\leqslant i_1<i_2<\cdots<i_k\leqslant n}N(a_{i_1}a_{i_2}\cdots a_{i_k})\\
&=2\cdot(n!)^2+
\end{aligned}$$

$$\sum_{k=1}^{n}(-1)^k\binom{n}{k}\cdot\frac{4n\cdot(2n-k)!\,[(n-k)!]^2}{(2n-k)\cdot(2n-2k)!}$$

$$= 2\cdot(n!)^2 +$$

$$\sum_{k=1}^{n}(-1)^k\cdot 4n\cdot n!\cdot\frac{(2n-k)!}{k!(2n-2k)!}\cdot\frac{(n-k)!}{2n-k}$$

$$= \sum_{k=0}^{n}(-1)^k\cdot 4n\cdot n!\cdot\binom{2n-k}{k}\cdot\frac{(n-k)!}{2n-k}$$

$$= 4n\cdot n!\sum_{k=0}^{n}(-1)^k\binom{2n-k}{k}\cdot\frac{(n-k)!}{2n-k}.$$

三、不含连续数对的排列问题

设 $\pi=a_1a_2\cdots a_n$ 是由 $1,2,\cdots,n$ 作成的一个全排列,如果 $a_{i+1}-a_i=1(1\leqslant i\leqslant n-1)$,则称 π 含有连续数对 (a_i,a_{i+1}). 例如,排列 1243567 含有 3 个连续数对 $(1,2)$,$(5,6)$,$(6,7)$.

定理 2.11 以 Q_n 表示由 $1,2,\cdots,n(n\geqslant 2)$ 作成的不含连续数对的全排列的个数,则

$$Q_n=\sum_{k=0}^{n-1}(-1)^k\binom{n-1}{k}\cdot(n-k)!.$$

证明:以 S 表示由 $1,2,\cdots,n$ 作成的全部不同的全排列所成之集,则 $|S|=n!$. 设 $s\in S$,若排列 s 含有连续数对 $(i,i+1)(1\leqslant i\leqslant n-1)$,则称 s 具有性质 a_i. 对任意 $k(1\leqslant k\leqslant n-1)$ 个正整数 $i_1,i_2,\cdots,i_k(1\leqslant i_1<i_2<\cdots<i_k\leqslant n-1)$,以 $N(a_{i_1}a_{i_2}\cdots a_{i_k})$ 表示 S 中同时具有性质 $a_{i_1},a_{i_2},\cdots,a_{i_k}$ 的元素个数,现求 $N(a_{i_1}a_{i_2}\cdots a_{i_k})$. 设在排列 $123\cdots n$ 中,$i_1,i_2,\cdots,i_k$ 被其它数字分隔成 t 段,以 $L_j(j=1,2,\cdots,t)$ 表示由第 j 段(从左往右计算)及其右边一个数字所构成的数字段,则 $s\in S$ 同时具有性质 $a_{i_1},a_{i_2},\cdots,a_{i_k}$,当且仅当 s 含有诸 L_j. 把 $L_1,L_2,\cdots,L_t$ 看成 t 个新元素,则 $N(a_{i_1}a_{i_2}\cdots a_{i_k})$ 等于

由这 t 个新元素及不在诸 L_j 上的 $n-k-t$ 个数字作成的全排列的个数,所以

$$N(a_{i_1}a_{i_2}\cdots a_{i_k}) = (t+n-k-t)! = (n-k)!.$$

由容斥原理,S 中不具有 $a_1,a_2,\cdots,a_n$ 中任一个性质的元素个数,即所求的不含连续数对的全排列数为

$$\begin{aligned} Q_n &= |S| + \sum_{k=1}^{n-1}(-1)^k \sum_{1\leqslant i_1<i_2<\cdots<i_k\leqslant n-1} N(a_{i_1}a_{i_2}\cdots a_{i_k}) \\ &= n! + \sum_{k=1}^{n-1}(-1)^k\binom{n-1}{k}(n-k)! \\ &= \sum_{k=0}^{n-1}(-1)^k\binom{n-1}{k}(n-k)!. \end{aligned}$$

四、一个涉及整除的计数问题

定理 2.12 设 $a_1,a_2,\cdots,a_n$ 及 N 都是正整数,则从 1 至 N 的 N 个正整数中不能被 $a_1,a_2,\cdots,a_n$ 中任一个整除的整数个数为

$$N + \sum_{k=1}^{n}(-1)^k \sum_{1\leqslant i_1<i_2<\cdots<i_k\leqslant n}\left[\frac{N}{\langle a_{i_1},a_{i_2},\cdots,a_{i_k}\rangle}\right],$$

其中,$\langle a_{i_1},a_{i_2},\cdots,a_{i_k}\rangle$ 表示 $a_{i_1},a_{i_2},\cdots,a_{i_k}$ 的最小公倍数.

证明:令 $S=\{1,2,\cdots,N\}$,则 $|S|=N$. 设 $s\in S$,若 $a_i \mid s$,则称 s 具有性质 b_i. 以 $N(b_{i_1}b_{i_2}\cdots b_{i_k})$ 表示 S 中同时具有性质 $b_{i_1},b_{i_2},\cdots,b_{i_k}(1\leqslant i_1<i_2<\cdots<i_k\leqslant n)$ 的元素个数. 因为一个整数能同时被 $a_{i_1},a_{i_2},\cdots,a_{i_k}$ 整除当且仅当这个整数能被它们的最小公倍数 $\langle a_{i_1},a_{i_2},\cdots,a_{i_k}\rangle$ 整除,所以

$$N(b_{i_1}b_{i_2}\cdots b_{i_k}) = \left[\frac{N}{\langle a_{i_1},a_{i_2},\cdots,a_{i_k}\rangle}\right].$$

由容斥原理,S 中不具有 $b_1,b_2,\cdots,b_n$ 中任一个性质的元素个数,即所求的整数个数为

$$|S| + \sum_{k=1}^{n} (-1)^k \sum_{1 \leqslant i_1 < i_2 < \cdots < i_k \leqslant n} N(b_{i_1} b_{i_2} \cdots b_{i_k})$$

$$= N + \sum_{k=1}^{n} (-1)^k \sum_{1 \leqslant i_1 < i_2 < \cdots < i_k \leqslant n} \left[\frac{N}{\langle a_{i_1}, a_{i_2}, \cdots, a_{i_k} \rangle} \right].$$

五、Euler 函数 $\varphi(n)$ 的计数公式

设 n 为自然数,以 $\varphi(n)$ 表示不大于 n 且与 n 互质的自然数的个数,$\varphi(n)$ 称为 Euler 函数. 易知 $\varphi(1)=1,\varphi(2)=1,\varphi(3)=2,\varphi(4)=2,\varphi(5)=4$.

定理2.13 设 $n(n \geqslant 2)$ 为自然数,$p_1,p_2,\cdots,p_m$ 是 n 的全部质因数,则

$$\varphi(n) = n \cdot \prod_{i=1}^{m} \left(1 - \frac{1}{p_i}\right).$$

证明:设 s 是任一个不大于 n 的自然数,则 s 与 n 互质当且仅当 s 不能被 $p_1,p_2,\cdots,p_m$ 中任一个整数整除,所以 $\varphi(n)$ 等于由 1 至 n 的 n 个整数中不能被 $p_1,p_2,\cdots,p_m$ 中任一个整数整除的整数的个数. 由定理 2.12,有

$$\varphi(n) = n + \sum_{k=1}^{m} (-1)^k \sum_{1 \leqslant i_1 < i_2 < \cdots < i_k \leqslant m} \left[\frac{n}{\langle p_{i_1}, p_{i_2}, \cdots, p_{i_k} \rangle} \right]$$

$$= n + \sum_{k=1}^{m} (-1)^k \sum_{1 \leqslant i_1 < i_2 < \cdots < i_k \leqslant m} \frac{n}{p_{i_1} p_{i_2} \cdots p_{i_k}}$$

$$= n \cdot \left(1 + \sum_{k=1}^{m} (-1)^k \sum_{1 \leqslant i_1 < i_2 < \cdots < i_k \leqslant m} \frac{1}{p_{i_1} p_{i_2} \cdots p_{i_k}}\right)$$

$$= n\left(1 - \frac{1}{p_1}\right)\left(1 - \frac{1}{p_2}\right)\cdots\left(1 - \frac{1}{p_m}\right)$$

$$= n \cdot \prod_{i=1}^{m} \left(1 - \frac{1}{p_i}\right).$$

例2.9 求$\varphi(36)$.

解:因 $$36=2^2\cdot 3^2,$$

所以 $$\varphi(36)=36\cdot\left(1-\frac{1}{2}\right)\left(1-\frac{1}{3}\right)=12.$$

六、关于质数个数的计数

设n是自然数,以$\pi(n)$表示不大于n的质数的个数.至今尚未找到$\pi(n)$的计数公式.不过,应用容斥原理,我们得到一种求$\pi(n)$的方法.

定理2.14 设$n(n\geqslant 2)$是自然数,$p_1,p_2,\cdots,p_m$是不大于$\sqrt{n}$的全部质数,则

$$\pi(n)=m-1+n+\sum_{k=1}^{m}(-1)^k\sum_{1\leqslant i_1<i_2<\cdots<i_k\leqslant m}\left[\frac{n}{p_{i_1}p_{i_2}\cdots p_{i_k}}\right].$$

证明:令$S=\{1,2,\cdots,n\}$.设$s\in S$,若s不是质数,则s可表成$s=a\cdot b$,其中a,b都是大于1的正整数且$a\leqslant b$.又因为$s\leqslant n$,所以$a\leqslant\sqrt{n}$,故a从而s能够被$p_1,p_2,\cdots,p_m$之一整除.由此可知s是质数当且仅当s要么是$p_1,p_2,\cdots,p_m$之一,要么$s\neq 1$且不能被$p_1,p_2,\cdots,p_m$中任一个整数整除.故由定理2.12,有

$$\pi(n)=m-1+n+\sum_{k=1}^{m}(-1)^k\sum_{1\leqslant i_1<i_2<\cdots<i_k\leqslant m}\left[\frac{n}{p_{i_1}p_{i_2}\cdots p_{i_k}}\right].$$

例2.10 求$\pi(36)$.

解:不大于$\sqrt{36}=6$的质数有如下3个:2,3,5,所以

$$\begin{aligned}\pi(36)&=3-1+36-\left(\left[\frac{36}{2}\right]+\left[\frac{36}{3}\right]+\left[\frac{36}{5}\right]\right)+\\&\quad\left(\left[\frac{36}{2\times3}\right]+\left[\frac{36}{2\times5}\right]+\left[\frac{36}{3\times5}\right]\right)-\left[\frac{36}{2\times3\times5}\right]\\&=38-(18+12+7)+(6+3+2)-1\\&=11.\end{aligned}$$

容易求出不大于36的11个质数,它们是2,3,5,7,11,13,17,19,23,29,31.

习 题 二

1. 求从1至1000的整数中能被14或21整除的整数的个数.

2. 从1至1000的整数中,有多少个整数能被5整除但不能被6整除?

3. 从1至500的整数中,有多少个整数能被3和5整除但不能被7整除?

4. 从1至2000的整数中,有多少个整数能被7整除,但不能被6也不能被10整除?

5. 今要安排6个人值夜班,从星期一至星期六每人值一晚,但甲不安排星期一,乙不安排星期二,丙不安排星期三,共有多少种不同的安排值班的方法?

6. 从1至2000的整数中,至少能被2,3,5中的两个数整除的整数有多少个?

7. 从1至2000的整数中,能被2或3整除但不能被12整除的整数有多少个?

8. 由数字1至9组成的每种数字至少出现1次的$n(n\geqslant 9)$位数有多少个?

9. 用容斥原理证明:由m元集A到$n(m\geqslant n)$元集B的满射的个数为

$$g(m,n)=\sum_{k=1}^{n}(-1)^{n-k}\binom{n}{k}k^{m}.$$

10. 含3个变元x,y,z的一个对称多项式包含9个项,其中4项包含x,2项包含xyz,1项是常数项,求包含xy的项有多少个?

11. 求由3个a,3个b,3个c作成的任何3个相同的元均不排在一起的全排列数.

12. 求由$n(n\geqslant 3)$个相异元$a_1,a_2,\cdots,a_n$作成的a_1不排在第1位,a_2不排在第2位,a_3不排在第3位的全排列的个数.

13. 一次宴会,7位来宾寄存他们的帽子,在取回他们的帽子时,问有多

少种可能使得

(1)没有一位来宾取回的是他自己的帽子?

(2)至少有一位来宾取回的是他自己的帽子?

(3)至少有两位来宾取回的是他们自己的帽子?

14. 以 Q_n 表示由 $1,2,\cdots,n(n\geqslant 2)$ 作成的不含连续数对的全排列的个数,求证:

(1) $Q_n=(n+1)D_{n-1}+(-1)^n$.

(2) $Q_n=\frac{1}{n}D_{n+1}$.

15. 以 $f(2^n)$ 表示由 2 个 a_1,2 个 a_2,$\cdots$,2 个 a_n 作成的任何两个 $a_i(i=1,2,\cdots,n)$ 均不相邻的全排列的个数,求证:

$$f(2^n)=\sum_{k=0}^{n}(-1)^k\binom{n}{k}\cdot\frac{(2n-k)!}{2^{n-k}}.$$

16. 以 $f(1^n2^m)$ 表示由 2 个 a_1,2 个 a_2,$\cdots$,2 个 a_m 和 $b_1,b_2,\cdots,b_n$ 作成的任何两个 $a_i(i=1,2,\cdots,m)$ 均不相邻的全排列的个数,求证:

$$f(1^n2^m)=\sum_{k=0}^{m}(-1)^{m-k}\binom{m}{k}\frac{(n+m+k)!}{2^k}.$$

17. 以 $h(r,n+p,n)$ 表示把 r 件相异物件分给 $n+p$ 个人,使得预先指定的 n 个人中每人至少分得一件物件的不同分法的种数,求证:

$$h(r,n+p,n)=\sum_{k=0}^{m}(-1)^k\binom{n}{k}(n+p-k)^r.$$

18. n 对夫妻男女相间地围圆桌而坐($2n$ 个座位已编号),求恰有 $k(0\leqslant k\leqslant n)$ 对夫妻相邻而坐的不同的坐法数.

19. 由 $3n$ 个相异元 $a_1,a_2,\cdots,a_n,b_1,b_2,\cdots,b_n,c_1,c_2,\cdots,c_n$ 作成的 $(3n)!$ 个全排列中,有多少个满足条件:对任一个自然数 $k(k=1,2,\cdots,n)$,a_k 与 b_k 不相邻?

20. 把 $n+m$ 件相异物件 $a_1,a_2,\cdots,a_n,a_{n+1},\cdots,a_{n+m}$ 分给 n 个人 $A_1,A_2,\cdots,A_n$,要求每人至少分得一件物件且 $a_i(i=1,2,\cdots,n)$ 不能分给 A_i. 设不同的分法共有 $l(n,m)$ 种,求 $l(n,m)$ 的计数公式.

21. 求证: $\sum_{k=0}^{[\frac{m}{2}]}(-1)^k\binom{n}{k}\binom{2n-2k}{m-2k}=2^m\binom{n}{m}\ (0\leqslant m\leqslant n)$.

22. 用组合分析法证明：$\sum_{k=0}^{n}(-1)^k\binom{n}{k}\binom{2n-2k}{n-1}=0\ (n\geqslant 1)$.

23. 把 $2m$ 件相异物件 $a_1,a_2,\cdots,a_m,b_1,b_2,\cdots,b_m$ 分给 $n(1\leqslant n\leqslant 2m)$ 个人,使得每人至少分得一件物件且 a_j 与 $b_j(j=1,2,\cdots,m)$ 不分给同一个人,问有多少种不同的分配物件的方法?

24. 把 $n(n\geqslant 4)$ 件彼此相异的物件分给甲、乙、丙三人,使得甲至少分得两件物件,乙和丙至少分得一件物件,有多少种不同的分法?

25. 利用容斥原理证明：

$$\sum_{k=0}^{m}(-1)^k\binom{m}{k}\binom{n+m-k-1}{n}=\binom{n-1}{m-1}\quad(n\geqslant 1,m\geqslant 1).$$

26. 利用容斥原理证明：

$$\sum_{k=0}^{m}(-1)^k\binom{m}{k}\binom{n-k}{r}=\binom{n-m}{r-m}\quad(n\geqslant r\geqslant m\geqslant 0).$$

27. 一部电梯由 1 楼上升到 10 楼,在 1 楼时电梯内共有 n 个乘客. 该电梯从 5 楼开始每层楼都停,以便让乘客决定是否离开电梯.

(1)求 n 个乘客离开电梯的不同方法的种数.

(2)求从 5 楼起每层楼都有人离开电梯的不同方法的种数.

28. 设 n,m,t 都是正整数且 $n>m$,求证：

$$\sum_{k=0}^{n}(-1)^k\binom{n}{k}(nt+1-kt)^m=0.$$

第三章 递推关系

许多组合计数问题归结为求定义域为$\underbrace{N\times N\times\cdots\times N}_{k个N}$的函数$f(n_1,n_2,\cdots,n_k)$,其中$N$是自然数集.直接去求$f(n_1,n_2,\cdots,n_k)$的计数公式往往很困难,如果能找出关于$f(n_1,n_2,\cdots,n_k)$的递推关系式,进而解出所得的递推关系式,则问题就解决了.

建立递推关系,进而解递推关系是解决组合计数问题的一种重要方法.

第一节 差 分

一、差分

设$\{f(n)\}_{n\geqslant 0}$是任一数列,令

$$\Delta f(n)=f(n+1)-f(n)\quad(n=0,1,2,\cdots),$$

可得数列$\{\Delta f(n)\}_{n\geqslant 0}$.令

$$\begin{aligned}\Delta^2 f(n)&=\Delta(\Delta f(n))\\&=\Delta f(n+1)-\Delta f(n)\quad(n=0,1,2,\cdots),\end{aligned}$$

可得数列$\{\Delta^2 f(n)\}_{n\geqslant 0}$.

一般地,令

$$\begin{aligned}\Delta^k f(n)&=\Delta(\Delta^{k-1}f(n))\\&=\Delta^{k-1}f(n+1)-\Delta^{k-1}f(n)\quad(n=0,1,2,\cdots).\end{aligned}$$

数列$\{\Delta^k f(n)\}_{n\geqslant 0}(k\geqslant 1)$叫做数列$\{f(n)\}_{n\geqslant 0}$的$k$级差分,

$\{f(n)\}_{n\geq 0}$叫做数列$\{f(n)\}_{n\geq 0}$的零级差分,Δ叫做差分算子.

给出数列$\{f(n)\}_{n\geq 0}$,从上而下列出数列$\{f(n)\}_{n\geq 0}$的零级差分,一级差分,二级差分,…,得到如下数表:

$$
\begin{array}{ccccccccccccc}
f(0) & & f(1) & & f(2) & & f(3) & & f(4) & & f(5) & & \cdots \\
& \Delta f(0) & & \Delta f(1) & & \Delta f(2) & & \Delta f(3) & & \Delta f(4) & & \cdots & \\
& & \Delta^2 f(0) & & \Delta^2 f(1) & & \Delta^2 f(2) & & \Delta^2 f(3) & & \cdots & & \\
& & & \Delta^3 f(0) & & \Delta^3 f(1) & & \Delta^3 f(2) & & \cdots & & & \\
& & & & \cdots & & \cdots & & \cdots & & & &
\end{array}
$$

上面的数表叫做数列$\{f(n)\}_{n\geq 0}$的差分表.

由差分算子的定义,容易证明定理3.1(定理的证明留给读者).

定理3.1 设$\{f(n)\}_{n\geq 0}$和$\{g(n)\}_{n\geq 0}$是两个数列,则

(1)$\Delta C=0$(C为常数).

(2)$\Delta(f(n)\pm g(n))=\Delta f(n)\pm\Delta g(n)$.

(3)$\Delta(f(n)\cdot g(n))=f(n+1)\Delta g(n)+g(n)\Delta f(n)$.

设$\{f(n)\}_{n\geq 0}$是任一数列,令

$$Ef(n)=f(n+1)\quad(n=0,1,2,\cdots),$$

$$E^k f(n)=E(E^{k-1}f(n))=E^{k-1}f(n+1)\quad(n=0,1,2,\cdots).$$

一般地,有

$$E^k f(n)=f(n+k)\quad(n=0,1,2,\cdots).$$

E称为移位算子.令

$$If(n)=f(n)\quad(n=0,1,2,\cdots),$$

$$I^k f(n)=I(I^{k-1}f(n))=I^{k-1}f(n)\quad(n=0,1,2,\cdots).$$

一般地,有

$$I^k f(n)=f(n)\quad(n=0,1,2,\cdots).$$

I称为恒等算子.

设 α,β 是差分算子、移位算子或是恒等算子，$\{f(n)\}_{n\geq 0}$ 是任一数列，规定

$$(\alpha \pm \beta)f(n) = \alpha f(n) \pm \beta f(n) \quad (n = 0,1,2,\cdots),$$

$$\alpha \cdot \beta f(n) = \alpha(\beta f(n)) \quad (n = 0,1,2,\cdots),$$

$\alpha+\beta,\alpha-\beta,\alpha\cdot\beta$ 分别称为 α 与 β 的和、差、积.

定理 3.2 设 α 是差分算子、移位算子或恒等算子，则

(1) $\alpha \cdot I = I \cdot \alpha = \alpha$.

(2) $\Delta = E - I, E = \Delta + I$.

证明：设 $\{f(n)\}_{n\geq 0}$ 是任一数列.

(1) 因

$$\alpha \cdot If(n) = \alpha(If(n)) = \alpha f(n) \quad (n=0,1,2,\cdots),$$

所以 $$\alpha \cdot I = \alpha.$$

同理可证 $$I \cdot \alpha = \alpha.$$

(2) 因

$$\begin{aligned}\Delta f(n) &= f(n+1) - f(n)\\ &= Ef(n) - If(n)\\ &= (E-I)f(n) \quad (n=0,1,2,\cdots),\end{aligned}$$

所以 $$\Delta = E - I.$$

同理可证 $$E = \Delta + I.$$

二、牛顿公式

约定：$\Delta^0 = E^0 = I^0 = I$.

定理 3.3（牛顿公式）

(1) $E^n = (\Delta + I)^n = \sum_{j=0}^{n}\binom{n}{j}\Delta^j \quad (n = 0,1,2,\cdots)$.

(2) $\Delta^n = (E - I)^n = \sum_{j=0}^{n}(-1)^{n-j}\binom{n}{j}E^j \quad (n = 0,1,2,\cdots)$.

证明：(1) 即要证对任一数列 $\{f(k)\}_{k\geq 0}$，有

$$E^n f(k) = \sum_{j=0}^{n} \binom{n}{j} \Delta^j f(k) \quad (k = 0,1,2,\cdots). \qquad (*)$$

可用数学归纳法证之.

当 $n=0,1$ 时,(*)式显然成立.

假设 $n=s$ 时,(*)式成立. 则当 $n=s+1$ 时,

$$\begin{aligned}
E^n f(k) &= E^{s+1} f(k) = E(E^s f(k)) \\
&= (\Delta + I) \sum_{j=0}^{s} \binom{s}{j} \Delta^j f(k) \\
&= \sum_{j=0}^{s} \binom{s}{j} \Delta^{j+1} f(k) + \sum_{j=0}^{s} \binom{s}{j} \Delta^j f(k) \\
&= \sum_{j=1}^{s+1} \binom{s}{j-1} \Delta^j f(k) + \sum_{j=1}^{s+1} \binom{s}{j} \Delta^j f(k) + \Delta^0 f(k) \\
&= \sum_{j=1}^{s+1} \left[\binom{s}{j-1} + \binom{s}{j} \right] \Delta^j f(k) + \Delta^0 f(k) \\
&= \sum_{j=1}^{s+1} \binom{s+1}{j} \Delta^j f(k) + \Delta^0 f(k) \\
&= \sum_{j=0}^{s+1} \binom{s+1}{j} \Delta^j f(k) = \sum_{j=0}^{n} \binom{n}{j} \Delta^j f(k).
\end{aligned}$$

所以当 $n=s+1$ 时,(*)式仍成立. 由数学归纳法,对一切非负整数 n,(*)式成立.

(2)即要证对任一数列 $\{f(k)\}_{k\geqslant 0}$,有

$$\Delta^n f(k) = \sum_{j=0}^{n} (-1)^{n-j} \binom{n}{j} E^j f(k) \quad (n = 0,1,2,\cdots).$$

由(*)式,对任一取定的非负整数 k,有

$$E^n f(k) = \sum_{j=0}^{n} \binom{n}{j} \Delta^j f(k) \quad (n = 0,1,2,\cdots),$$

由二项式反演公式得

$$\Delta^n f(k) = \sum_{j=0}^{n} (-1)^{n-j}\binom{n}{j}E^j f(k) \quad (n = 0,1,2,\cdots).$$

对任一取定的非负整数 k,由牛顿公式,有

$$\Delta^n f(k) = \sum_{j=0}^{n} (-1)^{n-j}\binom{n}{j}E^j f(k)$$

$$= \sum_{j=0}^{n} (-1)^{n-j}\binom{n}{j}f(k+j) \quad (n = 0,1,2,\cdots).$$

特别地(在上式中取 $k=0$),有

$$\Delta^n f(0) = \sum_{j=0}^{n} (-1)^{n-j}\binom{n}{j}f(j) \quad (n = 0,1,2,\cdots).$$

上式给出了由 $f(0)$,$f(1)$,$\cdots$,$f(n)$ 求 $\Delta^n f(0)$ 的方法.

对任一取定的非负整数 k,由牛顿公式,有

$$f(n+k) = E^n f(k) = \sum_{j=0}^{n}\binom{n}{j}\Delta^j f(k) \quad (n = 0,1,2,\cdots).$$

特别地(在上式中取 $k=0$),有

$$f(n) = \sum_{j=0}^{n}\binom{n}{j}\Delta^j f(0) \quad (n = 0,1,2,\cdots).$$

上式给出了由 $f(0)$,$\Delta f(0)$,$\Delta^2 f(0)$,$\cdots$,$\Delta^n f(0)$ 求 $f(n)$ 的方法.

例 3.1 设 $f(n)=3^n$,求 $\Delta^k f(n) \quad (k\geqslant 1)$.

解法一:

$$\Delta f(n) = f(n+1) - f(n) = 3^{n+1} - 3^n = 2\cdot 3^n.$$

$$\Delta^2 f(n) = \Delta f(n+1) - \Delta f(n) = 2\cdot 3^{n+1} - 2\cdot 3^n = 2^2\cdot 3^n.$$

设 $\Delta^s f(n)=2^s 3^n$,则

$$\Delta^{s+1} f(n) = \Delta(\Delta^s f(n)) = \Delta^s f(n+1) - \Delta^s f(n) = 2^s\cdot 3^{n+1} - 2^s\cdot 3^n = 2^{s+1}\cdot 3^n.$$

由数学归纳法可知:

$$\Delta^k f(n) = 2^k 3^n \quad (k \geqslant 1).$$

解法二：

$$\begin{aligned}\Delta^k f(n) &= \Delta^k 3^n = (E-I)^k 3^n \\ &= \sum_{j=0}^{k}(-1)^{k-j}\binom{k}{j}E^j 3^n \\ &= \sum_{j=0}^{k}(-1)^{k-j}\binom{k}{j}3^{n+j} \\ &= 3^n\sum_{j=0}^{k}(-1)^{k-j}\binom{k}{j}3^j \\ &= 3^n(3-1)^k = 2^k\cdot 3^n.\end{aligned}$$

例 3.2 求和 $\sum_{k=0}^{n}(-1)^{n-k}\binom{n}{k}\sin(kx+a)$，其中 a 为常数.

解：令 $f(k)=\sin(kx+a)$，则

$$\begin{aligned}&\sum_{k=0}^{n}(-1)^{n-k}\binom{n}{k}\sin(kx+a) \\ &= \sum_{k=0}^{n}(-1)^{n-k}\binom{n}{k}f(k) \\ &= \sum_{k=0}^{n}(-1)^{n-k}\binom{n}{k}E^k f(0) = (E-I)^n f(0) \\ &= \Delta^n f(0).\end{aligned}$$

$$\begin{aligned}\Delta f(k) &= f(k+1)-f(k) \\ &= \sin\left[(k+1)x+a\right]-\sin(kx+a) \\ &= 2\sin\frac{x}{2}\cos(kx+\frac{x}{2}+a) \\ &= 2\sin\frac{x}{2}\sin(kx+a+\frac{x+\pi}{2}).\end{aligned}$$

设 $\Delta^s f(k)=2^s\sin^s\frac{x}{2}\sin\left[kx+a+\frac{s(x+\pi)}{2}\right]$，则

$$\begin{aligned}\Delta^{s+1}f(k) &= \Delta(\Delta^s f(k)) = \Delta^s f(k+1)-\Delta^s f(k) \\ &= 2^s\sin^s\frac{x}{2}\sin\left[(k+1)x+a+\frac{s(x+\pi)}{2}\right]-\end{aligned}$$

$$2^s\sin^s\frac{x}{2}\sin\left[kx+a+\frac{s(x+\pi)}{2}\right]$$

$$=2^s\sin^s\frac{x}{2}\cdot 2\sin\frac{x}{2}\cos\left[kx+\frac{x}{2}+a+\frac{s(x+\pi)}{2}\right]$$

$$=2^{s+1}\sin^{s+1}\frac{x}{2}\sin\left[kx+a+\frac{(s+1)(x+\pi)}{2}\right].$$

于是,由数学归纳法,

$$\Delta^n f(k)=2^n\sin^n\frac{x}{2}\sin\left[kx+a+\frac{n(x+\pi)}{2}\right].$$

所以

$$\Delta^n f(0)=2^n\sin^n\frac{x}{2}\sin\left[a+\frac{n(x+\pi)}{2}\right],$$

即

$$\sum_{k=0}^{n}(-1)^{n-k}\binom{n}{k}\sin(kx+a)$$

$$=2^n\sin^n\frac{x}{2}\sin\left[a+\frac{n(x+\pi)}{2}\right].$$

三、多项式的差分

定理3.4 设$f(n)$是n的$m(m\geqslant 1)$次多项式,则当$k\leqslant m$时,$\Delta^k f(n)$是n的$m-k$次多项式;当$k>m$时,$\Delta^k f(n)\equiv 0$.

证明:因为$f(n)$是n的$m(m\geqslant 1)$次多项式,故可设

$$f(n)=a_m n^m+a_{m-1}n^{m-1}+\cdots+a_1 n+a_0$$

$$=\sum_{j=0}^{m}a_j n^j\quad(a_m\neq 0).$$

这时

$$f(n+1)=\sum_{j=0}^{m}a_j(n+1)^j=\sum_{j=0}^{m}a_j\sum_{i=0}^{j}\binom{j}{i}n^i$$

$$= \sum_{i=0}^{m}\Big[\sum_{j=i}^{m}\binom{j}{i}a_j\Big]n^i,$$

$$\begin{aligned}\Delta f(n) &= f(n+1) - f(n)\\ &= \sum_{i=0}^{m}\Big[\sum_{j=i}^{m}\binom{j}{i}a_j\Big]n^i - \sum_{i=0}^{m}a_in^i\\ &= \sum_{i=0}^{m-1}\Big[\sum_{j=i}^{m}\binom{j}{i}a_j - a_i\Big]n^i\\ &= \sum_{i=0}^{m-1}\Big[\sum_{j=i+1}^{m}\binom{j}{i}a_j\Big]n^i.\end{aligned}$$

由上式可知$\Delta f(n)$是n的次数不高于$m-1$的多项式,且在该多项式中n^{m-1}的系数为$\binom{m}{m-1}a_m = ma_m \neq 0$,所以$\Delta f(n)$是$n$的$m-1$次多项式.

因为$\Delta^2 f(n)$是n的$m-1$次多项式$\Delta f(n)$的差分,所以$\Delta^2 f(n)$是n的$m-2$次多项式.如此类推可知,当$k \leqslant m$时,$\Delta^k f(n)$是n的$m-k$次多项式.

因为$\Delta^m f(n)$是n的零次多项式,即为一个常数,所以当$k>m$时,$\Delta^k f(n) \equiv 0$.

定理 3.5 设$f(n)$是n的m次多项式,则

$$\sum_{k=0}^{n}f(k) = \sum_{j=0}^{m}\binom{n+1}{j+1}\Delta^j f(0).$$

证明:因为$f(n)$是n的m次多项式,所以当$k>m$时

$$\Delta^k f(n) \equiv 0,$$

由牛顿公式

$$\begin{aligned}\sum_{k=0}^{n}f(k) &= \sum_{k=0}^{n}E^k f(0) = \sum_{k=0}^{n}(\Delta + I)^k f(0)\\ &= \sum_{k=0}^{n}\sum_{j=0}^{k}\binom{k}{j}\Delta^j f(0)\end{aligned}$$

$$= \sum_{j=0}^{n}\left[\sum_{k=j}^{n}\binom{k}{j}\right]\Delta^j f(0)$$

$$= \sum_{j=0}^{n}\binom{n+1}{j+1}\Delta^j f(0)$$

$$= \sum_{j=0}^{m}\binom{n+1}{j+1}\Delta^j f(0).$$

例 3.3 求和 $\sum_{k=0}^{n} k(k-1)(k+2)$.

解:令 $f(n)=n(n-1)(n+2)$,则 $f(n)$ 是 n 的三次多项式且数列 $\{f(n)\}_{n\geq 0}$ 的差分表为

$$\begin{array}{ccccccccccc}
0 & & 0 & & 8 & & 30 & & 72 & & \cdots \\
 & 0 & & 8 & & 22 & & 42 & & \cdots & \\
 & & 8 & & 14 & & 20 & & \cdots & & \\
 & & & 6 & & 6 & & \cdots & & & \\
 & & & & 0 & & \cdots & & & & \\
 & & & & & \cdots & & & & &
\end{array}$$

因为 $f(0)=0,\Delta f(0)=0,\Delta^2 f(0)=8,\Delta^3 f(0)=6$,所以

$$\sum_{k=0}^{n} k(k-1)(k+2)$$

$$= \sum_{k=0}^{n} f(k)$$

$$= \sum_{j=0}^{3}\binom{n+1}{j+1}\Delta^j f(0)$$

$$= \binom{n+1}{1}\cdot f(0)+\binom{n+1}{2}\Delta f(0)+$$

$$\binom{n+1}{3}\Delta^2 f(0)+\binom{n+1}{4}\Delta^3 f(0)$$

$$= 8 \cdot \binom{n+1}{3} + 6 \cdot \binom{n+1}{4}$$

$$= \frac{n(n^2-1)(3n+10)}{12}$$

$$= \frac{1}{4}n^4 + \frac{5}{6}n^3 - \frac{1}{4}n^2 - \frac{5}{6}n.$$

定理 3.6 如果 $\Delta^k f(n)$ 不恒等于零，而 $\Delta^{k+1} f(n)$ 恒等于零，则 $f(n)$ 是 n 的 k 次多项式.

证明：因为 $\Delta^{k+1} f(n)$ 恒等于零，所以当 $i>k$ 时，$\Delta^i f(n) \equiv 0$. 由牛顿公式

$$f(n) = E^n f(0) = (\Delta + I)^n f(0)$$

$$= \sum_{i=0}^{n} \binom{n}{i} \Delta^i f(0) = \sum_{i=0}^{k} \binom{n}{i} \Delta^i f(0).$$

因为 $\Delta^{k+1} f(n) \equiv 0$，所以 $\Delta^k f(n)$ 为一常数 C. 又因为 $\Delta^k f(n) \not\equiv 0$，所以 $C \neq 0$，从而 $\Delta^k f(0) = C \neq 0$. 又因为 $\binom{n}{i}$ 是 n 的 $i(0 \leqslant i \leqslant k)$ 次多项式，所以 $\sum_{i=0}^{k} \binom{n}{i} \Delta^i f(0)$ 是 n 的 k 次多项式，即 $f(n)$ 是 n 的 k 次多项式.

推论 3.1 如果 $\Delta^k f(n)$ 不恒等于零，而 $\Delta^{k+1} f(n)$ 恒等于零，则数列 $\{f(n)\}_{n \geqslant 0}$ 的前 n 项之和 $s_n = \sum_{i=0}^{n-1} f(i)$ 是 n 的一个 $k+1$ 次多项式.

证明：因 $\Delta s_n = s_{n+1} - s_n = f(n)$，

所以 $\Delta^{k+1} s_n = \Delta^k (\Delta s_n) = \Delta^k f(n) \not\equiv 0$，

$$\Delta^{k+2} s_n = \Delta^{k+1}(\Delta s_n) = \Delta^{k+1} f(n) \equiv 0,$$

由定理 3.6，s_n 是 n 的一个 $k+1$ 次多项式.

例 3.4 试求一数列 $\{f(n)\}_{n \geqslant 0}$，使其前 5 项依次是 1，3，7，

13,21,其通项$f(n)$是n的多项式且次数最低.

解:设数列$\{f(n)\}_{n\geqslant 0}$为所求,则其差分表为

$$\begin{array}{ccccccccccc} 1 & & 3 & & 7 & & 13 & & 21 & \cdots \\ & 2 & & 4 & & 6 & & 8 & \cdots & \\ & & 2 & & 2 & & 2 & \cdots & & \\ & & & 0 & & 0 & \cdots & & & \\ & & & & \cdots & & & & & \end{array}$$

由定理3.6,$\Delta^k f(n)\equiv 0(k=3,4,5,\cdots)$.由牛顿公式,

$$\begin{aligned} f(n) &= E^n f(0) = \sum_{i=0}^{n}\binom{n}{i}\Delta^i f(0) \\ &= \sum_{i=0}^{2}\binom{n}{i}\Delta^i f(0) \\ &= f(0) + n\cdot\Delta f(0) + \binom{n}{2}\Delta^2 f(0) \\ &= 1 + 2n + n(n-1) = n^2 + n + 1. \end{aligned}$$

四、零的差分

令$\Delta^m O^r = \Delta^m n^r|_{n=0}$,$\Delta^m O^r$称为零的差分.因为$n^r$是$n$的$r$次多项式,所以当$m>r$时,$\Delta^m n^r\equiv 0$,从而$\Delta^m O^r=0$.

定理3.7　设m,r都是正整数,则

$$\Delta^m O^r = \sum_{k=1}^{m}(-1)^{m-k}\binom{m}{k}k^r.$$

证明:因

$$\begin{aligned} \Delta^m n^r &= (E-I)^m n^r \\ &= \sum_{k=0}^{m}(-1)^{m-k}\binom{m}{k}E^k n^r \\ &= \sum_{k=0}^{m}(-1)^{m-k}\binom{m}{k}(n+k)^r, \end{aligned}$$

所以

$$\Delta^m O^r = \sum_{k=0}^{m}(-1)^{m-k}\binom{m}{k}k^r = \sum_{k=1}^{m}(-1)^{m-k}\binom{m}{k}k^r.$$

由定理3.7容易得到

$$\Delta O^r = 1 \quad (r \geqslant 1),$$

$$\Delta^2 O^r = 2^r - 2 \quad (r \geqslant 1).$$

由定理3.7及第二章的例2.6可知：把 r 件相异物分给 m 个人，使得每人至少分得一件物件的不同分配方法共有 $\Delta^m O^r$ 种，这就是 $\Delta^m O^r$ 的组合意义. 应用 $\Delta^m O^r$ 的组合意义容易得到定理3.8.

定理3.8 设 m,r 都是正整数，则

$$\Delta^m O^{r+1} = m(\Delta^{m-1} O^r + \Delta^m O^r).$$

证明：把 $r+1$ 件相异物 $a_1,a_2,\cdots,a_{r+1}$ 分给 m 个人，使得每人至少分得一件物件的不同分配方法共有 $\Delta^m O^{r+1}$ 种，其中使得获得 a_{r+1} 的人恰好分得一件物件的分配方法有 $m\cdot\Delta^{m-1}O^r$ 种，使得获得 a_{r+1} 的人分得多于一件物件的分配方法有 $m\cdot\Delta^m O^r$ 种. 由加法原则，有

$$\begin{aligned}\Delta^m O^{r+1} &= m\Delta^{m-1} O^r + m\Delta^m O^r \\ &= m(\Delta^{m-1} O^r + \Delta^m O^r).\end{aligned}$$

推论3.2 设 m 为正整数，则 $\Delta^m O^m = m!$.

证明：因为当 $m>r$ 时，$\Delta^m O^r=0$，又 $\Delta O=1$，故由定理3.8得

$$\begin{aligned}\Delta^m O^m &= m(\Delta^{m-1} O^{m-1} + \Delta^m O^{m-1}) \\ &= m\Delta^{m-1} O^{m-1} \\ &= m\cdot(m-1)\Delta^{m-2} O^{m-2} \\ &= \cdots \\ &= m\cdot(m-1)\cdots 3\cdot 2\cdot \Delta O \\ &= m(m-1)\cdots 3\cdot 2\cdot 1 = m!.\end{aligned}$$

应用定理3.8及 $\Delta O^r=1(r\geqslant1)$，$\Delta^m O^r=0(m>r)$，容易作出零的差分数值表（称为零的差分表），见表3.1.

表 3.1　零的差分表

	Δ	Δ^2	Δ^3	Δ^4	Δ^5	Δ^6	…
0^1	1						
0^2	1	2					
0^3	1	6	6				
0^4	1	14	36	24			
0^5	1	30	150	240	120		
0^6	1	62	540	1560	1800	7200	
⋮	⋮	⋮	⋮	⋮	⋮	⋮	

由定理3.5知，如果$f(n)$是n的m次多项式，则

$$\sum_{k=0}^{n} f(k) = \sum_{j=0}^{m} \binom{n+1}{j+1} \Delta^j f(0).$$

因为n^m是n的m次多项式且$\Delta^0 O^m = 0$，所以

$$\sum_{k=1}^{n} k^m = \sum_{j=1}^{m} \binom{n+1}{j+1} \Delta^j O^m \quad (m \geqslant 1).$$

例 3.5　求 $\sum_{k=1}^{n} k^3$.

解：
$$\begin{aligned}\sum_{k=1}^{n} k^3 &= \sum_{j=1}^{3} \binom{n+1}{j+1} \Delta^j O^3 \\ &= \binom{n+1}{2} \cdot \Delta O^3 + \binom{n+1}{3} \Delta^2 O^3 + \binom{n+1}{4} \Delta^3 O^3 \\ &= \binom{n+1}{2} + 6\binom{n+1}{3} + 6\binom{n+1}{4} \\ &= \frac{n^2(n+1)^2}{4}.\end{aligned}$$

第二节　递 推 关 系

一、递推关系的建立和迭代解法

设$\{a_n\}_{n\geq 0}$是一数列，通项 a_n 与其前面若干项的关系式通常称为关于该数列通项的一个递推关系. 例如对于 n 元重排数 D_n，有 $D_0=1, D_1=0$，且有递推关系：

$$D_n=(n-1)(D_{n-1}+D_{n-2})\quad (n\geq 2)$$

及

$$D_n=nD_{n-1}+(-1)^n\quad (n\geq 1).$$

许多组合计数问题都归结为求某个数列的通项公式. 直接去求数列的通项公式往往较困难，此时我们可考虑去求关于该数列通项的递推关系，然后去解这个递推关系. 如果能顺利完成这两个步骤，则问题就得到了解决.

建立递推关系进而解递推关系是解决组合计数问题的一种常用而重要的方法.

例 3.6　平面上有 n 条直线，其中无两线平行也无三线共点，求平面被这 n 条直线分成多少个不连通的区域？

解：设平面被这 n 条直线分成 a_n 个不连通的区域. 显见 $a_0=1, a_1=2$. 当 $n\geq 2$ 时，去掉这 n 条直线中的一条直线 l，则剩下的 $n-1$条直线把平面分成 a_{n-1}个不连通的区域. 今把 l 放回原处，由题设，l 与其余 $n-1$ 条直线均相交且所得的 $n-1$ 个交点彼此相异（否则有三线共点）. 这 $n-1$ 个交点把 l 分成 n 段，每段把一个原来的区域分成两个较小的区域，所以放回 l 之后，不连通区域的个数等于原来的不连通区域的个数与 n 之和，所以

$$\begin{aligned} a_n &= a_{n-1}+n \\ &= a_{n-2}+(n-1)+n \end{aligned}$$

$$= \cdots$$
$$= a_1 + 2 + 3 + \cdots + n$$
$$= 2 + 2 + 3 + \cdots + n,$$

即

$$a_n = 1 + \frac{n(n+1)}{2} \quad (n \geqslant 2).$$

显见,当 $n=0,1$ 时,上式仍成立,所以

$$a_n = 1 + \frac{n(n+1)}{2} \quad (n \geqslant 0).$$

例 3.7 用 $m(m \geqslant 2)$ 种颜色去涂 $1 \times n(n \geqslant 2)$ 棋盘,每格涂一种颜色,相邻格子异色,首末两格也异色,求不同的涂色方法数.

解:设 $m(m \geqslant 2)$ 已取定,以 a_n 表示所求的不同的涂色方法数. 显见 $a_2 = m(m-1)$. 因为用 $m(m \geqslant 2)$ 种颜色去涂 $1 \times n(n \geqslant 3)$ 棋盘(每格涂一种颜色),使得相邻格子异色的涂色方法共有 $m(m-1)^{n-1}$ 种,其中首末两格异色的有 a_n 种,首末两格同色的有 a_{n-1} 种(因为可先涂前面的 $n-1$ 个方格,然后使末格与首格同色). 由加法原则,有

$$a_n + a_{n-1} = m(m-1)^{n-1} \quad (n \geqslant 3),$$

所以

$$a_n = -a_{n-1} + m(m-1)^{n-1},$$
$$\begin{aligned}(-1)^n a_n &= (-1)^{n-1} a_{n-1} - m(1-m)^{n-1} \\ &= (-1)^{n-2} a_{n-2} - m(1-m)^{n-2} - m(1-m)^{n-1} \\ &= \cdots \\ &= (-1)^2 a_2 - m(1-m)^2 - m(1-m)^3 - \\ &\quad \cdots - m(1-m)^{n-1} \\ &= -m(1-m) - m(1-m)^2 - \cdots - m(1-m)^{n-1} \\ &= -m\left[(1-m) + (1-m)^2 + \cdots + (1-m)^{n-1}\right]\end{aligned}$$

$$= -m \cdot \frac{(1-m)-(1-m)^n}{1-(1-m)}$$
$$= (1-m)^n + (m-1),$$
$$a_n = (m-1)^n + (-1)^n(m-1) \quad (n \geqslant 3),$$

显见当 $n=2$ 时,上式仍成立. 所以

$$a_n = (m-1)^n + (-1)^n(m-1) \quad (n \geqslant 2).$$

例 3.8 以 h_n 表示由 $n(n \geqslant 1)$ 个相异元 $a_1, a_2, \cdots, a_n$ 作成的不可结合(即不满足交换律和结合律)的乘积(称为 n 元积)的个数. 求证: $h_n = \frac{(2n-2)!}{(n-1)!} = n!C_n$, 其中 C_n 是卡塔兰数.

解: 易知 $h_1=1, h_2=2$. 当 $n \geqslant 3$ 时,因为一个 n 元积中共进行了 $n-1$ 次运算,所以 a_n 必参加其中一次运算且去掉 a_n 之后得到一个 $n-1$ 元积,从而可依如下两个步骤去构造 n 元积:

(1) 构造 $a_1, a_2, \cdots, a_{n-1}$ 的 $n-1$ 元积 T, 有 h_{n-1} 种方法.

(2) 往 T 添加 a_n, 使之变成 n 元积, 有如下两类方法:

①把 a_n 添在 T 的左边或右边(即得到 $a_n \cdot T$ 及 $T \cdot a_n$), 有两种方法.

②把 a_n 添在 T 的 $n-2$ 个运算的一个运算中. 设 $A \cdot B$ 是其中一个运算, 则有如下 4 种添加 a_n 的方法:

$$(a_n \cdot A) \cdot B,\ (A \cdot a_n) \cdot B,\ A \cdot (a_n \cdot B),\ A \cdot (B \cdot a_n),$$

于是由乘法原则, 属于此类添加 a_n 的方法有 $4(n-2)$ 种.

由加法原则, 完成步骤(2)的方法共有 $2+4(n-2)=2(2n-3)$ 种.

由乘法原则, 有

$$\begin{aligned} h_n &= 2(2n-3)h_{n-1} \\ &= 2^2(2n-3)(2n-5)h_{n-2} \\ &= \cdots \\ &= 2^{n-2}(2n-3)(2n-5)\cdots 3 \cdot h_2 \end{aligned}$$

$$= 2^{n-1}(2n-3)(2n-5)\cdots 3\cdot 1$$

$$= 2^{n-1}\cdot \frac{(2n-2)(2n-3)(2n-4)\cdots 3\cdot 2\cdot 1}{(2n-2)(2n-4)\cdots 4\cdot 2}$$

$$= \frac{2^{n-1}(2n-2)!}{2^{n-1}(n-1)!},$$

即

$$h_n = \frac{(2n-2)!}{(n-1)!} \quad (n \geqslant 3).$$

显见当 $n=1,2$ 时,上式仍成立. 所以

$$h_n = \frac{(2n-2)!}{(n-1)!} = n!\cdot \frac{(2n-2)!}{n!(n-1)!} = n!\cdot C_n \quad (n \geqslant 1).$$

二、常系数线性齐次递推关系

定义 3.1 设 $a_1, a_2, \cdots, a_k$ 是 k 个常数且 $a_k \neq 0$,则递推关系

$$u_n = a_1 u_{n-1} + a_2 u_{n-2} + \cdots + a_k u_{n-k} \quad (n \geqslant k) \qquad (3.1)$$

称为 k 阶常系数线性齐次递推关系.

如果数列 $\{b_n\}_{n\geqslant 0}$ 满足

$$b_n = a_1 b_{n-1} + a_2 b_{n-2} + \cdots + a_k b_{n-k} \quad (n \geqslant k),$$

则称数列 $\{b_n\}_{n\geqslant 0}$ 或 $u_n = b_n (n=0,1,2,\cdots)$ 是递推关系(3.1)的一个解.

问题:递推关系(3.1)有没有解?如果有解,有多少个解?如何求解?

定理 3.9 任意给出 k 个常数 $b_0, b_1, \cdots, b_{k-1}$,有且仅有一个数列 $\{v_n\}_{n\geqslant 0}$,它是递推关系(3.1)的解,且满足条件:$v_0 = b_0, v_1 = b_1, \cdots, v_{k-1} = b_{k-1}$(该条件称为递推关系(3.1)的初始条件).

证明:令 $v_n = b_n (n=0,1,2,\cdots,k-1)$ 及

$$v_n = a_1 v_{n-1} + a_2 v_{n-2} + \cdots + a_k v_{n-k} \quad (n = k+1, k+2, \cdots),$$

则数列 $\{v_n\}_{n\geqslant 0}$ 是递推关系(3.1)满足条件 $v_0 = b_0, v_1 = b_1, \cdots, v_{k-1}$

$=b_{k-1}$的唯一的解.

因为有无穷多种方法去取 k 个常数 $b_0,b_1,\cdots,b_{k-1}$,故由定理3.9,递推关系(3.1)有无穷多个解.但给出了初始条件之后,递推关系(3.1)的解是唯一的.

能表示出递推关系(3.1)全部解的表达式叫做递推关系(3.1)的通解.

三、特征方程没有重根的常系数线性齐次递推关系的解法

递推关系(3.1)可改写成

$$u_n - a_1u_{n-1} - a_2u_{n-2} - \cdots - a_ku_{n-k} = 0 \quad (n \geqslant k).$$

定义 3.2 方程

$$x^k - a_1x^{k-1} - a_2x^{k-2} - \cdots - a_{k-1}x - a_k = 0 \qquad (3.2)$$

称为递推关系(3.1)的特征方程,它的根称为递推关系(3.1)的特征根.

因为 $a_k \neq 0$,所以0不是递推关系(3.1)的特征根.

定理 3.10 设 q 是非零复数,则 $u_n = q^n$ 是递推关系(3.1)的一个解当且仅当 q 是递推关系(3.1)的一个特征根.

证明:$u_n = q^n(q \neq 0)$是递推关系(3.1)的一个解$\Leftrightarrow q^n = a_1q^{n-1} + a_2q^{n-2} + \cdots + a_kq^{n-k}$,且 $q \neq 0 \Leftrightarrow q^k - a_1q^{k-1} - a_2q^{k-2} - \cdots - a_{k-1}q - a_k = 0 \Leftrightarrow q$ 是方程(3.2)的一个根$\Leftrightarrow q$ 是递推关系(3.1)的一个特征根.

定理 3.11 设 $u_n = g_i(n)(i=1,2,\cdots,s)$都是递推关系(3.1)的解,$c_i(i=1,2,\cdots,s)$为任意常数,则 $u_n = \sum_{i=1}^{s} c_ig_i(n)(n = 0,1,2,\cdots)$ 也是递推关系(3.1)的解.

证明:令 $b_n = \sum_{i=1}^{s} c_ig_i(n)(n = 0,1,2,\cdots)$.因为 $u_n = g_i(n)$ $(i=1,2,\cdots,s)$都是递推关系(3.1)的解,所以对任一整数 $i(1 \leqslant$

$i \leqslant s$)，有

$$g_i(n) = \sum_{j=1}^{k} a_j g_i(n-j) \quad (n \geqslant k),$$

从而

$$b_n = \sum_{i=1}^{s} c_i g_i(n) = \sum_{i=1}^{s} c_i \sum_{j=1}^{k} a_j g_i(n-j)$$

$$= \sum_{j=1}^{k} a_j \sum_{i=1}^{s} c_i g_i(n-j) = \sum_{j=1}^{k} a_j b_{n-j} \quad (n \geqslant k),$$

所以 $u_n = b_n$ ($n = 0,1,2,\cdots$) 是递推关系(3.1)的解，即 $u_n = \sum_{i=1}^{s} c_i g_i(n)$ ($n = 0,1,2,\cdots$) 是递推关系(3.1)的解.

定理 3.12 如果递推关系(3.1)的 k 个特征根 $q_1, q_2, \cdots, q_k$ 彼此相异，则

$$u_n = c_1 q_1^n + c_2 q_2^n + \cdots + c_k q_k^n \tag{3.3}$$

是递推关系(3.1)的通解，其中 $c_1, c_2, \cdots, c_k$ 为任意常数.

证明：(1) 由定理 3.10，$u_n = q_i^n$ ($i = 1,2,\cdots,k$) 是递推关系(3.1)的解；再由定理 3.11，对任意 k 个常数 $c_1, c_2, \cdots, c_k$，$u_n = \sum_{i=1}^{k} c_i g_i^n$ 是递推关系(3.1)的解.

(2) 下面证明递推关系(3.1)的任一个解 $u_n = b_n$ ($n = 0,1,2,\cdots$) 可表示成(3.3)的形式，即证存在 k 个常数 $c_1, c_2, \cdots, c_k$，使得 $b_n = \sum_{i=1}^{k} c_i q_i^n$ ($n = 0,1,2,\cdots$). 事实上，由于方程组

$$\begin{cases} x_1 + x_2 + \cdots + x_k = b_0 \\ q_1 x_1 + q_2 x_2 + \cdots + q_k x_k = b_1 \\ q_1^2 x_1 + q_2^2 x_2 + \cdots + q_k^2 x_k = b_2 \\ \vdots \qquad \vdots \qquad \vdots \qquad \vdots \\ q_1^{k-1} x_1 + q_2^{k-1} x_2 + \cdots + q_k^{k-1} x_k = b_{k-1} \end{cases} \tag{3.4}$$

的系数行列式为范德蒙行列式

$$\begin{vmatrix} 1 & 1 & 1 & \cdots & 1 \\ q_1 & q_2 & q_3 & \cdots & q_k \\ q_1^2 & q_2^2 & q_3^2 & \cdots & q_k^2 \\ \vdots & \vdots & \vdots & \ddots & \vdots \\ q_1^{k-1} & q_2^{k-1} & q_3^{k-1} & \cdots & q_k^{k-1} \end{vmatrix},$$

它的值为 $\prod\limits_{1\leqslant i<j\leqslant k}(q_j-q_i)$. 因为 $q_1,q_2,\cdots,q_k$ 彼此相异,所以行列式的值不等于零,从而方程组(3.4)有唯一解. 设该解为 $x_1=c_1$, $x_2=c_2,\cdots,x_k=c_k$,则

$$b_n=\sum_{i=1}^{k}c_iq_i^n \quad (n=0,1,2,\cdots,k-1).$$

由(1), $u_n=\sum\limits_{i=1}^{k}c_iq_i^n \quad (n=0,1,2,\cdots)$ 是递推关系(3.1)的一个解,于是 $u_n=b_n(n=0,1,2,\cdots)$ 与 $u_n=\sum\limits_{i=1}^{k}c_iq_i^n \quad (n=0,1,2,\cdots)$ 都是递推关系(3.1)的解且有相同的初始值. 由定理3.9知 $b_n=\sum\limits_{i=1}^{k}c_iq_i^n\,(n=0,1,2,\cdots)$.

由(1)及(2)知(3.3)是递推关系(3.1)的通解.

例3.9 已知:$u_0=1,u_1=2,u_2=0$ 且

$$u_n=2u_{n-1}+u_{n-2}-2u_{n-3} \quad (n\geqslant 3),$$

求数列 $\{u_n\}_{n\geqslant 0}$ 的通项公式.

解:递推关系

$$u_n=2u_{n-1}+u_{n-2}-2u_{n-3} \quad (n\geqslant 3)$$

的特征方程为 $x^3-2x^2-x+2=0$,特征根为 $x_1=1,x_2=-1,x_3=2$,所以

$$u_n=c_1+c_2\cdot(-1)^n+c_3\cdot 2^n \quad (n=0,1,2,\cdots),$$

其中 c_1,c_2,c_3 为待定常数. 由初始条件得

$$\begin{cases} c_1 + c_2 + c_3 = 1, \\ c_1 - c_2 + 2c_3 = 2, \\ c_1 + c_2 + 4c_3 = 0. \end{cases}$$

解这个方程组得 $c_1=2, c_2=-\frac{2}{3}, c_3=-\frac{1}{3}$,所以

$$u_n = 2 - \frac{2}{3}(-1)^n - \frac{2^n}{3} \quad (n=0,1,2,\cdots).$$

例 3.10 设 $a_n = \left(\frac{5+\sqrt{13}}{2}\right)^n - \left(\frac{5-\sqrt{13}}{2}\right)^n \quad (n=0,1,2,\cdots)$,试求出关于 a_n 的一个递推关系式.

解:因

$$\frac{5+\sqrt{13}}{2} + \frac{5-\sqrt{13}}{2} = 5,$$

$$\frac{5+\sqrt{13}}{2} \cdot \frac{5-\sqrt{13}}{2} = 3,$$

所以 $x_1 = \frac{5+\sqrt{13}}{2}, x_2 = \frac{5-\sqrt{13}}{2}$ 是方程 $x^2-5x+3=0$ 的两个根,从而 $u_n = a_n(n=0,1,2,\cdots)$ 是递推关系

$$u_n = 5u_{n-1} - 3u_{n-2} \quad (n \geqslant 2)$$

的一个解. 故

$$a_n = 5a_{n-1} - 3a_{n-2} \quad (n \geqslant 2).$$

例 3.11 求证:$a_n = 11^{n+2} + 12^{2n+1} (n \geqslant 0)$ 能被 133 整除.

证明:因为 $a_n = 121 \cdot 11^n + 12 \cdot 144^n (n \geqslant 0)$,而

$$11 + 144 = 155,$$

$$11 \times 144 = 1584,$$

所以 $x_1=11, x_2=144$ 是方程 $x^2-155x+1\,584=0$ 的两个根,从而 $u_n=a_n(n=0,1,2,\cdots)$ 是递推关系

$$u_n = 155u_{n-1} - 1584u_{n-2} \quad (n \geqslant 2)$$

的一个解. 所以

$$a_n = 155a_{n-1} - 1584a_{n-2} \quad (n \geqslant 2). \qquad (*)$$

又因为

$$a_0 = 121 + 12 = 133,$$

$$a_1 = 121 \times 11 + 12 \times 144$$

$$= 3059 = 133 \times 23,$$

所以 a_0 与 a_1 都能被 133 整除. 再由(*)式知 $a_n(n=0,1,2,\cdots)$ 能被 133 整除.

四、特征方程有重根的常系数线性齐次递推关系的解法

设 $f(x)$ 是 x 的多项式,令 $\delta f(x) = x \cdot f'(x)$,其中 $f'(x)$ 表示 $f(x)$ 的导数且令 $\delta^0 f(x) = f(x)$,$\delta^k f(x) = \delta(\delta^{k-1} f(x))(k \geqslant 1)$.

定理 3.13 设 $f(x)$ 是 x 的多项式,$q \neq 0$ 是方程 $f(x)=0$ 的 $m(m \geqslant 2)$ 重根,则 q 是方程 $\delta^j f(x)=0$ 的 $m-j(0 \leqslant j \leqslant m-1)$ 重根.

证明:因为 q 是方程 $f(x)=0$ 的 m 重根,所以

$$f(x) = (x-q)^m h(x),$$

其中,$h(x)$ 是 x 的多项式且 $(x-q) \nmid h(x)$,于是

$$\begin{aligned}\delta f(x) &= x \cdot f'(x) \\ &= x\left[m(x-q)^{m-1}h(x) + (x-q)^m h'(x)\right] \\ &= x(x-q)^{m-1} \cdot \left[mh(x) + (x-q)h'(x)\right].\end{aligned}$$

因为 $(x-q) \nmid mh(x)$ 且 $q \neq 0$,所以

$$(x-q) \nmid x\left[mh(x) + (x-q)h'(x)\right],$$

从而 $(x-q)^{m-1} \mid \delta f(x)$,但 $(x-q)^m \nmid \delta f(x)$,所以 q 是方程 $\delta f(x)=0$ 的 $m-1$ 重根. 重复应用此结论,即知 q 是方程 $\delta^j f(x)=0$ 的 $m-j$ 重根 $(0 \leqslant j \leqslant m-1)$.

定理 3.14 设 q 是递推关系(3.1)的一个 $m(m \geqslant 2)$ 重特征根,则 $u_n = n^j q^n(j=0,1,2,\cdots,m-1)$ 都是(3.1)的解.

证明:令

$$f(x) = x^k - a_1x^{k-1} - a_2x^{k-2} - \cdots - a_{k-1}x - a_k$$

$$= x^k - \sum_{i=1}^{k} a_ix^{k-i},$$

则方程 $f(x)=0$ 是递推关系(3.1)的特征方程,从而 q 是方程 $f(x)=0$ 的 m 重根.因为特征根不为零,所以 $q\neq0$,从而 q 是方程 $x^{n-k}f(x)=0\ (n\geqslant k)$ 的 m 重根.由定理 3.13 知,q 是方程 $\delta^j[x^{n-k}f(x)]=0$ 的 $m-j(0\leqslant j\leqslant m-1)$ 重根,所以

$$\delta^j[x^{n-k}f(x)]\big|_{x=q}=0 \quad (0\leqslant j\leqslant m-1).$$

因为 $\delta^jx^n=n^jx^n(n=0,1,2,\cdots)$,所以

$$\delta^j\left[x^{n-k}f(x)\right] = \delta^j\left[x^n - \sum_{i=1}^{k} a_ix^{n-i}\right]$$

$$= n^jx^n - \sum_{i=1}^{k} a_i(n-i)^jx^{n-i}.$$

在上式中令 $x=q$,得

$$0 = n^jq^n - \sum_{i=1}^{k} a_i(n-i)^jq^{n-i},$$

即

$$n^jq^n = \sum_{i=1}^{k} a_i(n-i)^jq^{n-i} \quad (j=0,1,2,\cdots,m-1).$$

这表明 $u_n=n^jq^n(j=0,1,2,\cdots,m-1)$ 是递推关系(3.1)的解.

应用定理 3.14 的结论,用类似于定理 3.12 的证明方法,可以证明下面的定理.

定理 3.15 设递推关系(3.1)有 t 个相异的特征根 $q_1,q_2,\cdots,q_t$,其中 $q_i(i=1,2,\cdots,t)$ 是 e_i 重根,令

$$h_i(n) = c_{i1} + c_{i2}n + c_{i3}n^2 + \cdots + c_{ie_i}n^{e_i-1} \quad (i=1,2,\cdots,t),$$

其中 $c_{i1},c_{i2},\cdots,c_{ie_i}$ 是任意常数,则递推关系(3.1)的通解为

$$u_n = h_1(n)q_1^n + h_2(n)q_2^n + \cdots + h_t(n)q_t^n.$$

证明略.

解常系数线性齐次递推关系的步骤是：求出特征根，写出通解，由初始条件确定通解中的诸常数，最后写出所求的解.

例 3.12 解递推关系：

$$\begin{cases} a_n = 8a_{n-1} - 22a_{n-2} + 24a_{n-3} - 9a_{n-4} \quad (n \geqslant 4) \\ a_0 = -1, a_1 = -3, a_2 = -5, a_3 = 5 \end{cases}.$$

解：所给递推关系的特征方程为

$$x^4 - 8x^3 + 22x^2 - 24x + 9 = 0,$$

特征根为 $x_1 = x_2 = 1, x_3 = x_4 = 3$，所以

$$a_n = c_1 + c_2 n + c_3 \cdot 3^n + c_4 \cdot n \cdot 3^n \quad (n = 0, 1, 2, \cdots),$$

其中 c_1, c_2, c_3, c_4 为待定常数. 由初始条件得

$$\begin{cases} c_1 + c_3 = -1 \\ c_1 + c_2 + 3c_3 + 3c_4 = -3 \\ c_1 + 2c_2 + 9c_3 + 18c_4 = -5 \\ c_1 + 3c_2 + 27c_3 + 81c_4 = 5 \end{cases},$$

解这个方程组得 $c_1 = 2, c_2 = 1, c_3 = -3, c_4 = 1$，故

$$a_n = 2 + n - 3^{n+1} + n \cdot 3^n \quad (n = 0, 1, 2, \cdots).$$

五、两类常系数线性非齐次递推关系的解法

定义 3.3 设 $a_1, a_2, \cdots, a_k$ 是 k 个常数且 $a_k \neq 0$，$f(n)$ 是以非负整数 n 为自变量的实函数，则递推关系

$$u_n = a_1 u_{n-1} + a_2 u_{n-2} + \cdots + a_k u_{n-k} + f(n) \quad (n \geqslant k) \quad (3.5)$$

称为 k 阶常系数线性非齐次递推关系.

如果数列 $\{b_n\}_{n \geqslant 0}$ 满足

$$b_n = a_1 b_{n-1} + a_2 b_{n-2} + \cdots + a_k b_{n-k} + f(n) \quad (n \geqslant k),$$

则称数列 $\{b_n\}_{n \geqslant 0}$ 或 $u_n = b_n (n = 0, 1, 2, \cdots)$ 是递推关系(3.5)的一个解. 能表示出递推关系(3.5)全部解的表达式叫做递推关系(3.5)的通解.

定理 3.16 设 $u_n = b_n (n = 0, 1, 2, \cdots)$ 是递推关系(3.5)的一

个解，$u_n = B_n$ 是

$$u_n = a_1 u_{n-1} + a_2 u_{n-2} + \cdots + a_k u_{n-k} \quad (n \geqslant k) \qquad (3.6)$$

的通解，则 $u_n = B_n + b_n$ 是递推关系(3.5)的通解.

证明：(1)由题设，

$$b_n = a_1 b_{n-1} + a_2 b_{n-2} + \cdots + a_k b_{n-k} + f(n) \quad (n \geqslant k),$$

$$B_n = a_1 B_{n-1} + a_2 B_{n-2} + \cdots + a_k B_{n-k} \quad (n \geqslant k).$$

于是，

$$B_n + b_n = a_1(B_{n-1} + b_{n-1}) + a_2(B_{n-2} + b_{n-2}) + \cdots + a_k(B_{n-k} + b_{n-k}) + f(n) \quad (n \geqslant k).$$

所以 $u_n = B_n + b_n (n = 0, 1, 2, \cdots)$ 是递推关系(3.5)的解.

(2)设 $u_n = d_n (n = 0, 1, 2, \cdots)$ 是递推关系(3.5)的任一个解，则

$$d_n = a_1 d_{n-1} + a_2 d_{n-2} + \cdots + a_k d_{n-k} + f(n) \quad (n \geqslant k),$$

于是

$$d_n - b_n = a_1(d_{n-1} - b_{n-1}) + a_2(d_{n-2} - b_{n-2}) + \cdots + a_k(d_{n-k} - b_{n-k}) \quad (n \geqslant k),$$

所以 $u_n = d_n - b_n (n = 0, 1, 2, \cdots)$ 是递推关系(3.6)的一个解. 又因为 $u_n = B_n (n = 0, 1, 2, \cdots)$ 是递推关系(3.6)的通解，所以 $d_n - b_n$ 可用 B_n 表出，从而 d_n 可用 $B_n + b_n$ 表出.

由(1)及(2)知 $u_n = B_n + b_n (n = 0, 1, 2, \cdots)$ 是递推关系(3.5)的通解.

对一般的 $f(n)$ 而言，求递推关系(3.5)的一个解(特解)并没有普遍可行的方法. 不过，对某些特殊的 $f(n)$，可采用待定系数法去求出递推关系(3.5)的特解.

定理 3.17 设 $f(n)$ 是 n 的 m 次多项式，如果 1 是递推关系(3.6)的 i 重特征根，则递推关系(3.5)有特解 $u_n = n^i g(n)$，其中 $g(n)$ 是 n 的一个 m 次多项式.

证明略.

定理 3.18 设$f(n)=c\cdot a^n$,其中 c 和 a 均为非零常数. 如果 a 是递推关系(3.6)的 i 重特征根,则递推关系(3.5)有特解 $u_n=A\cdot n^i a^n(n=0,1,2,\cdots)$,其中 A 是待定常数.

证明略.

例 3.13 解递推关系

$$\begin{cases} a_n=5a_{n-1}-6a_{n-2}+n+2 \quad (n\geqslant 2) \\ a_0=\dfrac{27}{4}, \quad a_1=\dfrac{49}{4} \end{cases}$$

解:递推关系

$$a_n=5a_{n-1}-6a_{n-2} \quad (n\geqslant 2) \tag{3.7}$$

的特征方程为 $x^2-5x+6=0$,特征根为 $x_1=2,x_2=3$. 故其通解为

$$a_n=c_1\cdot 2^n+c_2\cdot 3^n.$$

因为(3.7)式无等于 1 的特征根,所以递推关系

$$a_n=5a_{n-1}-6a_{n-2}+n+2 \quad (n\geqslant 2) \tag{3.8}$$

有特解 $a_n=An+B$,其中 A 和 B 是待定常数,代入(3.8)式得

$$An+B=5\left[A(n-1)+B\right]-6\left[A(n-2)+B\right]+n+2,$$

化简得

$$2An+2B-7A=n+2,$$

所以

$$\begin{cases} 2A=1, \\ 2B-7A=2. \end{cases}$$

解之得 $A=\dfrac{1}{2},B=\dfrac{11}{4}$. 于是

$$a_n=c_1\cdot 2^n+c_2\cdot 3^n+\frac{n}{2}+\frac{11}{4},$$

其中 c_1,c_2 是待定常数. 由初始条件得

$$\begin{cases} c_1 + c_2 + \dfrac{11}{4} = \dfrac{27}{4} \\ 2c_1 + 3c_2 + \dfrac{1}{2} + \dfrac{11}{4} = \dfrac{49}{4} \end{cases}.$$

解之得 $c_1=3, c_2=1$. 所以

$$a_n = 3 \cdot 2^n + 3^n + \frac{n}{2} + \frac{11}{4} \quad (n \geqslant 0).$$

例 3.14 解递推关系

$$\begin{cases} a_n = 3a_{n-1} - 3a_{n-2} + a_{n-3} + 24n - 6 \quad (n \geqslant 3) \\ a_0 = -4, \quad a_1 = -2, \quad a_2 = 2 \end{cases}.$$

解:递推关系

$$a_n = 3a_{n-1} - 3a_{n-2} + a_{n-3} \quad (n \geqslant 3) \tag{3.9}$$

的特征方程为 $x^3-3x^2+3x-1=0$,特征根为 $x_1=x_2=x_3=1$. 故其通解为

$$a_n = c_1 + c_2 n + c_3 n^2.$$

因为 1 是(3.9)式的三重特征根,所以递推关系

$$a_n = 3a_{n-1} - 3a_{n-2} + a_{n-3} + 24n - 6 \quad (n \geqslant 3) \tag{3.10}$$

有特解 $a_n=n^3(An+B)=An^4+Bn^3$,其中 A 和 B 是待定常数,代入(3.10)式得

$$\begin{aligned} An^4 + Bn^3 = 3\left[A(n-1)^4 + B(n-1)^3\right] - \\ 3\left[A(n-2)^4 + B(n-2)^3\right] + \\ \left[A(n-3)^4 + B(n-3)^3\right] + 24n - 6, \end{aligned}$$

化简得

$$-24An + 36A - 6B = -24n + 6,$$

所以

$$\begin{cases} 24A = 24 \\ 36A - 6B = 6 \end{cases}.$$

解之得 $A=1,B=5$. 于是

$$a_n = c_1 + c_2 n + c_3 n^2 + n^4 + 5n^3,$$

其中 c_1,c_2 是待定常数. 由初始条件得

$$\begin{cases} c_1 = -4 \\ c_1 + c_2 + c_3 + 6 = -2 \\ c_1 + 2c_2 + 4c_3 + 56 = 2 \end{cases}.$$

解之得 $c_1=-4,c_2=17,c_3=-21$. 所以

$$a_n = -4 + 17n - 21n^2 + 5n^3 + n^4 \quad (n \geqslant 0).$$

例 3.15 解递推关系

$$\begin{cases} a_n = 4a_{n-1} - 3a_{n-2} + 2^n \quad (n \geqslant 2) \\ a_0 = 2, \quad a_1 = 8 \end{cases}.$$

解:递推关系

$$a_n = 4a_{n-1} - 3a_{n-2} \quad (n \geqslant 2) \tag{3.11}$$

的特征方程为 $x^2-4x+3=0$,特征根为 $x_1=1,x_2=3$. 故其通解为 $a_n=c_1+c_2\cdot 3^n$. 因为 2 不是(3.11)式的特征根,故递推关系

$$a_n = 4a_{n-1} - 3a_{n-2} + 2^n \quad (n \geqslant 2) \tag{3.12}$$

有特解 $a_n=A\cdot 2^n$,其中 A 是待定常数,代入(3.12)式得

$$A \cdot 2^n = 4A \cdot 2^{n-1} - 3A \cdot 2^{n-2} + 2^n,$$

$$A = -4.$$

所以

$$a_n = c_1 + c_2 \cdot 3^n - 4 \cdot 2^n,$$

其中 c_1,c_2 是待定常数. 由初始条件得

$$\begin{cases} c_1 + c_2 - 4 = 2 \\ c_1 + 3c_2 - 8 = 8 \end{cases}.$$

解之得 $c_1=1,c_2=5$. 所以

$$a_n = 1 + 5 \cdot 3^n - 4 \cdot 2^n \quad (n = 0,1,2,\cdots).$$

第三节　Fibonacci 数

一、Fibonacci 数

中世纪意大利数学家 Leonardo(又名 Fibonacci)在他的一部著作中提出了如下的“兔子问题”:在一年之初把一对兔子(雌雄各一)放入围墙内,从第二个月起,雌兔每月生一对兔子(雌雄各一),而雌小兔长满两个月后开始生兔子,也是每月生一对兔子(雌雄各一),问到了年底围墙内共有多少对兔子?

设第 n 个月底,围墙内共有 $f(n)$ 对兔子. 易知 $f(1)=1$,$f(2)=2$. 当 $n\geqslant 3$ 时,第 n 个月底,围墙内共有 $f(n)$ 对兔子,它们可分成如下两类:①在第 $n-1$ 个月或以前出生的兔子. 属于此类的兔子共有 $f(n-1)$ 对. ②在第 n 个月出生的兔子. 属于此类的兔子是由第 $n-2$ 个月底围墙内的 $f(n-2)$ 对兔子繁殖的,故共有 $f(n-2)$ 对. 由加法原则,有

$$f(n)=f(n-1)+f(n-2)\quad (n\geqslant 3).$$

令 $f(0)=1$,则当 $n=2$ 时上式仍成立,所以

$$f(n)=f(n-1)+f(n-2)\quad (n\geqslant 2).\tag{3.13}$$

由(3.13)式及 $f(0)=f(1)=1$,容易算出 $f(12)=233$. 所以到了年底围墙内共有 233 对兔子.

定义 3.4　由初始条件 $f(0)=1$,$f(1)=1$ 及递推关系

$$f(n)=f(n-1)+f(n-2)\quad (n\geqslant 2)$$

确定的数列 $\{f(n)\}_{n\geqslant 0}$ 叫做 Fibonacci 数列,$f(n)$ 叫做 Fibonacci 数.

定理 3.19　设 $\{f(n)\}_{n\geqslant 0}$ 是 Fibonacci 数列,则

$$f(n)=\frac{1}{\sqrt{5}}\left(\frac{1+\sqrt{5}}{2}\right)^{n+1}-\frac{1}{\sqrt{5}}\left(\frac{1-\sqrt{5}}{2}\right)^{n+1}\quad (n\geqslant 0).$$

证明:递推关系(3.13)的特征方程为 $x^2-x-1=0$,特征根为

$x_1=\frac{1+\sqrt{5}}{2}, x_2=\frac{1-\sqrt{5}}{2}$. 所以

$$f(n)=c_1\cdot\left(\frac{1+\sqrt{5}}{2}\right)^n+c_2\cdot\left(\frac{1-\sqrt{5}}{2}\right)^n,$$

其中 c_1, c_2 为待定常数. 由初始条件得

$$\begin{cases} c_1+c_2=1, \\ \frac{1+\sqrt{5}}{2}\cdot c_1+\frac{1-\sqrt{5}}{2}\cdot c_2=1. \end{cases}$$

解之得 $c_1=\frac{1}{\sqrt{5}}\cdot\frac{1+\sqrt{5}}{2}, c_2=-\frac{1}{\sqrt{5}}\cdot\frac{1-\sqrt{5}}{2}$. 所以

$$f(n)=\frac{1}{\sqrt{5}}\left(\frac{1+\sqrt{5}}{2}\right)^{n+1}-\frac{1}{\sqrt{5}}\left(\frac{1-\sqrt{5}}{2}\right)^{n+1}\quad(n\geqslant 0).$$

二、Fibonacci 数的性质

定理 3.20 设 $\{f(n)\}_{n\geqslant 0}$ 是 Fibonacci 数列, 则

$$f(n)=\sum_{k=0}^{\left[\frac{n}{2}\right]}\binom{n-k}{k}\quad(n=0,1,2,\cdots).$$

证法一: 当 $k>\left[\frac{n}{2}\right]$ 时, $2k>n$, 即 $n-k<k$, 从而 $\binom{n-k}{k}=0$. 所以只需要证明

$$f(n)=\sum_{k=0}^{n}\binom{n-k}{k}. \tag{3.14}$$

当 $n=0,1$ 时, 易知 (3.14) 式成立. 假设 $n\leqslant s\ (s\geqslant 1)$ 时, (3.14) 式成立, 则当 $n=s+1$ 时,

$$\begin{aligned} f(n)=f(s+1)&=f(s)+f(s-1) \\ &=\sum_{k=0}^{s}\binom{s-k}{k}+\sum_{k=0}^{s-1}\binom{s-1-k}{k} \end{aligned}$$

$$= \binom{s-0}{0} + \sum_{k=1}^{s} \binom{s-k}{k} + \sum_{k=1}^{s} \binom{s-k}{k-1}$$

$$= 1 + \sum_{k=1}^{s} \left[\binom{s-k}{k} + \binom{s-k}{k-1} \right]$$

$$= 1 + \sum_{k=1}^{s} \binom{s+1-k}{k} = \sum_{k=0}^{s+1} \binom{s+1-k}{k}$$

$$= \sum_{k=0}^{n} \binom{n-k}{k}.$$

所以当 $n=s+1$ 时,(3.14)式仍成立. 由数学归纳法知,对一切非负整数 n,(3.14)式成立.

下面给出定理 3.20 的另一种证法——组合分析法.

证法二:以 $g(n)$ 表示某人上有 n 级台阶的楼梯(每步只准上 1 级台阶或 2 级台阶)的不同方法数. 显见 $g(1)=1, g(2)=2$,且

$$g(n) = g(n-1) + g(n-2) \quad (n \geqslant 3).$$

令 $g(0)=1$,则

$$g(n) = g(n-1) + g(n-2) \quad (n \geqslant 2),$$

因此数列 $\{g(n)\}_{n \geqslant 0}$ 与 Fibonacci 数列 $\{f(n)\}_{n \geqslant 0}$ 有相同的初始值和相同的递推关系,从而 $f(n)=g(n)\,(n=0,1,2,\cdots)$.

在上楼梯的 $g(n)$ 种方法中,恰好有 $k\left(0 \leqslant k \leqslant \left[\frac{n}{2}\right]\right)$ 步上 2 级台阶(此时有 $n-2k$ 步上 1 级台阶)的方法种数为

$$\frac{(k+n-2k)!}{k!\,(n-2k)!} = \binom{n-k}{k},$$

所以

$$g(n) = \sum_{k=0}^{\left[\frac{n}{2}\right]} \binom{n-k}{k} \quad (n \geqslant 0),$$

从而

$$f(n) = \sum_{k=0}^{[\frac{n}{2}]} \binom{n-k}{k} \quad (n \geqslant 0).$$

定理 3.21 $\sum_{k=0}^{n} f(k) = f(n+2) - 1.$

证明:
$$\begin{aligned}\sum_{k=0}^{n} f(k) &= \sum_{k=0}^{n} [f(k+2) - f(k+1)] \\ &= \sum_{k=0}^{n} f(k+2) - \sum_{k=0}^{n} f(k+1) \\ &= \sum_{i=2}^{n+2} f(i) - \sum_{i=1}^{n+1} f(i) \\ &= f(n+2) - f(1) = f(n+2) - 1.\end{aligned}$$

定理 3.22 $f(n+m) = f(n)f(m) + f(n-1)f(m-1) \quad (m \geqslant 1, n \geqslant 1)$.

证明:上有 $n+m$ 级台阶的楼梯(每步只准上 1 级台阶或上 2 级台阶)的不同方法共有 $f(n+m)$ 种,其中有一步踏在第 n 级台阶的上楼梯方法有 $f(n)f(m)$ 种,没有一步踏在第 n 级台阶(此时必有一步是从第 $n-1$ 级台阶跨到第 $n+1$ 级台阶)的上楼梯方法有 $f(n-1)f(m-1)$ 种. 由加法原则,有

$$f(n+m) = f(n)f(m) + f(n-1)f(m-1).$$

例 3.16 求 Fibonacci 数 $f(20)$.

解:因为 $f(3)=3, f(4)=5, f(5)=8$,由定理 3.22 得

$$\begin{aligned}f(20) &= f(10+10) \\ &= f(10)f(10) + f(9)f(9), \\ f(10) &= f(5+5) = f(5)f(5) + f(4)f(4) \\ &= 8 \times 8 + 5 \times 5 = 89, \\ f(9) &= f(5+4) = f(5)f(4) + f(4)f(3) \\ &= 8 \times 5 + 5 \times 3 = 55,\end{aligned}$$

所以

$$f(20)=89\times 89+55\times 55=7921+3025=10946.$$

例 3.17 给出阵列Ⅰ:

$$\begin{matrix} & 1 & 2 & 3 & 4 & \cdots & n-3 & n-2 & n-1 \\ 1 & 2 & 3 & 4 & 5 & \cdots & n-2 & n-1 & n \\ 2 & 3 & 4 & 5 & 6 & \cdots & n-1 & n & \end{matrix} \quad (n\geqslant 2),$$

从第 $k(k=1,2,\cdots,n)$ 列中选一个数,记为 a_k. 如果 $a_1,a_2,\cdots,a_n$ 彼此相异,则称有序 n 元组 $(a_1,a_2,\cdots,a_n)$ 是阵列Ⅰ的一个相异代表系(SDR),a_k 称为第 k 列的代表. 以 u_n 表示阵列Ⅰ的 SDR 的个数,求 u_n.

解:易知 $u_2=2,u_3=3$. 当 $n\geqslant 4$ 时,阵列Ⅰ的 u_n 个 SDR 可分成如下两类:

(1)第 n 列的代表为 n 的 SDR.

属于此类的 SDR 的个数等于阵列

$$\begin{matrix} & 1 & 2 & 3 & 4 & \cdots & n-3 & n-2 \\ 1 & 2 & 3 & 4 & 5 & \cdots & n-2 & n-1 \\ 2 & 3 & 4 & 5 & 6 & \cdots & n-1 & \end{matrix}$$

的 SDR 的个数,为 u_{n-1}.

(2)第 n 列的代表为 $n-1$ 的 SDR.

属于此类的 SDR 的第 $n-1$ 列的代表必为 n,所以属于此类的 SDR 的个数等于阵列

$$\begin{array}{cccccccc} & 1 & 2 & 3 & 4 & \cdots & n-4 & n-3 \\ 1 & 2 & 3 & 4 & 5 & \cdots & n-3 & n-2 \\ 2 & 3 & 4 & 5 & 6 & \cdots & n-2 & \end{array}$$

的 SDR 的个数，为 u_{n-2}.

由加法原则，有

$$u_n = u_{n-1} + u_{n-2} \quad (n \geqslant 4).$$

令 $u_0 = 1, u_1 = 1$，则上式对 $n \geqslant 2$ 均成立. 所以 u_n 就是 Fibonacci 数 $f(n)$，从而

$$u_n = \frac{1}{\sqrt{5}}\left(\frac{1+\sqrt{5}}{2}\right)^{n+1} - \frac{1}{\sqrt{5}}\left(\frac{1-\sqrt{5}}{2}\right)^{n+1}.$$

例 3.18 求阵列 Ⅱ：

$$\begin{array}{cccccccc} 1 & 2 & 3 & \cdots & n-3 & n-2 & n-1 & n \\ 2 & 3 & 4 & \cdots & n-2 & n-1 & n & 1 \\ 3 & 4 & 5 & \cdots & n-1 & n & 1 & 2 \end{array}$$

的 SDR 的个数 z_n.

解：阵列 Ⅱ 的 z_n 个 SDR 可分成如下三类：

(1) 第 n 列的代表为 n 的 SDR.

其中第 $n-1$ 列的代表为 $n-1$ 的 SDR 有 1 个，第 $n-1$ 列的代表为 1 的 SDR 有 u_{n-2} 个（u_n 是阵列 Ⅰ 的 SDR 的个数）. 所以，属于此类的 SDR 的个数为 $1 + u_{n-2}$.

(2) 第 n 列的代表为 1 的 SDR.

属于此类的 SDR 有 u_{n-1} 个.

(3) 第 n 列的代表为 2 的 SDR.

其中第 1 列的代表为 3 的 SDR 有 1 个，第 1 列的代表为 1 的

SDR 有 u_{n-2}个. 所以属于此类的 SDR 有 $1+u_{n-2}$个.

由加法原则,有

$$\begin{aligned} z_n &= 1 + u_{n-2} + u_{n-1} + 1 + u_{n-2} \\ &= u_n + u_{n-2} + 2. \end{aligned}$$

令 $\alpha_1 = \frac{1+\sqrt{5}}{2}, \alpha_2 = \frac{1-\sqrt{5}}{2}$, 由于 $u_n = \frac{1}{\sqrt{5}}(\alpha_1^{n+1} - \alpha_2^{n+1})$, 所以

$$\begin{aligned} z_n &= \frac{1}{\sqrt{5}}(\alpha_1^{n+1} - \alpha_2^{n+1}) + \frac{1}{\sqrt{5}}(\alpha_1^{n-1} - \alpha_2^{n-1}) + 2 \\ &= \frac{1}{\sqrt{5}} \cdot \alpha_1^{n-1}(\alpha_1^2 + 1) - \frac{1}{\sqrt{5}} \cdot \alpha_2^{n-1}(\alpha_2^2 + 1) + 2. \end{aligned}$$

因为 α_1, α_2 是方程 $x^2 - x - 1 = 0$ 的两个根, 所以 $\alpha_1^2 - \alpha_1 - 1 = 0, \alpha_2^2 - \alpha_2 - 1 = 0$, 从而

$$\begin{aligned} \alpha_1^2 + 1 &= \alpha_1 + 2 = \frac{1+\sqrt{5}}{2} + 2 \\ &= \sqrt{5} \cdot \frac{1+\sqrt{5}}{2} = \sqrt{5}\alpha_1, \end{aligned}$$

$$\begin{aligned} \alpha_2^2 + 1 &= \alpha_2 + 2 = \frac{1-\sqrt{5}}{2} + 2 \\ &= -\sqrt{5} \cdot \frac{1-\sqrt{5}}{2} = -\sqrt{5}\alpha_2, \end{aligned}$$

所以

$$\begin{aligned} z_n &= \frac{1}{\sqrt{5}} \cdot \alpha_1^{n-1} \cdot \sqrt{5}\alpha_1 - \frac{1}{\sqrt{5}} \cdot \alpha_2^{n-1}(-\sqrt{5}\alpha_2) + 2 \\ &= \alpha_1^n + \alpha_2^n + 2 \\ &= \left(\frac{1+\sqrt{5}}{2}\right)^n + \left(\frac{1-\sqrt{5}}{2}\right)^n + 2. \end{aligned}$$

第四节　两类 Stirling 数

一、第一类 Stirling 数

定义 3.5　设 x 为实变元，令 $(x)_0=1$，

$$(x)_n = x(x-1)(x-2)\cdots(x-n+1) \quad (n=1,2,\cdots). \tag{3.15}$$

$(x)_n$ 叫做实变元 x 的 n 次降阶乘. 显见 $(x)_n$ 是 x 的 n 次多项式. 以 $S_1(n,k)$ 表示 $(x)_n$ 的展开式中 x^k 的系数，$S_1(n,k)$ 称为第一类 Stirling（斯特林）数.

由定义 3.5，当 $k>n$ 时，$S_1(n,k)=0$，于是

$$(x)_n = \sum_{k=0}^{n} S_1(n,k)x^k. \tag{3.16}$$

因为 $(x)_0=1$，所以 $S_1(0,0)=1$.

由 (3.15) 式知，当 $n\geqslant 1$ 时，在 $(x)_n$ 的展开式中 x^n 的系数为 1，常数项为零，所以

$$S_1(n,n) = 1 \quad (n\geqslant 0),$$
$$S_1(n,0) = 0 \quad (n\geqslant 1),$$
$$(x)_n = \sum_{k=1}^{n} S_1(n,k)x^k \quad (n\geqslant 1).$$

又由 (3.15) 式知

$$S_1(n,1) = (-1)(-2)\cdots(-n+1) = (-1)^{n-1}(n-1)! \quad (n\geqslant 2),$$
$$S_1(n,n-1) = -[1+2+\cdots+(n-1)] = -\frac{n(n-1)}{2} \quad (n\geqslant 2).$$

定理 3.23　$S_1(n+1,k)=S_1(n,k-1)-nS_1(n,k)$

$$(n\geqslant k\geqslant 1). \tag{3.17}$$

证明:因　$(x)_{n+1}=x(x-1)\cdots(x-n+1)(x-n)$

$$=(x-n)(x)_n=x(x)_n-n(x)_n,$$

故 $$\sum_{k=1}^{n+1}S_1(n+1,k)x^k=x\cdot\sum_{k=0}^{n}S_1(n,k)x^k-n\cdot\sum_{k=1}^{n}S_1(n,k)x^k$$

$$=\sum_{k=1}^{n+1}S_1(n,k-1)x^k-\sum_{k=1}^{n+1}n\cdot S_1(n,k)x^k$$

$$=\sum_{k=1}^{n+1}\left[S_1(n,k-1)-nS_1(n,k)\right]x^k.$$

所以　$S_1(n+1,k)=S_1(n,k-1)-nS_1(n,k)\quad(n\geqslant k\geqslant 1).$

由(3.17)式,$S_1(n,k)=0(k>n)$及初始条件:$S_1(1,1)=1$,$S_1(n,0)=0(n\geqslant 1)$,容易得出$S_1(n,k)$的数值表,见表3.2.

表3.2　$S_1(n,k)$的数值表

n \ $S_1(n,k)$ \ k	0	1	2	3	4	5	6	…
1	0	1						
2	0	−1	1					
3	0	2	−3	1				
4	0	−6	11	−6	1			
5	0	24	−50	35	−10	1		
6	0	−120	274	−225	85	−15	1	
⋮	⋮	⋮	⋮	⋮	⋮	⋮	⋮	

例3.19　求$S_1(n,2)(n\geqslant 2)$的计数公式.

解:因　$S_1(n,2)=S_1(n-1,1)-(n-1)S_1(n-1,2)$

$$=(-1)^{n-2}(n-2)!\ -(n-1)S_1(n-1,2)\quad(n\geqslant 2),$$

所以　$$(-1)^nS_1(n,2)=(n-1)(-1)^{n-1}S_1(n-1,2)+(n-2)!\quad(n\geqslant 2),$$

$$\begin{aligned}\frac{(-1)^nS_1(n,2)}{(n-1)!}&=\frac{(-1)^{n-1}S_1(n-1,2)}{(n-2)!}+\frac{1}{n-1}\\&=\frac{(-1)^{n-2}S_1(n-2,2)}{(n-3)!}+\frac{1}{n-2}+\frac{1}{n-1}\\&=\cdots\\&=\frac{(-1)^2S_1(2,2)}{1!}+\frac{1}{2}+\frac{1}{3}+\cdots+\frac{1}{n-1}\\&=1+\frac{1}{2}+\frac{1}{3}+\cdots+\frac{1}{n-1}=\sum_{k=1}^{n-1}\frac{1}{k},\end{aligned}$$

从而 $S_1(n,2)=(-1)^n(n-1)!\cdot\sum_{k=1}^{n-1}\frac{1}{k}\quad(n\geqslant 2).$

二、$S_1(n,k)$的组合意义

n 元集 $A=\{1,2,\cdots,n\}$ 到其自身上的一一映射叫做一个 n 元置换. n 元置换共有 $n!$ 个. 由近世代数(参见第七章定理 7.10),我们知道:任一个 n 元置换可表成若干个彼此无相同元的(称为互不相交的)轮换的乘积,且在不计及轮换的次序时,表示法唯一. 例如,设 f 是这样的 5 元置换:$f(1)=2,f(2)=1,f(3)=4,f(4)=3,f(5)=5$,则

$$f=\begin{pmatrix}12345\\21435\end{pmatrix}=(12)(34)(5),$$

f 可表成 3 个轮换(12),(34),(5)的乘积.

含有 k 个元的轮换称为 k-轮换. 一般地,在每个轮换中,最小的元放在首位.

定理 3.24 恰可表成 k 个互不相交的轮换乘积的 n 元置换共有 $(-1)^{n+k}S_1(n,k)$ 个.

证明:设恰可表成 k 个互不相交的轮换乘积的 n 元置换共有 $g(n,k)$ 个. 当 $n>k\geqslant 1$ 时,这 $g(n,k)$ 个 n 元置换可分成如下两类:

(1)n 所在的轮换是1-轮换的 n 元置换.

属于此类的置换共有 $g(n-1,k-1)$ 个.

(2)n 所在的轮换不是1-轮换的 n 元置换.

可依如下两个步骤去构造属于此类的 n 元置换:先作恰可表成 k 个互不相交的轮换乘积的 $n-1$ 元置换,有 $g(n-1,k)$ 种方法;然后把 n 放到这个 $n-1$ 元置换的一个轮换中,使得最小元仍排在轮换的首位,有 $n-1$ 种方法. 于是由乘法原则,属于此类的 n 元置换有 $(n-1)g(n-1,k)$ 个. 再由加法原则,得

$$g(n,k) = g(n-1,k-1) + (n-1)g(n-1,k) \quad (n > k \geqslant 1),$$

于是

$$(-1)^{n+k}g(n,k) = (-1)^{n-1+k-1}g(n-1,k-1) - (n-1)(-1)^{n-1+k}g(n-1,k).$$

令 $h(n,k) = (-1)^{n+k}g(n,k)$,则

$$h(n,k) = h(n-1,k-1) - (n-1)h(n-1,k), \quad (n > k \geqslant 1),$$

即

$$h(n+1,k) = h(n,k-1) - nh(n,k) \quad (n \geqslant k \geqslant 1).$$

易知

$$h(1,1) = (-1)^{1+1}g(1,1) = 1,$$
$$h(n,0) = (-1)^{n+0}g(n,0) = 0 \quad (n \geqslant 1),$$

于是 $h(n,k)$ 与 $S_1(n,k)$ 有相同的递推关系且有相同的初始值. 从而

$$h(n,k) = S_1(n,k),$$

即
$$(-1)^{n+k}g(n,k) = S_1(n,k),$$
$$g(n,k) = (-1)^{n+k}S_1(n,k).$$

由 $g(n,k)$ 的定义,$g(n,k) > 0(n \geqslant k \geqslant 1)$,于是

$$(-1)^{n+k}S_1(n,k)>0\quad(n\geqslant k\geqslant 1),$$

这说明 $S_1(n,1),S_1(n,2),S_1(n,3),\cdots,S_1(n,n)$ 是一个正负相间的数列.

三、第二类 Stirling 数

我们已经知道 $(x)_n$ 是 x 的 n 次多项式,因此 $(x)_n$ 可由 $x^0=1$, $x^1,x^2,\cdots,x^n$ 线性表出且表示法唯一:

$$(x)_n=\sum_{k=0}^{n}S_1(n,k)x^k.$$

反之,x^n 是否可由 $(x)_0=1,(x)_1,(x)_2,\cdots,(x)_n$ 线性表出? 如果能够,表示法是否唯一? 答案是肯定的.

引理 3.1 x^n 可由 $(x)_0,(x)_1,\cdots,(x)_n$ 线性表出.

证明:用归纳法.

因 $$x^0=1=(x)_0,$$

$$x^1=x=(x)_1,$$

$$x^2=x+x(x-1)=(x)_1+(x)_2,$$

所以,当 $n=0,1,2$ 时,x^n 可由 $(x)_0,(x)_1,\cdots,(x)_n$ 线性表出.

假设当 $n\leqslant k(k\geqslant 2)$ 时,x^n 可由 $(x)_0,(x)_1,\cdots,(x)_n$ 线性表出,则当 $n=k+1$ 时,

$$x^n=x^{k+1}=(x)_{k+1}+\left[x^{k+1}-(x)_{k+1}\right],\qquad(3.18)$$

因为 $x^{k+1}-(x)_{k+1}$ 是 x 的 k 次多项式,故由归纳假设,$x^{k+1}-(x)_{k+1}$ 可由 $(x)_0,(x)_1,\cdots,(x)_k$ 线性表出. 再由(3.18)式,x^{k+1} 可由 $(x)_0,(x)_1,\cdots,(x)_{k+1}$ 线性表出. 由数学归纳法,对任意的非负整数 n,x^n 可由 $(x)_0,(x)_1,\cdots,(x)_n$ 线性表出.

引理 3.2 设 a_k 与 $b_k(k=0,1,2,\cdots,n)$ 均为实数,且

$$\sum_{k=0}^{n}a_k(x)_k=\sum_{k=0}^{n}b_k(x)_k,\qquad(3.19)$$

则

$$a_k = b_k \quad (k = 0,1,2,\cdots,n).$$

证明:由(3.19)式

$$\sum_{k=0}^{n} (a_k - b_k)(x)_k = 0.$$

因为$(x)_k(k=0,1,2,\cdots,n)$是x的k次多项式,且x^k的系数为1,所以上式左边是次数不高于n的x的多项式且x^n的系数为$a_n - b_n$,但上式右边为零,所以$a_n - b_n = 0$,从而

$$\sum_{k=0}^{n-1} (a_k - b_k)(x)_k = 0.$$

重复上面的讨论,可以证明$a_{n-1} = b_{n-1}, a_{n-2} = b_{n-2}, \cdots, a_0 = b_0$. 所以

$$a_k = b_k \quad (k = 0,1,2,\cdots,n).$$

由引理3.1及引理3.2即得定理3.25.

定理3.25 x^n可由$(x)_0,(x)_1,\cdots,(x)_n$线性表出且表示法唯一.

由定理3.25,可令

$$x^n = \sum_{k=0}^{n} S_2(n,k)(x)_k \quad (n = 0,1,2,\cdots). \tag{3.20}$$

$S_2(n,k)$称为第二类Stirling数.

因为$(x)_n$是x的n次多项式且x^n的系数为1,所以

$$S_2(n,n) = 1 \quad (n = 0,1,2,\cdots).$$

因为当$n \geqslant 1$时,$(x)_n$含有因子x,所以

$$S_2(n,0) = 0 \quad (n = 1,2,\cdots).$$

为方便计,令 $S_2(n,k) = 0 \quad (k > n)$.

定理3.26

$$S_2(n+1,k) = S_2(n,k-1) + kS_2(n,k) \qquad (n+1 \geqslant k \geqslant 1). \tag{3.21}$$

证明:因 $$x^{n+1} = \sum_{k=0}^{n+1} S_2(n+1,k)(x)_k = \sum_{k=1}^{n+1} S_2(n+1,k)(x)_k,$$

$$\begin{aligned} x^{n+1} &= x \cdot x^n = x \cdot \sum_{k=0}^{n} S_2(n,k)(x)_k \\ &= \sum_{k=0}^{n} S_2(n,k)(x-k+k)(x)_k \\ &= \sum_{k=0}^{n} S_2(n,k)(x)_{k+1} + \sum_{k=0}^{n} kS_2(n,k)(x)_k \\ &= \sum_{k=1}^{n+1} S_2(n,k-1)(x)_k + \sum_{k=1}^{n+1} kS_2(n,k)(x)_k \\ &= \sum_{k=1}^{n+1} \left[S_2(n,k-1) + kS_2(n,k) \right](x)_k, \end{aligned}$$

所以

$$\sum_{k=1}^{n+1} S_2(n+1,k)(x)_k = \sum_{k=1}^{n+1} \left[S_2(n,k-1) + kS_2(n,k) \right](x)_k.$$

由引理3.2,有

$$S_2(n+1,k) = S_2(n,k-1) + kS_2(n,k) \quad (n+1 \geqslant k \geqslant 1).$$

推论3.3 $S_2(n,1)=1 \quad (n=1,2,\cdots)$.

证明:由定理3.26,有

$$\begin{aligned} S_2(n,1) &= S_2(n-1,0) + S_2(n-1,1) \\ &= 0 + S_2(n-1,1) \\ &= S_2(n-1,1) \\ &= S_2(n-2,1) \\ &= \cdots \end{aligned}$$

$$= S_2(1,1)$$
$$= 1.$$

由(3.21)式,$S_2(n,k)=0(k>n)$及初始条件 $S_2(n,1)=1$ $(n\geqslant1)$,容易作出 $S_2(n,k)$的数值表,见表3.3.

表3.3 $S_2(n,k)$的数值表

n \ $S_2(n,k)$ \ k	1	2	3	4	5	6	7	…
1	1							
2	1	1						
3	1	3	1					
4	1	7	6	1				
5	1	15	25	10	1			
6	1	31	90	65	15	1		
7	1	63	301	350	140	21	1	
⋮	⋮	⋮	⋮	⋮	⋮	⋮	⋮	

定义3.6 设$f(x)$为实函数,令

$$\Delta f(x)=f(x+1)-f(x),$$
$$\Delta^{k+1}f(x)=\Delta(\Delta^k f(x))$$
$$=\Delta^k f(x+1)-\Delta^k f(x)\quad(k=1,2,\cdots).$$

$\Delta^k f(x)$称为实函数$f(x)$的 k 级差分. 又令

$$Ef(x)=f(x+1),$$
$$E^{k+1}f(x)=E(E^k f(x))=E^k f(x+1)\quad(k=1,2,\cdots).$$

$$If(x) = f(x),$$
$$I^{k+1}f(x) = I(I^k f(x)) = I^k f(x) \quad (k = 1,2,\cdots).$$
Δ,E,I 分别称为差分算子、移位算子、恒等算子. 类似定理 3.3 的证明,易证对于实函数的差分,牛顿公式仍成立:

$$\Delta^n f(x) = (E - I)^n f(x) = \sum_{k=0}^{n} (-1)^k \binom{n}{k} E^{n-k} f(x)$$
$$= \sum_{k=0}^{n} (-1)^k \binom{n}{k} f(x + n - k),$$
$$f(x + n) = E^n f(x) = (\Delta + I)^n f(x)$$
$$= \sum_{k=0}^{n} \binom{n}{k} \Delta^k f(x).$$

注意到

$$\Delta(x)_0 = (x + 1)_0 - (x)_0 = 1 - 1 = 0,$$
$$\Delta(x)_n = (x + 1)_n - (x)_n$$
$$= (x + 1)(x)_{n-1} - (x - n + 1)(x)_{n-1}$$
$$= n(x)_{n-1} \quad (n \geqslant 1),$$

用数学归纳法容易证明:

$$\Delta^k (x)_n = \begin{cases} 0 & (n < k) \\ (n)_k (x)_{n-k} & (n \geqslant k) \end{cases}.$$

定理 3.27 $$S_2(n,k) = \frac{1}{k!} \cdot \Delta^k O^n = \frac{1}{k!} \cdot \sum_{j=0}^{k-1} (-1)^j \binom{k}{j} (k - j)^n \quad (n \geqslant k \geqslant 1). \tag{3.22}$$

证明:因 $x^n = \sum_{r=0}^{n} S_2(n,r)(x)_r,$

所以 $\Delta^k x^n = \sum_{r=0}^{n} S_2(n,r) \Delta^k (x)_r$

$$= \sum_{r=k}^{n} S_2(n,r)(r)_k(x)_{r-k}$$

$$= S_2(n,k)\cdot k! + \sum_{r=k+1}^{n} S_2(n,r)(r)_k(x)_{r-k}, \quad (3.23)$$

因为当 $r>k$ 时，$(x)_{r-k}$ 有因子 x，所以 $(x)_{r-k}|_{x=0}=0(r>k)$. 又 $\Delta^k x^n|_{x=0}=\Delta^k O^n$，所以由(3.23)式得

$$\Delta^k O^n = k!\cdot S_2(n,k),$$

则
$$S_2(n,k)=\frac{1}{k!}\cdot\Delta^k O^n$$

$$=\frac{1}{k!}\cdot\sum_{j=0}^{k-1}(-1)^j\binom{k}{j}(k-j)^n.$$

四、$S_2(n,k)$ 的组合意义

定理 3.28 把 n 件相异物分放到 k 个相同盒中使得无一盒空的不同方法共有 $S_2(n,k)$ 种.

证明：以 $g(n,k)$ 表示把 n 件相异物分放到 k 个相异盒中使得无一盒空的不同方法数，以 $h(n,k)$ 表示把 n 件相异物分放到 k 个相同盒中使得无一盒空的不同方法数，显见 $h(n,k)=\frac{1}{k!}g(n,k)$，且 $g(n,k)$ 等于把 n 件相异物分给 k 个人使得每人至少分得一件物件的不同分配方法数. 由第二章例 2.6，有

$$g(n,k)=\sum_{j=0}^{k-1}(-1)^j\binom{k}{j}(k-j)^n,$$

所以

$$h(n,k)=\frac{1}{k!}\cdot\sum_{j=0}^{k-1}(-1)^j\binom{k}{j}(k-j)^n.$$

再由定理 3.27，有

$$h(n,k)=S_2(n,k).$$

推论 3.4 把 n 元集划分成 k 个非空子集的方法数为

$$S_2(n,k)=\frac{1}{k!}\cdot\sum_{j=0}^{k-1}(-1)^j\binom{k}{j}(k-j)^n.$$

证明:因为把 n 元集划分成 k 个非空子集相当于把 n 元集的 n 个元分放到 k 个相同盒中使得无一盒空,于是由定理 3.28 知,推论 3.4 的结论成立.

例 3.20 求证:$S_2(n,n-1)=\binom{n}{2}\quad(n\geqslant 2)$.

证明:把 n 元集 A 划分成 $n-1$ 个非空子集的方法共有 $S_2(n,n-1)$ 种,但把 n 元集 A 划分成 $n-1$ 个非空子集,其中必有一个子集是 2 元集,其余 $n-2$ 个子集均为 1 元集,因此 $S_2(n,n-1)$ 等于 n 元集 A 的 2 元子集的个数,为 $\binom{n}{2}$,即

$$S_2(n,n-1)=\binom{n}{2}\quad(n\geqslant 2).$$

习 题 三

1. 对下列的函数 $f(n)$,求 $\Delta^k f(n)$.

   (1) $f(n)=2^n+(-1)^n$.

   (2) $f(n)=\frac{1}{n}$.

   (3) $f(n)=n\cdot 2^n$.

   (4) $f(n)=\cos(nx+a)$.

2. 求和 $\sum_{k=0}^{n}(-1)^{n-k}\binom{n}{k}\cos(kx+a)$.

3. 求和 $\sum_{k=0}^{n}\binom{n}{k}\cos(kx+a)$ 及 $\sum_{k=0}^{n}\binom{n}{k}\sin(kx+a)$.

4. 用差分法求和 $\sum_{k=0}^{n}(k+1)(k+2)^2$.

5. 试求一数列$\{f(n)\}_{n\geq 0}$，使其前4项依次是3,7,21,51，其通项$f(n)$是n的多项式且次数最低.

6. 已知$f(n)$是n的3次多项式且$f(0)=1, f(1)=1, f(2)=3, f(3)=19$，确定$f(n)$并求$\sum_{k=0}^{n} f(k)$.

7. 应用零的差分，求和$\sum_{k=1}^{n} k^4$.

8. 求证：$\Delta^{m-1}0^m = \frac{(m-1)\cdot m!}{2}\quad(m\geq 3)$.

9. 求证：$\Delta^{m-2}0^m = \frac{(m-2)(3m-5)\cdot m!}{24}\quad(m\geq 4)$.

10. 平面上有$n(n\geq 2)$个圆，任何两个圆都相交但无3个圆共点，求这n个圆把平面划分成多少个不连通的区域.

11. 求由0,1,2,3作成的含有偶数个0的n-可重复排列的个数.

12. 以$g(n,k)$表示把n元集划分成k个元素个数均不小于2的子集的不同方法数.

(1)求$g(n,2)$的计数公式$(n\geq 4)$.

(2)求证：$g(n+1,k) = ng(n-1,k-1) + kg(n,k)\quad(n\geq 2k\geq 6)$.

(3)求$g(7,3)$.

13. 设A_{n+2}是一个凸$n+2(n\geq 2)$边形，它的任意3条对角线在其内部不共点. 今以$f(n)$表示A_{n+2}的所有对角线把A_{n+2}分成的不相重叠的区域的个数，求证：$f(n) = \binom{n+2}{4} + \binom{n+1}{2}$.

14. 空间中有n个平面，任意2个平面交于一直线，任意3个平面交于一点，任意4个平面不共点，这n个平面把空间分成多少个不相重叠的区域？

15. $m(m\geq 2)$个人互相传球，接球后即传给别人. 首先由甲发球，并把它作为第一次传球. 求经过n次传球后，球又回到甲手中的传球方式的种数a_n.

16. 解下列递推关系：

(1)$\begin{cases} a_n = 2a_{n-1} + 2^n & (n\geq 1) \\ a_0 = 3 \end{cases}$.

(2)$\begin{cases} a_n = na_{n-1} + (-1)^n & (n\geq 1) \\ a_0 = 3 \end{cases}$.

(3) $\begin{cases} a_n = 2a_{n-1} - 1 & (n \geqslant 1) \\ a_0 = 2 \end{cases}$.

(4) $\begin{cases} a_n = \dfrac{1}{2}a_{n-1} + \dfrac{1}{2^n} & (n \geqslant 1) \\ a_0 = 1 \end{cases}$.

(5) $\begin{cases} a_n = 4a_{n-2} & (n \geqslant 2) \\ a_0 = 2, a_1 = 1 \end{cases}$.

17. 已知 $h(0) = 2$，当 $n \geqslant 1$ 时，$h(n) > 0$，且

$$h^2(n) - 2 \cdot h^2(n-1) = 1,$$

求数列 $\{h(n)\}_{n \geqslant 0}$ 的通项公式.

18. 已知 $h(0) = 2$，当 $n \geqslant 1$ 时，$h(n) > 0$，且

$$h^2(n) - h^2(n-1) = 3^n,$$

求 $h(n)$.

19. 解下列递推关系：

(1) $\begin{cases} a_n = 4a_{n-1} - 3a_{n-2} & (n \geqslant 2) \\ a_0 = 3, a_1 = 5 \end{cases}$.

(2) $\begin{cases} a_n = 5a_{n-1} - 6a_{n-2} & (n \geqslant 2) \\ a_0 = 4, a_1 = 9 \end{cases}$.

(3) $\begin{cases} a_n = 6a_{n-1} - 11a_{n-2} + 6a_{n-3} & (n \geqslant 3) \\ a_0 = 2, a_1 = 7, a_2 = 25 \end{cases}$.

20. 解下列递推关系：

(1) $\begin{cases} a_n = 5a_{n-1} - 8a_{n-2} + 4a_{n-3} & (n \geqslant 3) \\ a_0 = 2, a_1 = 3, a_2 = 7 \end{cases}$.

(2) $\begin{cases} a_n = 7a_{n-1} - 15a_{n-2} + 9a_{n-3} & (n \geqslant 3) \\ a_0 = -1, a_1 = -2, a_2 = 1 \end{cases}$.

(3) $\begin{cases} a_n = 4a_{n-1} - 5a_{n-2} + 2a_{n-3} & (n \geqslant 3) \\ a_0 = 5, a_1 = 7, a_2 = 12 \end{cases}$.

(4) $\begin{cases} a_n = 7a_{n-1} - 16a_{n-2} + 12a_{n-3} & (n \geqslant 3) \\ a_0 = 4, a_1 = 11, a_2 = 29 \end{cases}$.

(5) $\begin{cases} a_n = 9a_{n-1} - 27a_{n-2} + 27a_{n-3} & (n \geqslant 3) \\ a_0 = 2, a_1 = 6, a_2 = 0 \end{cases}$.

21. 解下列递推关系：

(1) $\begin{cases} a_n = 5a_{n-1} - 6a_{n-2} + 2n - 3 \quad (n \geqslant 2) \\ a_0 = 5, a_1 = 10 \end{cases}$.

(2) $\begin{cases} a_n = 7a_{n-1} - 12a_{n-2} + 6n - 5 \quad (n \geqslant 2) \\ a_0 = 5, a_1 = 13 \end{cases}$.

(3) $\begin{cases} a_n = 4a_{n-1} - 5a_{n-2} + 2a_{n-3} + 2^n \quad (n \geqslant 3) \\ a_0 = 4, a_1 = 10, a_2 = 19 \end{cases}$.

(4) $\begin{cases} a_n = 7a_{n-1} - 10a_{n-2} - 2 \cdot 3^{n-2} \quad (n \geqslant 2) \\ a_0 = 3, a_1 = 4 \end{cases}$.

22. 解递推关系：

$$\begin{cases} a_{n+1} = 3a_n + b_n - 4 \\ b_{n+1} = 2a_n + 2b_n + 2 \end{cases} \quad (n \geqslant 0), a_0 = 4, b_0 = 0.$$

23. 某人上一共有 n 级台阶的楼梯，如果规定他每步只能上一级台阶或 3 级台阶，问有多少种不同的上楼梯方法？

24. 对 Fibonacci 数 F_n，求证：

(1) $\begin{pmatrix} 1 & 1 \\ 1 & 0 \end{pmatrix}^{n+1} = \begin{pmatrix} F_{n+1} & F_n \\ F_n & F_{n-1} \end{pmatrix}$.

(2) $F_{n+1} \cdot F_{n-1} - F_n^2 = (-1)^{n+1}$.

(3) F_n 与 F_{n+1} 互质.

25. 对 Fibonacci 数 F_n，求证：

(1) $\sum_{k=0}^{n} (-1)^{k+1} F_k = (-1)^{n-1} F_{n-1} - 1 \quad (n \geqslant 1)$.

(2) $\sum_{k=0}^{2n} F_k F_{k+1} = F_{2n+1}^2$.

(3) $\sum_{k=0}^{2n-1} F_k F_{k+1} = F_{2n}^2 - 1$.

(4) $\sum_{k=0}^{n} F_k^2 = F_n \cdot F_{n+1}$.

26. 求阵列

$$\begin{matrix} 1 & 2 & 3 & 4 & 5 & 6 & \cdots & n-2 & n-1 & n & \\ 2 & 3 & 1 & 5 & 6 & 7 & \cdots & n-1 & n & 4 & (n \geqslant 6) \\ 3 & 1 & 2 & 6 & 7 & 8 & \cdots & n & 4 & 5 & \end{matrix}$$

的 SDR 的个数.

27. 求证:$S_1(n,n-2)=2\cdot\binom{n}{3}+3\cdot\binom{n}{4}\quad(n\geqslant 4)$.

28. 求证: $S_2(n+1,k)=\sum_{j=k-1}^{n}\binom{n}{j}S_2(j,k-1)\quad(n\geqslant k\geqslant 2)$.

29. 求证:$S_2(n,n-2)=\binom{n}{3}+3\cdot\binom{n}{4}\quad(n\geqslant 4)$.

30. 以 a_n 表示由 $1,2,\cdots,n$ 这 n 个数字作成的满足条件“每个数或者大于它左边的所有数,或者小于它左边的所有数”的全排列的个数. 求 a_n 的计数公式.

31. 设$\{f(n)\}_{n\geqslant 0}$是 Fibonacci 数列,求证:对任一个正整数 n,$f(4n-1)$能被 3 整除.

32. 求 $\sum_{k=1}^{n}(-1)^k k^2\quad(n\geqslant 1)$.

33. 设正数列$\{a_n\}_{n\geqslant 1}$满足 $a_1=1,a_2=10,a_n^2a_{n-2}=10a_{n-1}^3\quad(n\geqslant 3)$,求$\{a_n\}_{n\geqslant 1}$的通项公式.

34. 已知数列$\{a_n\}_{n\geqslant 1}$满足 $a_1=1,a_n+a_{n-1}=-(n-1)^2\quad(n\geqslant 2)$,求数列$\{a_n\}_{n\geqslant 1}$的通项公式.

35. 设 m,n 都是正整数,求证:

(1) $\sum_{k=0}^{n}(-1)^k\binom{n}{k}\frac{m}{m+k}=\frac{n!\cdot m!}{(m+n)!}$.

(2) $\sum_{k=0}^{n}(-1)^k\frac{1}{n+k+1}\binom{n}{k}=\frac{(n!)^2}{(2n+1)!}$.

36. 试求一数列$\{f(n)\}_{n\geqslant 0}$,使其通项公式较简单,且前 6 项依次是 0,4,12,32,88,252.

37. 设有 $n(n\geqslant 3)$个箱子 $A_1,A_2,\cdots,A_n$,每个 $A_i(i=1,2,\cdots,n)$都安上一把锁,n 把锁各不相同. 今把 n 把锁的锁匙随意地放回这 n 个箱子中,每个箱子放一把锁匙. 锁上全部箱子之后撬开 A_1,A_2,然后取出 A_1,A_2 内的锁匙去开别的箱子. 如果能开出别的箱子,则把箱子内的锁匙拿出来再去开别的箱子. 如果最终能把箱子全打开,则称这 n 把锁匙的放法是一种好放法. 求 n 把锁匙的好放法的种数 a_n.

38. 以 $g(n,k)$ 表示恰可表成 k 个互不相交且长度不小于 2 的轮换的乘积的 n 元置换的个数.

(1) 求 $g(5,2)$ 的值.

(2) 求证: $g(n+1,k)=ng(n-1,k-1)+ng(n,k)\ (n\geqslant 2k-1\geqslant 3)$.

(3) 设 $n\geqslant 2$, 求 $g(2n,n)$ 的计数公式.

(4) 求 $g(n,2)$ 的计数公式.

39. 求证 $S_2(n,n-3)=\binom{n}{4}+10\binom{n}{5}+15\binom{n}{6}\ (n\geqslant 4)$.

40. 设 $A_n=\{a_1,a_2,\cdots,a_n\}$ 为 n 元集, 称 a_i 与 $a_{i+1}\ (i=1,2,\cdots,n-1)$ 是 A_n 的一对相邻元. 以 $G(n,k)$ 表示把 n 元集划分成 k 个均不包含 A_n 的任何一对相邻元的非空子集的方法数.

(1) 求证: $G(n+1,k)=G(n,k-1)+(k-1)G(n,k)\ (n\geqslant k\geqslant 3)$.

(2) 求 $G(n,3)$ 的计数公式 $(n\geqslant 3)$.

41. 用 $m(m\geqslant 3)$ 种颜色涂 $n\ (n\geqslant 3)$ 棱锥的 $n+1$ 个顶点, 每个顶点涂一种颜色.

(1) 以 $K(m,n)$ 表示使得棱锥的每条棱的两个端点异色的涂色方法数, 求 $K(m,n)$ 的计数公式.

(2) 以 $G(m,n)$ 表示使得棱锥的每条棱的两个端点异色, 且每种颜色都至少用上一次的涂色方法数, 求 $G(m,n)$ 的计数公式.

第四章　生成函数

生成函数又称为母函数，它是解决组合计数问题的一个重要工具.

第一节　常生成函数及其应用

一、形式幂级数

定义 4.1　设 t 是一个符号，$a_i(i=0,1,2,\cdots)$ 为实数，则

$$A(t)=a_0+a_1t+a_2t^2+\cdots+a_nt^n+\cdots=\sum_{n=0}^{\infty}a_nt^n$$

称为以 t 为未定元的一个形式幂级数.

约定：如果在形式幂级数 $A(t)=\sum_{n=0}^{\infty}a_nt^n$ 中某个 $a_n=0$，则 a_nt^n 可略去. 例如

$$1=1+0\cdot t+0\cdot t^2+\cdots+0\cdot t^n+\cdots,$$
$$0=0+0\cdot t+0\cdot t^2+\cdots+0\cdot t^n+\cdots.$$

设 $A(t)=\sum_{n=0}^{\infty}a_nt^n$ 和 $B(t)=\sum_{n=0}^{\infty}b_nt^n$ 是两个形式幂级数，规定：只有 $a_n=b_n(n=0,1,2,\cdots)$ 成立时才有 $A(t)=B(t)$.

因为形式幂级数 $A(t)=\sum_{n=0}^{\infty}a_nt^n$ 中的 t 只是一个符号，所以形式幂级数没有幂级数的收敛问题. 为了应用形式幂级数去解决组合计数问题，我们引进形式幂级数之间的加法、减法、乘法、除法等

运算,以及引进形式幂级数的微商、积分等运算,并规定:在进行这些运算时,把形式幂级数看成幂级数,然后按幂级数的运算法则进行运算.

例如,设 $A(t)=\sum_{n=0}^{\infty}a_nt^n$ 和 $B(t)=\sum_{n=0}^{\infty}b_nt^n$ 是两个形式幂级数,则

$$A(t)+B(t)=\sum_{n=0}^{\infty}(a_n+b_n)t^n,$$

$$A(t)-B(t)=\sum_{n=0}^{\infty}(a_n-b_n)t^n,$$

$$A(t)\cdot B(t)=\sum_{n=0}^{\infty}\left(\sum_{k=0}^{n}a_kb_{n-k}\right)t^n,$$

$$A'(t)=\sum_{n=1}^{\infty}n\cdot a_nt^{n-1},$$

$$\int A(t)\mathrm{d}t=\sum_{n=0}^{\infty}\frac{1}{n+1}\cdot a_nt^{n+1}+C,$$

其中 C 为积分常数.

类似于幂级数,在引进形式幂级数的除法运算前,先引进形式幂级数的逆元的概念.

定义 4.2 设 $A(t)=\sum_{n=0}^{\infty}a_nt^n$ 是形式幂级数,如果存在形式幂级数 $B(t)=\sum_{n=0}^{\infty}b_nt^n$,使得

$$A(t)\cdot B(t)=1,$$

则称 $B(t)$ 是 $A(t)$ 的一个逆元.

定理 4.1 形式幂级数 $A(t)=\sum_{n=0}^{\infty}a_nt^n$ 有逆元的充分必要条件是 $a_0\neq 0$,且若 $A(t)$ 有逆元,则逆元唯一.

证明:设$A(t)$有逆元$B(t) = \sum_{n=0}^{\infty} b_n t^n$. 因为$A(t) \cdot B(t) = 1$,所以$\sum_{n=0}^{\infty} \left(\sum_{k=0}^{n} a_k b_{n-k} \right) t^n = 1$,从而对任何一个自然数$n$,有

$$\begin{cases} a_0 b_0 = 1 \\ a_1 b_0 + a_0 b_1 = 0 \\ a_2 b_0 + a_1 b_1 + a_0 b_2 = 0 \\ \vdots \qquad \vdots \qquad \vdots \\ a_n b_0 + a_{n-1} b_1 + \cdots + a_0 b_n = 0 \end{cases} \quad (4.1)$$

因为$a_0 b_0 = 1$,所以$a_0 \neq 0$. 把$b_0, b_1, b_2, \cdots, b_n$看成未知数,则方程组(4.1)的系数行列式的值为$a_0^{n+1} \neq 0$. 由克莱姆法则,

$$b_n = \frac{(-1)^{n+2}}{a_0^{n+1}} \begin{vmatrix} a_1 & a_0 & 0 & \cdots & 0 \\ a_2 & a_1 & a_0 & \cdots & 0 \\ \vdots & \vdots & \vdots & \ddots & \vdots \\ a_{n-1} & a_{n-2} & a_{n-3} & \cdots & a_0 \\ a_n & a_{n-1} & a_{n-2} & \cdots & a_1 \end{vmatrix}, \quad (4.2)$$

由此可见,若$A(t)$有逆元,则$a_0 \neq 0$且逆元唯一.

反之,设$a_0 \neq 0$,令$b_0 = \frac{1}{a_0}$, $b_n = -\frac{1}{a_0} \sum_{k=1}^{n} a_k b_{n-k} \ (n = 1, 2, \cdots)$,则$a_0 b_0 = 1$,且

$$\sum_{k=0}^{n} a_k b_{n-k} = 0 \quad (n = 1, 2, \cdots).$$

于是$\sum_{n=0}^{\infty} \left(\sum_{k=0}^{n} a_k b_{n-k} \right) t^n = 1$. 令$B(t) = \sum_{n=0}^{\infty} b_n t^n$,则$A(t) \cdot B(t) = 1$,故$B(t) = \sum_{n=0}^{\infty} b_n t^n$是$A(t)$的逆元,也就是说当$a_0 \neq 0$时,$A(t)$

$= \sum_{n=0}^{\infty} a_n t^n$ 有逆元.

由定理4.1,如果形式幂级数 $A(t) = \sum_{n=0}^{\infty} a_n t^n$ 有逆元,则逆元唯一. 以 $A^{-1}(t)$ 表示 $A(t)$ 的逆元.

定义4.3 设 $A(t) = \sum_{n=0}^{\infty} a_n t^n$ 和 $B(t) = \sum_{n=0}^{\infty} b_n t^n$ $(b_0 \neq 0)$ 是两个形式幂级数,则 $A(t)$ 与 $B(t)$ 的商为

$$\frac{A(t)}{B(t)} = A(t) \cdot B^{-1}(t).$$

定义4.4 设 $\sum_{n=0}^{\infty} a_n x^n$ 是幂级数,则称形式幂级数 $\sum_{n=0}^{\infty} a_n t^n$ 是幂级数 $\sum_{n=0}^{\infty} a_n x^n$ 相应的形式幂级数.

由前面所述,形式幂级数的运算法则与幂级数的运算法则一致,这样,已取得的关于幂级数的运算方面的结果(如公式),对相应的形式幂级数也成立. 为了应用幂级数的运算方面的结论去研究形式幂级数,我们约定:如果实函数 $f(x)$ 的幂级数展开式为 $f(x) = \sum_{n=0}^{\infty} a_n x^n$,则把形式幂级数 $\sum_{n=0}^{\infty} a_n t^n$ 记成 $f(t)$. 因为已取得的关于幂级数的运算方面的结论对相应的形式幂级数也成立,所以上述约定是可行的.

例4.1 对于实函数 e^x,有

$$e^x = \sum_{n=0}^{\infty} \frac{1}{n!} x^n,$$

故形式幂级数 $\sum_{n=0}^{\infty} \frac{1}{n} t^n$ 可用 e^t 表示,即

$$\sum_{n=0}^{\infty} \frac{1}{n!} t^n = e^t.$$

例 4.2 设有形式幂级数 $A(t)=\sum_{n=0}^{\infty}\frac{1}{n!}t^n$,求 $A^k(t)$.

解:$A^k(t)=(\sum_{n=0}^{\infty}\frac{1}{n!}t^n)^k=(e^t)^k=e^{kt}$

$$=\sum_{n=0}^{\infty}(kt)^n/n!=\sum_{n=0}^{\infty}\frac{k^n}{n!}t^n.$$

例 4.3 求形式幂级数 $A(t)=\sum_{n=0}^{\infty}\frac{1}{n!}t^n$ 的逆元.

解:因 $A(t)=\sum_{n=0}^{\infty}\frac{1}{n!}t^n=e^t$,

所以 $A^{-1}(t)=e^{-t}=\sum_{n=0}^{\infty}\frac{(-1)^n}{n!}t^n$.

定理 4.2 设 m 是任一个有理数,则对形式幂级数 $A(t)=1+at(a\neq 0)$,有

$$(1+at)^m=\sum_{n=0}^{\infty}\binom{m}{n}a^nt^n$$
$$=1+\sum_{n=1}^{\infty}\frac{m(m-1)\cdots(m-n+1)}{n!}a^nt^n. \quad (4.3)$$

证明:由高等数学,对于幂级数 $A(x)=1+ax$,有

$$(1+ax)^m=1+\sum_{n=1}^{\infty}\frac{m(m-1)\cdots(m-n+1)}{n!}a^nx^n \quad (|x|<1),$$

所以(4.3)式成立.

由定理 4.2,有

$$(1-t)^{-1}=\sum_{n=0}^{\infty}t^n,$$

$$(1-at)^{-1}=\sum_{n=0}^{\infty}a^nt^n,$$

$$(1-t)^{-k}=\sum_{n=0}^{\infty}\binom{n+k-1}{n}t^n,$$

$$(1-at)^{-k}=\sum_{n=0}^{\infty}\binom{n+k-1}{n}a^nt^n,$$

$$(1-t)^{1/2}=1-\sum_{n=0}^{\infty}\frac{1}{2^{2n-1}}\cdot\frac{1}{n}\binom{2n-2}{n-1}t^n.$$

二、常生成函数

定义 4.5 设$\{a_n\}_{n\geq 0}$是任一数列，则形式幂级数$A(t)=\sum_{n=0}^{\infty}a_nt^n$叫做数列$\{a_n\}_{n\geq 0}$的常生成函数.

例 4.4 求数列$\{n^2\}_{n\geq 0}$的常生成函数.

解:设$A(t)=\sum_{n=0}^{\infty}n^2t^n$.

因
$$\begin{aligned}n^2&=n^2+3n+2-3(n+1)+1\\&=2\binom{n+2}{2}-3\binom{n+1}{1}+1,\end{aligned}$$

所以
$$\begin{aligned}A(t)&=2\sum_{n=0}^{\infty}\binom{n+2}{2}t^n-3\sum_{n=0}^{\infty}\binom{n+1}{1}t^n+\sum_{n=0}^{\infty}t^n\\&=2(1-t)^{-3}-3(1-t)^{-2}+(1-t)^{-1}\\&=\frac{2-3(1-t)+(1-t)^2}{(1-t)^3}\\&=\frac{t^2+t}{(1-t)^3}.\end{aligned}$$

例 4.5 对取定的自然数k，求数列$\{S_2(n,k)\}_{n\geq 0}$的常生成函数.

解:令
$$g_k(t)=\sum_{n=0}^{\infty}S_2(n,k)t^n,$$

则
$$
\begin{aligned}
g_k(t) &= \sum_{n=k}^{\infty} S_2(n,k)t^n \\
&= \sum_{n=k}^{\infty} \left[S_2(n-1,k-1) + kS_2(n-1,k) \right] t^n \\
&= t\sum_{n=k}^{\infty} S_2(n-1,k-1)t^{n-1} + \\
&\qquad kt\sum_{n=k+1}^{\infty} S_2(n-1,k)t^{n-1} \\
&= t\sum_{n=k-1}^{\infty} S_2(n,k-1)t^n + kt\sum_{n=k}^{\infty} S_2(n,k)t^n \\
&= t\sum_{n=0}^{\infty} S_2(n,k-1)t^n + kt\sum_{n=0}^{\infty} S_2(n,k)t^n \\
&= tg_{k-1}(t) + ktg_k(t),
\end{aligned}
$$

所以
$$(1-kt)g_k(t) = tg_{k-1}(t).$$

$$
\begin{aligned}
g_k(t) &= \frac{t}{1-kt} \cdot g_{k-1}(t) \\
&= \frac{t}{1-kt} \cdot \frac{t}{1-(k-1)t} \cdot g_{k-2}(t) \\
&= \cdots \\
&= \frac{t}{1-kt} \cdot \frac{t}{1-(k-1)t} \cdot \cdots \cdot \frac{t}{1-2t} \cdot g_1(t).
\end{aligned}
$$

因为
$$g_1(t) = \sum_{n=1}^{\infty} S_2(n,1)t^n = \sum_{n=1}^{\infty} t^n = \frac{t}{1-t},$$

所以
$$
\begin{aligned}
g_k(t) &= \frac{t}{1-kt} \cdot \frac{t}{1-(k-1)t} \cdot \cdots \cdot \frac{t}{1-2t} \cdot \frac{t}{1-t} \\
&= \frac{t^k}{(1-t)(1-2t)\cdots(1-kt)}.
\end{aligned}
$$

例 4.6 设 $a_0=3, a_1=9, a_n=4a_{n-1}-3a_{n-2}-4n+2\quad(n\geqslant 2)$，求数列 $\{a_n\}_{n\geqslant 0}$ 的通项公式.

解：令 $A(t)=\sum_{n=0}^{\infty}a_nt^n$，则

$$\begin{aligned}
A(t) &= \sum_{n=2}^{\infty}a_nt^n+a_1t+a_0\\
&= \sum_{n=2}^{\infty}(4a_{n-1}-3a_{n-2}-4n+2)t^n+9t+3\\
&= 4t\sum_{n=2}^{\infty}a_{n-1}t^{n-1}-3t^2\sum_{n=2}^{\infty}a_{n-2}t^{n-2}-\\
&\qquad 4\sum_{n=2}^{\infty}(n+1)t^n+6\sum_{n=2}^{\infty}t^n+9t+3\\
&= 4t\sum_{n=1}^{\infty}a_nt^n-3t^2\sum_{n=0}^{\infty}a_nt^n-\\
&\qquad 4\sum_{n=0}^{\infty}\binom{n+1}{1}t^n+6\sum_{n=0}^{\infty}t^n+11t+1\\
&= 4t\left[A(t)-3\right]-3t^2\cdot A(t)-\\
&\qquad \frac{4}{(1-t)^2}+\frac{6}{1-t}+11t+1\\
&= (4t-3t^2)A(t)-\frac{4}{(1-t)^2}+\frac{6}{1-t}+1-t,
\end{aligned}$$

所以 $$(1-4t+3t^2)\cdot A(t)=\frac{2-6t+(1-t)^3}{(1-t)^2},$$

$$\begin{aligned}
A(t) &= \frac{2-6t+(1-t)^3}{(1-t)^3(1-3t)}\\
&= \frac{2}{(1-t)^3}+\frac{1}{1-3t}\\
&= 2\sum_{n=0}^{\infty}\binom{n+2}{2}t^n+\sum_{n=0}^{\infty}3^nt^n
\end{aligned}$$

$$= \sum_{n=0}^{\infty} (n^2 + 3n + 2 + 3^n) t^n,$$

从而

$$a_n = 3^n + n^2 + 3n + 2.$$

三、常生成函数的应用

许多组合计数问题往往归结为求某个数列$\{a_n\}_{n\geq 0}$的通项公式,但直接去求数列$\{a_n\}_{n\geq 0}$的通项公式往往较难,这时可考虑先求数列$\{a_n\}_{n\geq 0}$的常生成函数$A(t)$,然后把$A(t)$看成是以t为变元的实函数,求出$A(t)$的幂级数展开式,则a_n就是该展开式中t^n的系数.

定理 4.3 以$M_k(k=1,2,\cdots,n)$表示不定方程$x_1+x_2+\cdots+x_n=r$中的未知数x_k的可取值所成之集,以a_r表示方程$x_1+x_2+\cdots+x_n=r$满足条件$x_k\in M_k(k=1,2,\cdots,n)$的解的个数,则$a_r$是$A(t)=\prod_{k=1}^{n}\sum_{j_k\in M_k}t^{j_k}$展开式中$t^r$的系数.

证明:因

$$A(t) = \Big(\sum_{j_1\in M_1} t^{j_1}\Big)\Big(\sum_{j_2\in M_2} t^{j_2}\Big)\cdots\Big(\sum_{j_n\in M_n} t^{j_n}\Big)$$

$$= \sum_{\substack{j_k\in M_k \\ k=1,2,\cdots,n}} t^{j_1+j_2+\cdots+j_n}, \tag{4.4}$$

所以$x_k=j_k(k=1,2,\cdots,n)$是方程$x_1+x_2+\cdots+x_n=r$满足条件$x_k\in M_k(k=1,2,\cdots,n)$的一组解,当且仅当$j_1+j_2+\cdots+j_n=r$且$j_k\in M_k(k=1,2,\cdots,n)$. 故由(4.4)式知$a_r$是$A(t)$展开式$t^r$的系数.

例 4.7 求不定方程$x_1+x_2+x_3=14$满足条件$x_1\leqslant 8, x_2\leqslant 8, x_3\leqslant 8$的非负整数解的个数.

解:设所求为N,则N是

$$A(t) = (1+t+t^2+\cdots+t^8)^3$$

展开式中t^{14}的系数,而

$$A(t) = \left(\frac{1-t^9}{1-t}\right)^3 = (1-t^9)^3(1-t)^{-3}$$

$$= (1 - 3t^9 + 3t^{18} - t^{27}) \sum_{k=0}^{\infty} \binom{k+2}{2} t^k,$$

所以

$$N = \binom{14+2}{2} - 3 \cdot \binom{5+2}{2}$$

$$= \binom{16}{2} - 3 \cdot \binom{7}{2} = 120 - 3 \times 21 = 57.$$

例 4.8 求方程 $x_1 + 2x_2 + 4x_3 = 21$ 的正整数解的个数.

解:设所求为 N,注意到 x_1 应为奇数,故 N 是

$$A(t) = (t + t^3 + t^5 + \cdots) \cdot (t^2 + t^4 + t^6 + \cdots) \cdot (t^4 + t^8 + t^{12} + \cdots)$$

展开式中 t^{21} 的系数,而

$$A(t) = t(1 - t^2)^{-1} \cdot t^2(1 - t^2)^{-1} \cdot t^4(1 - t^4)^{-1}$$

$$= t^7(1 - t^2)^{-2}(1 - t^4)^{-1}$$

$$= t^7(1 + t^2)^2(1 - t^4)^{-3}$$

$$= (t^7 + 2t^9 + t^{11}) \sum_{k=0}^{\infty} \binom{k+2}{2} t^{4k},$$

且 $7 + 4k = 21$ 无整数解,$9 + 4k = 21$ 的解为 $k = 3$,$11 + 4k = 21$ 无整数解,所以

$$N = 2 \cdot \binom{3+2}{2} = 20.$$

例 4.9 求由直线 $x + 3y = 12$,直线 $x = 0$ 及直线 $y = 0$ 所围成的三角形内(包括边界)的整点(横坐标和纵坐标均是整数的点)的个数.

解:设所求为 N,则 N 是满足条件 $x + 3y \leqslant 12$ 的非负整数解的个数. 令 $z = 12 - x - 3y$,如果 $x + 3y \leqslant 12$,则 $z \geqslant 0$ 且 $x + 3y + z = 12$,所以 N 是方程 $x + 3y + z = 12$ 的非负整数解的个数,故 N 是

$$A(t) = (1 + t + t^2 + \cdots)^2(1 + t^3 + t^6 + \cdots)$$

展开式中 t^{12} 的系数,而

$$\begin{aligned}A(t) &= (1-t)^{-2}(1-t^3)^{-1}\\&= (1+t+t^2)^2(1-t^3)^{-3}\\&= (1+2t+3t^2+2t^3+t^4)\sum_{k=0}^{\infty}\binom{k+2}{2}t^{3k},\end{aligned}$$

所以

$$\begin{aligned}N &= \binom{4+2}{2}+2\cdot\binom{3+2}{2}\\&= 15+20=35.\end{aligned}$$

例4.10 求平面直角坐标系 Oxy 中,以 $A(5,0)$,$B(0,5)$,$C(-5,0)$,$D(0,-5)$ 为顶点的正方形内(包括边界)的整点的个数.

解:设所求为 N. 过点 $A(5,0)$ 和点 $B(0,5)$ 的直线方程为 $x+y=5$,由对称性知,点 (x,y) 是该正方形内的一个整点的充分必要条件是 $|x|+|y|\leqslant 5$ 且 x 和 y 均为整数. 所以 N 是方程

$$|x|+|y|+z=5$$

满足条件 $z\geqslant 0$ 的整数解的个数,从而 N 是

$$A(t)=(1+2t+2t^2+2t^3+\cdots)^2(1+t+t^2+t^3+\cdots)$$

展开式中 t^5 的系数,而

$$\begin{aligned}A(t) &= \left[2(1-t)^{-1}-1\right]^2(1-t)^{-1}\\&= (1+t)^2(1-t)^{-3}\\&= (1+2t+t^2)\sum_{k=0}^{\infty}\binom{k+2}{2}t^k,\end{aligned}$$

所以

$$\begin{aligned}N &= \binom{5+2}{2}+2\cdot\binom{4+2}{2}+\binom{3+2}{2}\\&= \binom{7}{2}+2\cdot\binom{6}{2}+\binom{5}{2}\end{aligned}$$

$$= 21 + 30 + 10 = 61.$$

例 4.11 从一个 n 元排列中选取 k 个元作组合,使得组合中的任何两个元 a 和 b 满足条件:在原排列中 a 和 b 之间至少有 $r(n+r\geqslant kr+k)$ 个元,以 $f_r(n,k)$ 表示作成的不同组合的个数,求 $f_r(n,k)$.

解:不妨设所给的 n 元排列为 $\pi=123\cdots n$,从 π 中选出满足题意的 k 个元为 $a_1,a_2,\cdots,a_k(a_1<a_2<\cdots<a_k)$. 设在 π 中,排在 a_1 之前的元有 x_1 个,排在 a_k 之后的元有 x_{k+1} 个,排在 a_i 与 $a_{i+1}(i=1,2,\cdots,k-1)$ 之间的元有 x_{i+1} 个,则 $x_1\geqslant 0,x_{i+1}\geqslant r(i=1,2,\cdots,k-1),x_{k+1}\geqslant 0$ 且 $x_1+x_2+\cdots+x_{k+1}=n-k$. 所以 $f_r(n,k)$ 是方程 $x_1+x_2+\cdots+x_{k+1}=n-k$ 满足条件 $x_{i+1}\geqslant r(i=1,2,\cdots,k-1)$ 的非负整数解的个数,从而 $f_r(n,k)$ 是

$$A(t) = (1+t+t^2+\cdots)^2(t^r+t^{r+1}+t^{r+2}+\cdots)^{k-1}$$

展开式中 t^{n-k} 的系数,而

$$\begin{aligned} A(t) &= (1-t)^{-2}t^{(k-1)r}(1-t)^{-(k-1)} \\ &= t^{kr-r}(1-t)^{-(k+1)} \\ &= t^{kr-r}\sum_{j=0}^{\infty}\binom{k+j}{k}t^j, \end{aligned}$$

令 $kr-r+j=n-k$,则 $k+j=n-kr+r$,所以

$$f_r(n,k) = \binom{n-kr+r}{k}.$$

定理 4.4 设 $A=\{a_1,a_2,\cdots,a_n\}$ 是 n 元集,从 A 中可重复地选取 r 个元作组合,以 $M_k(k=1,2,\cdots,n)$ 表示 a_k 被允许重复选取的所有次数所成之集,以 g_r 表示作成的组合的个数,则 g_r 是

$$A(t) = \prod_{k=1}^{n}\sum_{j_k\in M_k}t^{j_k}$$

展开式中 t^r 的系数.

证明:设从 A 中可重复地选取了 r 个元,其中 $a_k(k=1,2,\cdots,$

n)重复选取了 $x_k(x_k \in M_k)$ 次,则

$$x_1 + x_2 + \cdots + x_n = r,$$

所以 g_r 是方程 $x_1 + x_2 + \cdots + x_n = r$ 满足条件:$x_k \in M_k(k = 1, 2, \cdots, n)$的解的个数. 由定理 4.3 知 g_r 是

$$A(t) = \prod_{k=1}^{n} \sum_{j_k \in M_k} t^{j_k}$$

展开式中 t^r 的系数.

例 4.12 从 n 元集中可重复地选取 $r(r \geqslant n)$ 个元作组合,每个元至少取 1 次,求作成的可重复组合的个数.

解:设所求为 N,则 N 是

$$A(t) = (t + t^2 + t^3 + \cdots)^n$$

展开式中 t^r 的系数,而

$$A(t) = t^n(1 - t)^{-n} = t^n \sum_{k=0}^{\infty} \binom{n + k - 1}{n - 1} t^k$$

$$= \sum_{k=0}^{\infty} \binom{n + k - 1}{n - 1} t^{n+k} = \sum_{r=n}^{\infty} \binom{r - 1}{n - 1} t^r,$$

所以

$$N = \binom{r - 1}{n - 1} \quad (r \geqslant n).$$

例 4.13 求多重集 $S = \{4 \cdot a, 4 \cdot b, 3 \cdot c, 3 \cdot d\}$ 的 7-组合的个数.

解:设所求为 N,则 N 是

$$A(t) = (1 + t + t^2 + t^3 + t^4)^2(1 + t + t^2 + t^3)^2$$

展开式中 t^7 的系数,而

$$A(t) = \left(\frac{1 - t^5}{1 - t}\right)^2 \left(\frac{1 - t^4}{1 - t}\right)^2$$

$$= (1 - t^5)^2(1 - t^4)^2(1 - t)^{-4}$$

$$= (1 - 2t^5 + t^{10})(1 - 2t^4 + t^8)(1 - t)^{-4}$$

$$= (1 - 2t^4 - 2t^5 + t^8 + \cdots) \sum_{k=0}^{\infty} \binom{k + 3}{3} t^k,$$

所以 $$N=\binom{7+3}{3}-2\cdot\binom{3+3}{3}-2\cdot\binom{2+3}{3}$$
$$=\binom{10}{3}-2\cdot\binom{6}{3}-2\cdot\binom{5}{3}$$
$$=120-40-20=60.$$

例 4.14 设 A_{n+1} 是平面上的一个凸 $n+1(n\geqslant 2)$ 边形. 用 $n-2$ 条不相交的对角线把 A_{n+1} 剖分成 $n-1$ 个三角形（称为 A_{n+1} 的三角形剖分），问有多少种不同的剖分方法？

解：以 h_n 表示 A_{n+1} 的不同的三角形剖分方法数，易知 $h_2=1$，$h_3=2$. 设 $n\geqslant 4$，在 A_{n+1} 中选定一条边，把该边记为 l，则 A_{n+1} 的 h_n 种不同的三角形剖分方法可分成如下两类：

(1) l 所在的三角形 T 仅含一条对角线的剖分方法.

因为这样的 T 有两个，且去掉 T 之后得一个凸 n 边形，而凸 n 边形的三角形剖分方法有 h_{n-1} 种. 故由加法原则，属于此类的三角形剖分方法共有 $2\cdot h_{n-1}$ 种.

(2) l 所在的三角形 T 含两条对角线的剖分方法.

因为去掉 T 之后得两个凸多边形 B_1 和 B_2（如图 4.1），且 B_1 和 B_2 的边数之和为 $n+1+2-1=n+2$，所以如果 B_1 有 $k+1(2\leqslant k\leqslant n-2)$ 条边，则 B_2 有 $n+1-k$ 条边，且 B_1 和 B_2 的三角形剖分方法分别有 h_k 和 h_{n-k} 种，故属于此类的剖分方法共有 $\sum\limits_{k=2}^{n-2}h_kh_{n-k}$ 种.

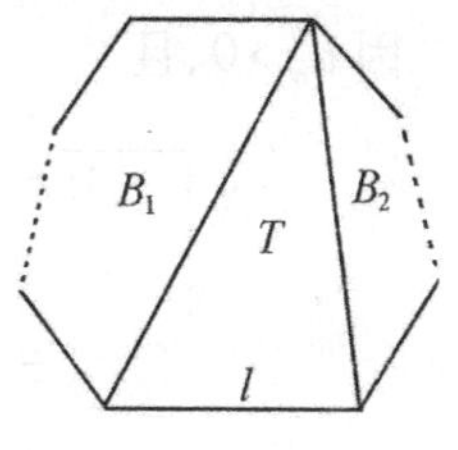

图 4.1

由加法原则，有

$$h_n=2h_{n-1}+\sum_{k=2}^{n-2}h_kh_{n-k}\quad(n\geqslant 4).$$

令 $h_1=1$,则

$$h_n = h_1 \cdot h_{n-1} + \sum_{k=2}^{n-2} h_k h_{n-k} + h_{n-1} \cdot h_1,$$

所以

$$h_n = \sum_{k=1}^{n-1} h_k h_{n-k} \quad (n \geqslant 4).$$

易知当 $n=2,3$ 时,上式仍成立. 令 $y = \sum_{n=1}^{\infty} h_n t^n$,则

$$y^2 = \left(\sum_{k=1}^{\infty} h_k t^k\right)\left(\sum_{j=1}^{\infty} h_j t^j\right)$$

$$= \sum_{n=2}^{\infty}\left(\sum_{k=1}^{n-1} h_k h_{n-k}\right) t^n$$

$$= \sum_{n=2}^{\infty} h_n t^n = y - t,$$

所以

$$y^2 - y + t = 0,$$

$$y = \frac{1}{2}(1+\sqrt{1-4t}) \quad 或 \quad y = \frac{1}{2}(1-\sqrt{1-4t}).$$

因 $h_n>0$,且

$$\sqrt{1-4t} = 1 - \sum_{n=1}^{\infty} \frac{1}{2^{2n-1}} \cdot \frac{1}{n}\binom{2n-2}{n-1}(4t)^n$$

$$= 1 - 2\sum_{n=1}^{\infty} \frac{1}{n}\binom{2n-2}{n-1} t^n,$$

故

$$\sum_{n=1}^{\infty} h_n t^n = y = \frac{1}{2}(1-\sqrt{1-4t})$$

$$= \sum_{n=1}^{\infty} \frac{1}{n}\binom{2n-2}{n-1} t^n,$$

所以 $h_n = \frac{1}{n}\binom{2n-2}{n-1}$,即 h_n 是卡塔兰数 C_n.

第二节　车　问　题

一、车问题

考察由 n 个相异元 $a_1, a_2, \cdots, a_n$ 作成的任一个全排列 $a_{i_1}a_{i_2}\cdots a_{i_n}$（$i_1 i_2 \cdots i_n$ 是由 $1,2,\cdots,n$ 作成的一个全排列）. 在这个排列中，元 $a_{i_k}(k=1,2,\cdots,n)$ 排在第 k 位，于是这个排列对应于 n 个车（象棋中的一种棋子）在 $n\times n$ 棋盘上这样的放置方法：在第 i_k $(k=1,2,\cdots,n)$ 行第 k 列的格子上放一个车. 因为 $i_1, i_2, \cdots, i_n$ 彼此相异且 $1\leqslant i_k\leqslant n(k=1,2,\cdots,n)$，所以在 $n\times n$ 棋盘上，每一行有且仅有一个车，每一列也有且仅有一个车，也就是说，任何两个车既不同行也不同列.

设 n 是任一个正整数，从一个 $n\times n$ 棋盘中删去若干个格子后所得的图形称为一个棋盘. 设 C 是任一个棋盘，把 $k(k\geqslant 1)$ 个车放在棋盘 C 上，使得任何两个车既不同行也不同列，k 个车在棋盘 C 上这样的放置方法称为 k 个车在棋盘 C 上的一种好布局. 以 $r_k(C)$ 表示 k 个车在棋盘 C 上的好布局数，并约定 $r_0(C)=1$.

例 4. 15　对于棋盘 C：□□ ，求 $r_k(C)$.

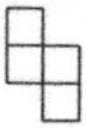

解：$r_0(C)=1, r_1(C)=4, r_2(C)=3$. 当 $k\geqslant 3$ 时，$r_k(C)=0$.

例 4. 16　证明：对于 $n\times n$ 棋盘 C，有 $r_k(C)=\binom{n}{k}\cdot(n)_k$.

证明：可依如下两个步骤去完成 k 个车在 C 上的好布局：

(1) 选出 k 个车所放的 k 行，有 $\binom{n}{k}$ 种方法.

(2) 把 k 个车放在已选出的 k 行格子上，每行放一个车，且彼此不同列，有 $n(n-1)\cdots(n-k+1)=(n)_k$ 种方法.

由乘法原则，有

$$r_k(C)=\binom{n}{k}\cdot(n)_k.$$

二、车多项式

定义 4.6 设 C 是任一个棋盘，令

$$R(t,C)=\sum_{k=0}^{\infty}r_k(C)t^k,$$

则 $R(t,C)$ 称为棋盘 C 的车多项式.

为简便计，在不会引起误会的情况下，常把 $R(t,C)$ 简写成 $R(t)$，把 $r_k(C)$ 简写成 r_k.

例 4.17 求 $n\times n$ 棋盘的车多项式 $R(t)$.

解：由例 4.16，$r_k=\binom{n}{k}\cdot(n)_k$，所以

$$R(t)=\sum_{k=0}^{\infty}r_kt^k=\sum_{k=0}^{n}\binom{n}{k}(n)_k\,t^k.$$

为方便计，用符号“×”代替棋盘中的方格“□”.

例 4.18 求棋盘
$$\begin{matrix} & \times \\ \times & & \times \\ & \times & \times \end{matrix}$$
的车多项式 $R(t)$.

解：因 $r_0=1,\quad r_1=5,\quad r_2=4,\quad r_k=0\quad(k\geqslant3)$，所以

$$R(t)=1+5t+4t^2.$$

求棋盘车多项式的一般方法是：把求较大的棋盘的车多项式的问题转化成去求较小的棋盘的车多项式.

定理 4.5 设 a 是棋盘 C 上的任一个格子，以 C'_a 表示从 C 中去掉与 a 同行或同列的全部格子后所得的棋盘，以 C_a 表示从 C 中去掉格子 a 后所得的棋盘，则

$$R(t,C)=t\cdot R(t,C'_a)+R(t,C_a).$$

证明:$k(k\geqslant 1)$个车在 C 上的 $r_k(C)$ 种好布局可分成如下两类:

(1)有一个车放在 a 上的好布局. 因为其余 $k-1$ 个车放在 C'_a 上,所以属于此类的好布局有 $r_{k-1}(C'_a)$ 种.

(2)没有车放在 a 上的好布局. 因为 k 个车全部放在 C_a 上,所以属于此类的好布局有 $r_k(C_a)$ 种.

由加法原则,有

$$r_k(C) = r_{k-1}(C'_a) + r_k(C_a) \quad (k \geqslant 1),$$

所以

$$\begin{aligned} R(t,C) &= \sum_{k=0}^{\infty} r_k(C)t^k \\ &= 1 + \sum_{k=1}^{\infty} \left[r_{k-1}(C'_a) + r_k(C_a) \right] t^k \\ &= t\sum_{k=1}^{\infty} r_{k-1}(C'_a)t^{k-1} + 1 + \sum_{k=1}^{\infty} r_k(C_a)t^k \\ &= t\sum_{k=0}^{\infty} r_k(C'_a)t^k + \sum_{k=0}^{\infty} r_k(C_a)t^k \\ &= t \cdot R(t,C'_a) + R(t,C_a). \end{aligned}$$

为方便起见,我们在棋盘的外面加上括号,用来表示该棋盘的车多项式. 在应用定理 4.5 去求棋盘的车多项式时,为了表示计算是从某个格子去展开的,我们给该格子加上一个圆圈.

例 4.19 求棋盘 $\begin{array}{ccc} & & \times \\ & \times & \times \\ \times & \times & \\ \times & & \end{array}$ 的车多项式.

解:$R(t) = \left(\begin{array}{ccc} & & \otimes \\ & \times & \times \\ \times & \times & \\ \times & & \end{array} \right)$

$$
\begin{aligned}
&= t\cdot\begin{pmatrix} & \times \\ \times & \times \\ \times & \end{pmatrix} + \begin{pmatrix} & \times & \otimes \\ \times & \times & \\ \times & & \end{pmatrix} \\
&= t(1+4t+3t^2) + t\begin{pmatrix} \times & \times \\ \times & \end{pmatrix} + \begin{pmatrix} & \times \\ \times & \times \\ \times & \end{pmatrix} \\
&= t+4t^2+3t^3+t(1+3t+t^2)+(1+4t+3t^2) \\
&= 1+6t+10t^2+4t^3.
\end{aligned}
$$

设 C 是任一个棋盘，从 C 中 删去若干个格子后所得的棋盘称为棋盘 C 的一个子棋盘.

定理 4.6 设 C_1 和 C_2 都是棋盘 C 的子棋盘，C 由 C_1 和 C_2 拼成，且 C_1 和 C_2 彼此分离，即 C_1 中的任一格子与 C_2 中的任一格子在 C 上既不同行也不同列，则

$$R(t,C) = R(t,C_1)\cdot R(t,C_2).$$

证明：k 个车在棋盘 C 上的好布局共有 $r_k(C)$ 种，其中恰好有 j $(j=0,1,2,\cdots,k)$ 个车在 C_1 上（此时有 $k-j$ 个车在 C_2 上）的好布局有 $r_j(C_1)\cdot r_{k-j}(C_2)$ 种. 由加法原则，有

$$r_k(C) = \sum_{j=0}^{k} r_j(C_1)\cdot r_{k-j}(C_2),$$

所以

$$
\begin{aligned}
R(t,C) &= \sum_{k=0}^{\infty} r_k(C)t^k \\
&= \sum_{k=0}^{\infty}\left[\sum_{j=0}^{k} r_j(C_1)\cdot r_{k-j}(C_2)\right]t^k \\
&= \sum_{j=0}^{\infty} r_j(C_1)t^j \cdot \sum_{i=0}^{\infty} r_i(C_2)t^i \\
&= R(t,C_1)\cdot R(t,C_2).
\end{aligned}
$$

例 4.20　求棋盘 $\begin{array}{cccc} & & \times & \\ & & \times & \times \\ \times & \times & & \\ \times & & & \end{array}$ 的车多项式.

解：$R(t)=\left(\begin{array}{cc|cc} & & \times & \\ & & \times & \times \\ \hline \times & \times & & \\ \times & & & \end{array}\right)$

$$=(1+3t+t^2)^2=1+6t+11t^2+6t^3+t^4.$$

恰当地运用定理 4.5 和定理 4.6，往往能简便快捷地求出棋盘的车多项式.

例 4.21　求棋盘 $\begin{array}{cccc} & & & \times \\ & & \times & \times \\ \times & \times & \times & \\ \times & \times & & \\ \times & & & \end{array}$ 的车多项式.

解：$\left(\begin{array}{cccc} & & & \times \\ & & \times & \times \\ \times & \times & \otimes & \\ \times & \times & & \\ \times & & & \end{array}\right)$

$$=t\cdot\left(\begin{array}{cc|c} & & \times \\ & & \times \\ \hline \times & \times & \\ \times & & \end{array}\right)+\left(\begin{array}{cc|cc} & & & \times \\ & & \times & \times \\ \hline \times & \times & & \\ \times & \times & & \\ \times & & & \end{array}\right)$$

$$=t\cdot\left(\begin{array}{cc} \times & \times \\ \times & \end{array}\right)\cdot\left(\begin{array}{c} \times \\ \times \end{array}\right)+\left(\begin{array}{cc} \times & \times \\ \times & \times \\ \times & \end{array}\right)\cdot\left(\begin{array}{cc} & \times \\ \times & \times \end{array}\right)$$

$$=t(1+3t+t^2)\cdot(1+2t)+(1+5t+4t^2)\cdot(1+3t+t^2)$$
$$=1+9t+25t^2+24t^3+6t^4.$$

三、有禁位排列

考虑 n 个相异元 $a_1,a_2,\cdots,a_n$ 的全排列,如果规定 $a_i(1\leqslant i\leqslant n)$不能排在第 $j(1\leqslant j\leqslant n)$个位置上,则第 j 个位置对 a_i 来说是一个禁止摆放的位置(简称禁位). 规定某些元不能排在某些位置上的 n 元排列问题称为 n 元有禁位排列问题. n 个相异元 $a_1,a_2,\cdots,a_n$ 的重排问题就是一个有禁位排列问题,其中 $a_i(i=1,2,\cdots,n)$不能排在第 i 位.

因为 n 个相异元 $a_1,a_2,\cdots,a_n$ 的一个全排列对应于 n 个车在 $n\times n$ 棋盘上的一种好布局,对应方法是:如果 a_i 排在第 j 位,则把一个车放在棋盘的第 i 行第 j 列的格子上. 所以,如果 a_i 不能排在第 j 位,则车不能放在棋盘的第 i 行第 j 列的格子上,这个格子我们称之为禁格. 为了区别于其它格子,我们把禁格涂上阴影. 这样,一个 n 元有禁位排列问题的限制条件唯一地确定了一个某些格子被涂上阴影的 $n\times n$ 棋盘. 以 R_n 表示这个带有禁格的 $n\times n$ 棋盘,以 B 表示 R_n 中的全部非禁格所成的棋盘,以 C 表示 R_n 中的全部禁格所成的棋盘(C 称为 R_n 的禁格棋盘),则满足所给限制条件的 n 元有禁位排列的个数为 $r_n(B)$.

例如,4 元重排问题对应的带有禁格的 4×4 棋盘如图 4.2 所示. 4 元重排数 $D_4=r_4(B)$,其中棋盘 B 如图 4.3 所示.

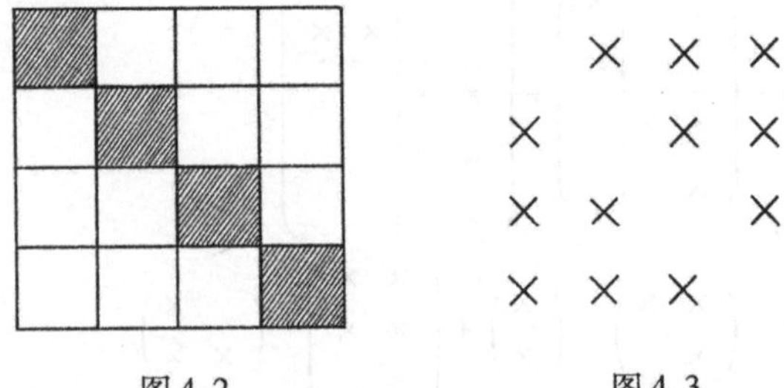

图 4.2　　　　图 4.3

四、命中多项式

设给出了一个 n 元有禁位排列问题,其对应的带有禁格的 $n\times n$棋盘为 R_n. 以 e_m 表示恰有 m 个元排在禁位上的 n 元排列的个数,则 e_m 显然等于把 n 个车放在 R_n 上,使得恰有 m 个车放在禁格上的好布局数.

以 S 表示 n 个车在 R_n 上的全部不同的好布局所成之集,则 $|S|=n!$. 设 $s\in S$,若在好布局 s 中,放在第 $i(i=1,2,\cdots,n)$行的车落在禁格上,则称 s 具有性质 a_i. 令 $P=\{a_1,a_2,\cdots,a_n\}$,则 e_m 等于 S 中恰好具有 P 中 m 个性质的元素个数,于是可考虑用容斥原理去求 e_m.

定义 4.7 设 R_n 是任一个带有禁格的 $n\times n$ 棋盘,以 $e_m(0\leqslant m\leqslant n)$表示把 n 个车放在 R_n 上,使得恰有 m 个车落在禁格上的好布局数,令

$$E(t)=\sum_{m=0}^{n}e_mt^m,$$

$E(t)$称为 R_n 的命中多项式.

定理 4.7 设 R_n 是任一个带有禁格的 $n\times n$ 棋盘,C 是 R_n 的禁格棋盘,则 R_n 的命中多项式为

$$E(t)=\sum_{j=0}^{n}r_j(C)\cdot(n-j)!(t-1)^j.$$

证明:以 S 表示 n 个车在 R_n 上的全部好布局所成之集. 设 $s\in S$,若在好布局 s 中,放在第 i 行的车落在禁格上,则称 s 具有性质 a_i. 令 $P=\{a_1,a_2,\cdots,a_n\}$,以 $e_m(0\leqslant m\leqslant n)$表示 S 中恰好具有 P 中 m 个性质的元素个数. 对任意 $j(1\leqslant j\leqslant n)$个正整数 $i_1,i_2,\cdots,i_j$ $(1\leqslant i_1<i_2<\cdots<i_j\leqslant n)$,以 $N(a_{i_1}a_{i_2}\cdots a_{i_j})$表示 S 中同时具有性质 $a_{i_1},a_{i_2},\cdots,a_{i_j}$的元素个数,令

$$N_j = \sum_{1 \leqslant i_1 < i_2 < \cdots < i_j \leqslant n} N(a_{i_1} a_{i_2} \cdots a_{i_j}).$$

由容斥原理,有

$$e_m = \sum_{j=m}^{n} (-1)^{j-m} \binom{j}{m} N_j.$$

以 $C_{i_1 i_2 \cdots i_j}$ 表示由 R_n 的第 $i_1, i_2, \cdots, i_j$ 行的禁格所成的棋盘. 因为 $N(a_{i_1} a_{i_2} \cdots a_{i_j})$ 表示把 n 个车放在 R_n 上,使得放在第 $i_1, i_2, \cdots, i_j$ 行的车落在禁格上的好布局数,故

$$N(a_{i_1} a_{i_2} \cdots a_{i_j}) = r_j(C_{i_1 i_2 \cdots i_j}) \cdot (n-j)!,$$

从而

$$\begin{aligned} N_j &= \sum_{1 \leqslant i_1 < i_2 < \cdots < i_j \leqslant n} N(a_{i_1} a_{i_2} \cdots a_{i_j}) \\ &= \sum_{1 \leqslant i_1 < i_2 < \cdots < i_j \leqslant n} r_j(C_{i_1 i_2 \cdots i_j}) \cdot (n-j)! \\ &= (n-j)! \sum_{1 \leqslant i_1 < i_2 < \cdots < i_j \leqslant n} r_j(C_{i_1 i_2 \cdots i_j}) \\ &= (n-j)! \cdot r_j(C). \end{aligned}$$

于是

$$e_m = \sum_{j=m}^{n} (-1)^{j-m} \binom{j}{m} (n-j)! \cdot r_j(C),$$

$$\begin{aligned} E(t) &= \sum_{m=0}^{n} e_m t^m \\ &= \sum_{m=0}^{n} \left[\sum_{j=m}^{n} (-1)^{j-m} \binom{j}{m} (n-j)! \cdot r_j(C) \right] t^m \\ &= \sum_{j=0}^{n} \left[\sum_{m=0}^{j} (-1)^{j-m} \binom{j}{m} t^m \right] r_j(C)(n-j)! \\ &= \sum_{j=0}^{n} r_j(C)(n-j)!(t-1)^j. \end{aligned}$$

由定理 4.7 可知，只要求出 R_n 的禁格棋盘 C 的车多项式 $R(t,C)=\sum\limits_{j=0}^{n} r_j(C)t^j$，把式子中的 t^j 换成 $(n-j)!\ (t-1)^j$ 就可得到 R_n 的命中多项式.

例 4.22 求图 4.4 所示的带有禁格的 5×5 棋盘 R_5 的命中多项式.

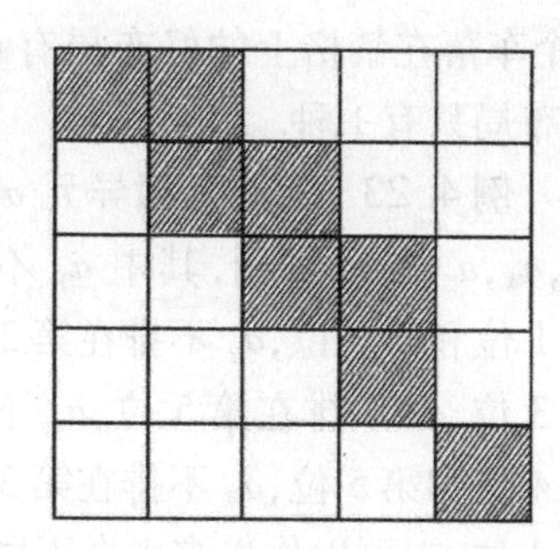

图 4.4

解：R_5 的禁格棋盘 C 的车多项式

$$R(t,C)=\left(\begin{array}{ccccc}\times&\times&&&\\&\times&\otimes&&\\&&\times&\times&\\&&&\times&\\&&&&\times\end{array}\right)$$

$$=t\cdot\left(\begin{array}{cccc}\times&\times&&\\&&\times&\\&&\times&\\&&&\times\end{array}\right)+\left(\begin{array}{ccccc}\times&\times&&&\\&\times&&&\\&&\times&\times&\\&&&\times&\\&&&&\times\end{array}\right)$$

$$=t\cdot(\times\ \times)\cdot\begin{pmatrix}\times\\\times\end{pmatrix}\cdot(\times)+\begin{pmatrix}\times&\times\\&\times\end{pmatrix}\cdot\begin{pmatrix}\times&\times\\&\times\end{pmatrix}\cdot(\times)$$

$$=t(1+2t)^2(1+t)+(1+3t+t^2)^2(1+t)$$

$$=1+8t+22t^2+25t^3+11t^4+t^5.$$

由定理 4.7，R_5 的命中多项式为

$$E(t)=5!+8\cdot4!\cdot(t-1)+22\cdot3!\cdot(t-1)^2+25\cdot2!\cdot(t-1)^3+11(t-1)^4+(t-1)^5$$

$$=20+39t+38t^2+16t^3+6t^4+t^5.$$

5 个车在 R_5 上的好布局共有 $5!=120$ 种. 由 R_5 的命中多项式 $E(t)$ 可知,在这 120 种好布局中,没有 1 个车落在禁格上的好布局有 20 种;有 1 个车落在禁格上的好布局有 39 种;有 2 个车落在禁格上的好布局有 38 种;有 3 个车落在禁格上的好布局有 16 种;有 4 个车落在禁格上的好布局有 6 种;全部 5 个车均落在禁格上的好布局只有 1 种.

例 4.23 作5个相异元 a_1, a_2, a_3, a_4, a_5 的全排列,其中 a_1 不排在第 1 位和第 2 位,a_2 不排在第 2 位和第 3 位,a_3 不排在第 5 位,a_4 不排在第 4 位和第 5 位,a_5 不排在第 3 位和第 4 位,问可以作出多少个不同的全排列?

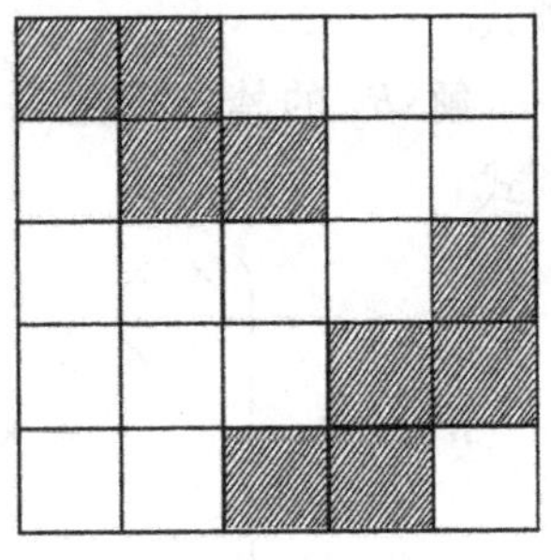
图 4.5

解:这是一个有禁位排列问题,其对应的带有禁格的 5×5 棋盘 R_5 如图 4.5 所示. R_5 的禁格棋盘 C 的车多项式为

$$R(t,C)=\begin{pmatrix} \times & \times & & & \\ & \times & \otimes & & \\ & & & & \times \\ & & & \times & \times \\ & & \times & \times & \end{pmatrix}$$

$$=t\cdot\left(\begin{array}{cc|cc} \times & \times & & \\ \hline & & & \times \\ & & \times & \times \\ & & \times & \end{array}\right)+\left(\begin{array}{cc|ccc} \times & \times & & & \\ & \times & & & \\ \hline & & & & \times \\ & & & \times & \times \\ & & \times & \times & \end{array}\right)$$

$$
\begin{aligned}
&= t \cdot (\times\ \times) \cdot \begin{pmatrix} & \times \\ \times & \times \\ \times & \end{pmatrix} + \begin{pmatrix} & \\ \times & \times \\ & \times \end{pmatrix} \cdot \begin{pmatrix} & & \times \\ & \times & \times \\ \times & \times & \end{pmatrix} \\
&= t(1+2t)(1+4t+3t^2) + \\
&\qquad (1+3t+t^2)(1+5t+6t^2+t^3) \\
&= (t+6t^2+11t^3+6t^4) + \\
&\qquad (1+8t+22t^2+24t^3+9t^4+t^5) \\
&= 1+9t+28t^2+35t^3+15t^4+t^5,
\end{aligned}
$$

所以 R_5 的命中多项式为

$$
\begin{aligned}
E(t) = {} & 5! + 9 \cdot 4! \cdot (t-1) + 28 \cdot 3! \cdot (t-1)^2 + \\
& 35 \cdot 2! \cdot (t-1)^3 + 15(t-1)^4 + (t-1)^5,
\end{aligned}
$$

从而所求的全排列个数为

$$
\begin{aligned}
N &= E(0) \\
&= 5! - 9 \cdot 4! + 28 \cdot 3! - 35 \cdot 2! + 15 - 1 \\
&= 120 - 216 + 168 - 70 + 15 - 1 \\
&= 16.
\end{aligned}
$$

第三节　指数生成函数及其应用

一、指数生成函数

定义 4.8　设 $\{a_n\}_{n\geqslant 0}$ 是任一数列，则形式幂级数

$$
\begin{aligned}
E(t) &= a_0 + a_1 \cdot t + a_2 \cdot t^2/2! + a_3 \cdot t^3/3! + \cdots + \\
&\qquad a_n \cdot t^n/n! + \cdots \\
&= \sum_{n=0}^{\infty} a_n t^n \Big/ n!
\end{aligned}
$$

称为数列 $\{a_n\}_{n\geqslant 0}$ 的指数生成函数.

因为指数生成函数是形式幂级数,所以其运算自然是按形式幂级数的运算法则去进行. 不过,应将最后的运算结果写成指数生成函数的形式. 例如:

$$\sum_{n=0}^{\infty} a_n t^n/n! \pm \sum_{n=0}^{\infty} b_n t^n/n! = \sum_{n=0}^{\infty} (a_n \pm b_n) t^n/n!\ ,$$

$$\left(\sum_{n=0}^{\infty} a_n t^n/n!\right)\left(\sum_{n=0}^{\infty} b_n t^n/n!\right) = \sum_{n=0}^{\infty}\left[\sum_{k=0}^{n} \frac{a_k}{k!} \cdot \frac{b_{n-k}}{(n-k)!}\right] t^n$$

$$= \sum_{n=0}^{\infty}\left[\sum_{k=0}^{n} \binom{n}{k} a_k b_{n-k}\right] t^n/n!.$$

例 4.24 求数列 $\{r^n\}_{n\geq 0}$ 的指数生成函数,其中 r 是正实数.

解:因为 $\sum_{n=0}^{\infty} r^n t^n/n! = \sum_{n=0}^{\infty} (rt)^n/n! = e^{rt}$, 所以数列 $\{r^n\}_{n\geq 0}$ 的指数生成函数为 e^{rt}.

例 4.25 设 r 是正实数,计算

$$\left(\sum_{n=0}^{\infty} r^n t^n/n!\right)^2 \cdot \left(\sum_{n=0}^{\infty} t^n/n!\right)^3.$$

解: $$\left(\sum_{n=0}^{\infty} r^n t^n/n!\right)^2\left(\sum_{n=0}^{\infty} t^n/n!\right)^3 = (e^{rt})^2 \cdot (e^t)^3$$

$$= e^{2rt} \cdot e^{3t} = e^{(2r+3)t} = \sum_{n=0}^{\infty} (2r+3)^n t^n/n!.$$

二、指数生成函数的应用

定理 4.8 设 $A = \{a_1, a_2, \cdots, a_n\}$ 是 n 元集,从 A 中可重复地选取 r 个元作排列. 如果 $a_k(k=1,2,\cdots,n)$ 可重复选取的全部次数所成之集为 M_k,则作成的排列数 e_r 是

$$E(t) = \prod_{k=1}^{n} \sum_{j_k \in M_k} t^{j_k}/j_k!$$

展开式中 $t^r/r!$ 的系数.

证明:设$j_k \in M_k(k=1,2,\cdots,n)$. 因为由$j_1$个$a_1$,$j_2$个$a_2$,$\cdots$,$j_n$个$a_n$作成的全排列的个数为

$$\frac{(j_1+j_2+\cdots+j_n)!}{j_1!j_2!\cdots j_n!},$$

所以

$$e_r=\sum_{\substack{j_1+j_2+\cdots+j_n=r\\ j_k\in M_k\\ k=1,2,\cdots,n}}\frac{(j_1+j_2+\cdots+j_n)!}{j_1!j_2!\cdots j_n!},$$

从而

$$\begin{aligned}\sum_{r=0}^{\infty}e_r t^r/r! &= \sum_{r=0}^{\infty}\Bigg(\sum_{\substack{j_1+j_2+\cdots+j_n=r\\ j_k\in M_k\\ k=1,2,\cdots,n}}\frac{(j_1+j_2+\cdots+j_n)!}{j_1!j_2!\cdots j_n!}\Bigg)t^r/r!\\ &= \sum_{r=0}^{\infty}\sum_{\substack{j_1+j_2+\cdots+j_n=r\\ j_k\in M_k\\ k=1,2,\cdots,n}}\frac{t^{j_1}\cdot t^{j_2}\cdot\cdots\cdot t^{j_n}}{j_1!j_2!\cdots j_n!}\\ &= \Big(\sum_{j_1\in M_1}t^{j_1}/j_1!\Big)\Big(\sum_{j_2\in M_2}t^{j_2}/j_2!\Big)\cdots\Big(\sum_{j_n\in M_n}t^{j_n}/j_n!\Big)\\ &= \prod_{k=1}^{n}\sum_{j_k\in M_k}t^{j_k}/j_k!\ ,\end{aligned}$$

所以e_r是$\prod_{k=1}^{n}\sum_{j_k\in M_k}t^{j_k}/j_k!$展开式中$t^r/r!$的系数.

例 4.26 求n元集的每个元至少出现一次的r-可重复排列的个数.

解:设所求为e_r,则e_r是

$$E(t)=(t+t^2/2!+t^3/3!+\cdots)^n$$

展开式中$t^r/r!$的系数,而

$$E(t)=(\mathrm{e}^t-1)^n=\sum_{j=0}^{n}(-1)^j\binom{n}{j}\mathrm{e}^{(n-j)t}$$

$$= \sum_{j=0}^{n} (-1)^j \binom{n}{j} \sum_{r=0}^{\infty} (n-j)^r t^r / r!$$

$$= \sum_{r=0}^{\infty} \Big[\sum_{j=0}^{n} (-1)^j \binom{n}{j} (n-j)^r \Big] t^r / r!,$$

所以
$$e_r = \sum_{j=0}^{n} (-1)^j \binom{n}{j} (n-j)^r$$

$$= \sum_{j=0}^{n} (-1)^j \binom{n}{j} E^{n-j} O^r$$

$$= (E - I)^n O^r = \Delta^n O^r.$$

例 4.27 用数字 1,2,3,4作 6 位数,每个数字在 6 位数中出现的次数不得大于 2,问可作出多少个不同的 6 位数?

解:设所求为 e,则 e 是

$$E(t) = (1 + t + t^2/2!)^4$$

展开式中 $t^6/6!$ 的系数,而

$$E(t) = \frac{1}{16}\big[t^2 + (2t+2)\big]^4$$

$$= \frac{1}{16}\big[t^8 + 4t^6(2t+2) + 6t^4(2t+2)^2 +$$

$$4t^2(2t+2)^3 + (2t+2)^4\big],$$

所以 $e = \dfrac{6!}{16}(4 \times 2 + 6 \times 2^2) = 1440.$

例 4.28 用红、蓝、绿三种颜色去涂 $1 \times n$ 棋盘,每格涂一种颜色,求使得被涂成红色和蓝色的方格数均为偶数的涂色方法数 e_n.

解:e_n 是 3 元集 A = {红方格、蓝方格、绿方格} 满足条件:"红方格和蓝方格均出现偶数次"的 n-可重复排列的个数,于是 e_n 是

$$E(t) = \left(1 + \frac{t^2}{2!} + \frac{t^4}{4!} + \cdots\right)^2 (1 + t + t^2/2! + t^3/3! + \cdots)$$

展开式中 $t^n/n!$ 的系数,而

$$E(t)=\left(\frac{e^t+e^{-t}}{2}\right)^2\cdot e^t$$

$$=\frac{e^{2t}+2+e^{-2t}}{4}\cdot e^t=\frac{e^{3t}+2e^t+e^{-t}}{4}$$

$$=\sum_{n=0}^{\infty}\frac{1}{4}\left[3^n+2+(-1)^n\right]\cdot t^n/n!,$$

所以 $$e_n=\frac{3^n+2+(-1)^n}{4}.$$

例 4.29 把 $n(n\geqslant 1)$ 个彼此相异的球放到 4 个相异盒 A_1, A_2,A_3,A_4 中,求使得 A_1 含有奇数个球,A_2 含有偶数个球的不同的放球方法数 g_n.

解:记 n 个球为 $a_1,a_2,\cdots,a_n$,则满足题意的任一种放球方法对应于 4 元集 $A=\{A_1,A_2,A_3,A_4\}$ 的一个 n-可重复排列. 对应方法如下:如果把球 a_i 放到盒子 A_k 中,则把 A_k 排在第 i 位,于是 g_n 等于 4 元集 $A=\{A_1,A_2,A_3,A_4\}$ 满足条件:" A_1 出现奇数次,A_2 出现偶数次"的 n-可重复排列的个数,从而 g_n 是

$$E(t)=(t+t^3/3!+t^5/5!+\cdots)\cdot(1+t^2/2!+t^4/4!+\cdots)\cdot(1+t+t^2/2!+t^3/3!+\cdots)^2$$

展开式中 $t^n/n!$ 的系数,而

$$E(t)=\frac{e^t-e^{-t}}{2}\cdot\frac{e^t+e^{-t}}{2}\cdot e^{2t}$$

$$=\frac{1}{4}(e^{4t}-1)=\sum_{n=1}^{\infty}\frac{4^n}{4}\cdot t^n/n!$$

$$=\sum_{n=1}^{\infty}4^{n-1}t^n/n!,$$

所以 $$g_n=4^{n-1}.$$

习 题 四

1. 求数列$\{a_n\}_{n\geq 0}$的常生成函数.

(1)$a_n = n+5$.

(2)$a_n = n(n-1)$.

(3)$a_n = n(n+1)(n+2)$.

2. 已知:$a_0 = a_1 = 0, a_2 = 1$,当$n\geq 3$时,$a_n = 6a_{n-1} - 11a_{n-2} + 6a_{n-3}$,求数列$\{a_n\}_{n\geq 0}$的常生成函数.

3. 以$D_{n,k}$表示由n个相异元$a_1, a_2, \cdots, a_n$作成的恰有$k(0\leqslant k\leqslant n)$个元保位的全排列数,并令$D_n(t) = \sum_{k=0}^{n} D_{n,k}t^k$,求证:

(1) $D_{n,k} = \dfrac{n!}{k!}\sum_{j=0}^{n-k}(-1)^j/j!$.

(2) $D_n(t) = n!\sum_{k=0}^{n}(t-1)^k/k!$.

(3)$D_n(t) = nD_{n-1}(t) + (t-1)^n$.

4. 今把18个足球分给甲、乙、丙3个班,要求甲班和乙班均至少分得3个,至多分得10个,丙班至少分得2个,求不同的分配方法数.

5. 求方程$x_1 + 2x_2 + 4x_3 = 17$的非负整数解的个数.

6. 求方程$x_1 + x_2 + x_3 + 4x_4 = 15$的非负整数解的个数.

7. 把一张币值为2角的人民币兑换成1分、2分和5分的硬币,有多少种兑换方法?

8. 某学者每周上班6天工作42小时,每天工作的小时数是整数,且每天工作时间不少于6小时也不多于8小时. 今要编排一周的工作时间表,问有多少种不同的编排方法?

9. 求多重集$S = \{4\cdot a, 3\cdot b, 4\cdot c, 5\cdot d\}$的12-组合数.

10. 用生成函数方法解递推关系:

$$\begin{cases} a_n = 5a_{n-1} - 6a_{n-2} + 4^{n-1} & (n\geq 2) \\ a_0 = 1, a_1 = 3 \end{cases}.$$

11. 在空间直角坐标系$Oxyz$中,以$A(8,0,0), B(0,8,0), E(0,0,8)$,

$F(0,0,-8)$，$D(0,-8,0)$，$C(-8,0,0)$为顶点的正八面体记为 V，求正八面体 V 内（包括表面）的整点的个数.

12. 把 n 个相同的（即不可辨的）足球分给 r 个足球队，使得每个足球队至少分得 s_1 个足球，但至多分得 $s_2(rs_1 \leqslant n \leqslant rs_2)$ 个足球，问有多少种不同的方法？

13. 应用公式$(1-t^2)^{-n}=(1+t)^{-n}(1-t)^{-n}$证明下列恒等式：

(1) $\sum\limits_{k=0}^{2s}(-1)^k\binom{n+k-1}{k}\binom{n+2s-k-1}{2s-k}=\binom{n+s-1}{s}$.

(2) $\sum\limits_{k=0}^{2s+1}(-1)^k\binom{n+k-1}{k}\binom{n+2s-k}{2s+1-k}=0$.

14. 应用$(1-4t)^{-1}=[(1-4t)^{-\frac{1}{2}}]^2$ 证明：

$$4^n=\sum_{k=0}^{n}\binom{2k}{k}\binom{2n-2k}{n-k}.$$

15. 今安排 $n(n\geqslant 2)$个女人和 m 个男人围圆桌而坐（$n+m$ 个座位已编号），使得任何两个女人之间至少有 $k(m\geqslant nk)$个男人，求不同的安排座位方法数.

16. 从排列 $a_1a_2\cdots a_n(n\geqslant 10)$中选取 3 个元 a_i，a_j 和 $a_k(1\leqslant i<j<k\leqslant n)$，使得在该排列中 a_i 与 a_j 之间至少有 3 个元，a_j 与 a_k 之间至少有 4 个元，问有多少种不同的选取方法？

17. 求下列棋盘的车多项式.

(1)

	×		
×	×	×	
		×	×
			×

(2)

	×		
×	×		
	×	×	×
		×	

(3)

			×
	×	×	×
×	×	×	
×			
×			

(4)

		×
	×	×
×	×	×
×	×	
×		

18. 求下列带有禁格的 5×5 棋盘的命中多项式.

(1) 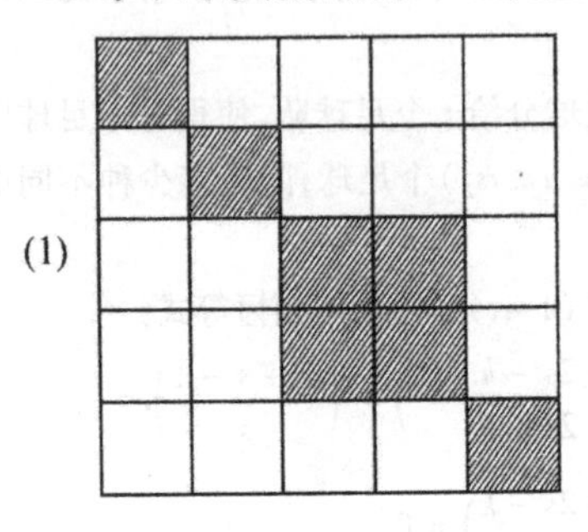 (2) 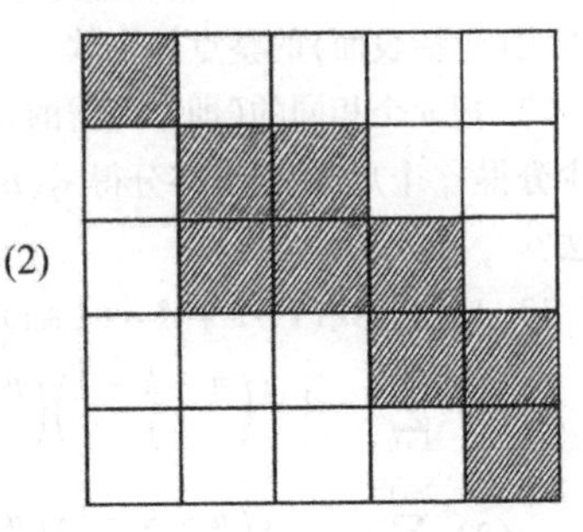

19. 今有 5 间房,要安排 5 个人住宿,每人住一间房间,其中甲不住 5 号房,乙不住 4,5 号房,丙不住 3 号房,丁不住 2 号房,戊不住 1,2 号房,问有多少种安排住宿的方法?

20. 已知: $\sum_{n=0}^{\infty} a_n t^n/n! = \left(\sum_{n=0}^{\infty} 2^n t^n/n!\right)^2 \cdot \left(\sum_{n=0}^{\infty} 3^n t^n/n!\right)^2$,求 a_n.

21. 已知: $\sum_{n=0}^{\infty} a_n t^n/n! = \left(\sum_{k=0}^{\infty} t^{2k}/(2k)!\right)^2 \left(\sum_{j=0}^{\infty} t^j/j!\right)^3$,求 a_n.

22. 求由 $a_1, a_2, a_3, a_4, a_5, a_6$ 作成的且 a_1 和 a_3 均出现偶数次的 n-可重复排列数 N_n.

23. 用数字 1,2,3,4(数字可重复使用)可组成多少个含奇数个 1、偶数个 2 且至少含一个 3 的 $n(n \geqslant 2)$ 位数?

24. 用红、黄、蓝三种颜色去涂 $1 \times n$ 棋盘,每个方格涂一种颜色,求使得奇数个方格被涂成红色的涂色方法数.

25. 把 $2n$ 件相异物放到 m 个相异盒中,使得每个盒子中的物件数均为偶数(零也是偶数),求不同的放法种数 $f_{2n}(m)$.

26. 把 $n\ (n \geqslant 3)$ 颗糖果分给甲、乙、丙 3 人,使得每人至少分得 1 颗,且甲、乙两人所得糖果数不相同,有多少种方法?

27. 从排列 $\pi = 123\cdots n$ 中选出 $k(1 \leqslant k \leqslant n)$ 个数字,使得它们在 π 中被其它数字分隔成 $s(1 \leqslant s \leqslant k)$ 段,不同的选取方法数记成 $g(n,k,s)$,求证:

$$g(n,k,s) = \binom{k-1}{s-1} \cdot \binom{n+1-k}{s}.$$

28. 设 $\pi = a_1 a_2 \cdots a_n\ (n \geqslant 2)$ 是由 $1,2,\cdots,n$ 作成的全排列,如果 $a_i = i$ (1

$\leqslant i\leqslant n$)，则称 i 在 π 中保位. 如果对任意的自然数 i ($1\leqslant i\leqslant n-1$)，$i$ 与 $i+1$ 在 π 中不同时保位，则称 π 是由 $1,2,\cdots,n$ 作成的一个伪重排. 以 E_n 表示由 $1,2,\cdots,n$ 作成的伪重排的个数，求证：

$$E_n = n! + \sum_{k=1}^{n-1}(-1)^k\sum_{s=1}^{n-k}\frac{(n-k)!}{s!}\cdot\binom{k-1}{s-1}.$$

29. 把 n 个相同的(即不可分辨的)小球放入编号为 $1,2,\cdots,m$ 的 m 个盒子中，使得每个盒子内的球数不小于它的编号数. 已知 $n\geqslant\frac{m^2+m}{2}$，求不同的放球方法数 $g(n,m)$.

30. 设 m,n,s_1,s_2 都是正整数且 $n\geqslant 2, s_2\geqslant s_1, m\geqslant(n-1)s_1$. 今作 m 个男人和 n 个女人的全排列，使得任何两个女人之间至少有 s_1 个男人且如果两个女人之间没有其他女人，则她们之间至多有 s_2 个男人，求作成的不同全排列的个数.

31. 从围成一圈的 n 个人中选出互不相邻的 k($n\geqslant 2k\geqslant 4$)个人，有多少种不同的选法?

32. 以 $R(n,m)$ 表示把 n 件相异物分给 m 个人，使得没有人恰分得一件物件的不同分法数，求 $R(n,m)$ 的计数公式.

33. 求由 6 个相异元 $a_1,a_2,\cdots,a_6$ 作成的 a_1 与 a_2 出现的次数之和是偶数的 n-可重复排列的个数.

34. 以 G_n 表示把 n($n\geqslant 4$)元集 $A=\{a_1,a_2,\cdots,a_n\}$ 划分成 3 个非空子集且使得 a_1 所在子集至少含有 2 个元的不同方法数，求 G_n 的计数公式.

35. 以 $d(n,m)$ 表示把 n 件相异物分给 m($n>m\geqslant 2$)个人 $A_1,A_2,\cdots,A_m$，使得每人至少分得一件物件且 A_1 至少分得两件物件的不同方法数，求 $d(n,m)$ 的计数公式.

第五章　整数的分拆

到目前为止，我们尚未研究过如下的问题：把 n 件相同的物件分配到 r 个相同的盒子中，使得无一盒空，求不同的分配方法数. 这一问题等价于如下的整数分拆问题：选取 r 个正整数 $n_1, n_2, \cdots, n_r (n_1 \geqslant n_2 \geqslant \cdots \geqslant n_r)$，使得 $n = n_1 + n_2 + \cdots + n_r$，求不同的选取方法数. 整数的分拆是一个较困难的问题，本章介绍研究这一问题的常用方法以及已取得的关于这一问题的一些成果.

第一节　分拆的计数

一、关于 $P_r(n)$ 的递推公式

定义 5.1　设 $n_1, n_2, \cdots, n_r$ 是 r 个正整数，$n_1 \geqslant n_2 \geqslant \cdots \geqslant n_r$，如果 $n = n_1 + n_2 + \cdots + n_r$，则分解式 $n = n_1 + n_2 + \cdots + n_r$ 称为 n 的一个恰有 r 个部分的（无序）分拆，或称为一个部分数为 r 的 n-分拆，$n_i (i = 1, 2, \cdots, r)$ 称为该分拆的一个部分. 以 $P_r(n)$ 表示部分数为 r 的 n-分拆的个数.

显见，$P_1(n) = 1, P_n(n) = 1$.

当 $r > n$ 时，$P_r(n) = 0$.

定理 5.1　$P_2(n) = \left[\frac{n}{2}\right]$.

证明：设 $n = n_1 + n_2$ 是一个部分数为 2 的 n-分拆，因为 $n_1 \geqslant n_2 \geqslant 1$，所以 $1 \leqslant n_2 \leqslant \left[\frac{n}{2}\right]$. 又对任一个不大于 $\left[\frac{n}{2}\right]$ 的正整数 n_2，令 n_1

$=n-n_2$,则 $n=n_1+n_2$ 是一个部分数为 2 的 n-分拆,所以 $P_2(n)=\left[\frac{n}{2}\right]$.

定理 5.2 $P_r(n)=\sum_{k=1}^{r}P_k(n-r)\quad(n>r)$.

证明:以 A 表示由全体部分数为 r 的 n-分拆所成之集,则 $|A|=P_r(n)$. 设 $a\in A$,若在分拆 a 中,大于 1 的部分有 $k(1\leqslant k\leqslant r)$ 个,则称 a 是 A 的一个第 k 类元. 设 a 是 A 的一个第 $k(1\leqslant k\leqslant r)$ 类元,去掉 a 中等于 1 的部分,其余各部分均减小 1,就得到一个部分数为 k 的 $(n-r)$-分拆,因此 A 的第 $k(1\leqslant k\leqslant r)$ 类元共有 $P_k(n-r)$ 个. 由加法原则,有

$$P_r(n)=\sum_{k=1}^{r}P_k(n-r).$$

例 5.1 求 $P_4(9)$.

解:因
$$\begin{aligned}P_4(9)&=\sum_{k=1}^{4}P_k(9-4)\\&=P_1(5)+P_2(5)+P_3(5)+P_4(5)\\&=1+\left[\frac{5}{2}\right]+P_3(5)+P_4(5)\\&=3+P_3(5)+P_4(5),\end{aligned}$$

$$\begin{aligned}P_3(5)&=\sum_{k=1}^{3}P_k(5-3)\\&=P_1(2)+P_2(2)+P_3(2)\\&=1+\left[\frac{2}{2}\right]+0=2,\end{aligned}$$

$$\begin{aligned}P_4(5)&=\sum_{k=1}^{4}P_k(5-4)\\&=P_1(1)+P_2(1)+P_3(1)+P_4(1)=1,\end{aligned}$$

所以 $P_4(9)=3+2+1=6.$

定理5.3 $P_r(n)=\sum_{k=1}^{[\frac{n}{r}]}P_{r-1}(n-rk+r-1)\quad(n>r\geqslant 2)$.

证明:以 A 表示由全体部分数为 r 的 n-分拆所成之集,则 $|A|=P_r(n)$. 设 $a\in A$,若在分拆 a 中,最小的部分等于 $k(1\leqslant k\leqslant\left[\frac{n}{r}\right])$,则称 a 是 A 的一个第 k 类元. 设 a 是 A 的任一个第$k(1\leqslant k\leqslant\left[\frac{n}{r}\right])$类元,去掉 a 中的一个等于 k 的部分,其余部分均减少 $k-1$,就得到一个部分数为 $r-1$ 的 s-分拆,其中

$$s=n-k-(k-1)(r-1)=n-rk+r-1,$$

所以 A 的第 k 类元共有 $P_{r-1}(n-rk+r-1)$个. 由加法原则,有

$$P_r(n)=\sum_{k=1}^{[\frac{n}{r}]}P_{r-1}(n-rk+r-1).$$

例5.2 求 $P_3(17)$.

解:
$$\begin{aligned}P_3(17)&=\sum_{k=1}^{[\frac{17}{3}]}P_2(17-3k+3-1)\\&=\sum_{k=1}^{5}P_2(19-3k)\\&=P_2(16)+P_2(13)+P_2(10)+P_2(7)+P_2(4)\\&=\left[\frac{16}{2}\right]+\left[\frac{13}{2}\right]+\left[\frac{10}{2}\right]+\left[\frac{7}{2}\right]+\left[\frac{4}{2}\right]\\&=8+6+5+3+2=24.\end{aligned}$$

定理5.4 以 $P_k^{\neq}(n)$表示部分数为 k 且各部分相异的 n-分拆的个数,则

$$P_k^{\neq}(n)=\begin{cases}0 & 若\ n<\dfrac{k^2+k}{2}\\ P_k\left(n-\dfrac{k^2-k}{2}\right) & 若\ n\geqslant\dfrac{k^2+k}{2}\end{cases}.$$

证明:显见当$n<\frac{k^2+k}{2}$时,$P_k^{\neq}(n)=0$.

设$n\geqslant\frac{k^2+k}{2}$,$n=n_1+n_2+\cdots+n_k(n_1>n_2>\cdots>n_k\geqslant1)$是一个部分数为$k$且各部分相异的$n$-分拆.令$n'_i=n_i-k+i(i=1,2,\cdots,k)$,则

$$n'_i-n'_{i+1}=(n_i-k+i)-(n_{i+1}-k+i+1)$$
$$=n_i-n_{i+1}-1\geqslant0\quad(i=1,2,\cdots,k-1),$$
$$n'_k=n_k-k+k=n_k\geqslant1,$$
$$n'_1+n'_2+\cdots+n'_k$$
$$=n_1+n_2+\cdots+n_k-[0+1+2+\cdots+(k-1)]$$
$$=n-\frac{k^2-k}{2},$$

所以$n-\frac{k^2-k}{2}=n'_1+n'_2+\cdots+n'_k$是部分数为$k$的$(n-\frac{k^2-k}{2})$-分拆.反之,设$n-\frac{k^2-k}{2}=n'_1+n'_2+\cdots+n'_k(n'_1\geqslant n'_2\geqslant\cdots\geqslant n'_k\geqslant1)$是部分数为$k$的$(n-\frac{k^2-k}{2})$-分拆.令$n_i=n'_i+k-i(i=1,2,\cdots,k)$,则$n_1>n_2>n_3>\cdots>n_k\geqslant1$且$n_1+n_2+\cdots+n_k=n$.所以$n=n_1+n_2+\cdots+n_k$是部分数为$k$且各部分相异的$n$-分拆.因此,部分数为$k$且各部分相异的$n$-分拆的个数等于部分数为$k$的$(n-\frac{k^2-k}{2})$-分拆的个数,即

$$P_k^{\neq}(n)=P_k\left(n-\frac{k^2-k}{2}\right)\quad\left(n\geqslant\frac{k^2+k}{2}\right).$$

二、$P_3(n)$的计数公式

引理5.1 $P_3(n) = \sum_{k=1}^{[\frac{n}{3}]}\left[\frac{n+k}{2}\right]-\left[\frac{n}{3}\right]^2 \quad (n \geqslant 4).$

证明:由定理5.3及定理5.1,有

$$\begin{aligned}
P_3(n) &= \sum_{k=1}^{[\frac{n}{3}]} P_2(n-3k+2) \\
&= \sum_{k=1}^{[\frac{n}{3}]}\left[\frac{n-3k+2}{2}\right] \\
&= \sum_{k=1}^{[\frac{n}{3}]}\left(\left[\frac{n+k}{2}\right]-2k+1\right) \\
&= \sum_{k=1}^{[\frac{n}{3}]}\left[\frac{n+k}{2}\right]-2\sum_{k=1}^{[\frac{n}{3}]}k+\left[\frac{n}{3}\right] \\
&= \sum_{k=1}^{[\frac{n}{3}]}\left[\frac{n+k}{2}\right]-\left(1+\left[\frac{n}{3}\right]\right)\cdot\left[\frac{n}{3}\right]+\left[\frac{n}{3}\right] \\
&= \sum_{k=1}^{[\frac{n}{3}]}\left[\frac{n+k}{2}\right]-\left[\frac{n}{3}\right]^2.
\end{aligned}$$

引理5.2 $\sum_{k=1}^{2m}\left[\frac{n+k}{2}\right]=(n+m)\cdot m \quad (m \geqslant 1).$

证明:因为$\left[\frac{n}{2}\right]+\left[\frac{n+1}{2}\right]=n$,所以

$$\begin{aligned}
&\sum_{k=1}^{2m}\left[\frac{n+k}{2}\right] \\
&\quad=(n+1)+(n+3)+\cdots+(n+2m-1)
\end{aligned}$$

$$= \frac{(n+1)+(n+2m-1)}{2} \cdot m$$

$$= (n+m) \cdot m.$$

定理 5.5 $P_3(n) = \left[\frac{n^2+3}{12}\right].$

证明:易知 $n<6$ 时,结论成立. 于是不妨设 $n \geqslant 6$.

(1)当 $n \equiv 0 \pmod 6$ 时,可设 $n = 6m \ (m \geqslant 1)$.

由引理 5.1 和引理 5.2,有

$$P_3(n) = \sum_{k=1}^{2m} \left[\frac{6m+k}{2}\right] - (2m)^2$$

$$= (6m+m) \cdot m - 4m^2 = 3m^2$$

$$= 3 \cdot \left(\frac{n}{6}\right)^2 = \frac{n^2}{12} = \left[\frac{n^2+3}{12}\right].$$

(2)当 $n \equiv 1 \pmod 6$ 时,可设 $n = 6m+1 \ (m \geqslant 1)$. 此时,

$$P_3(n) = \sum_{k=1}^{2m} \left[\frac{6m+1+k}{2}\right] - (2m)^2$$

$$= (6m+1+m) \cdot m - 4m^2$$

$$= 3m^2 + m$$

$$= 3 \cdot \left(\frac{n-1}{6}\right)^2 + \frac{n-1}{6}$$

$$= \frac{n^2-1}{12} = \left[\frac{n^2-1+4}{12}\right]$$

$$= \left[\frac{n^2+3}{12}\right].$$

(3)当 $n \equiv 2 \pmod 6$ 时,可设 $n = 6m+2 \ (m \geqslant 1)$. 此时,

$$P_3(n) = \sum_{k=1}^{2m} \left[\frac{6m+2+k}{2}\right] - (2m)^2$$

$$= (6m+2+m) \cdot m - 4m^2$$

$$= 3m^2 + 2m$$

$$= 3 \cdot \left(\frac{n-2}{6}\right)^2 + 2 \cdot \frac{n-2}{6}$$

$$= \frac{n^2-4}{12} = \left[\frac{n^2-4+7}{12}\right]$$

$$= \left[\frac{n^2+3}{12}\right].$$

(4)当 $n \equiv 3 (\mathrm{mod} 6)$ 时,可设 $n = 6m+3\ (m \geqslant 1)$. 此时,

$$P_3(n) = \sum_{k=1}^{2m+1}\left[\frac{6m+3+k}{2}\right] - (2m+1)^2$$

$$= \sum_{k=1}^{2m}\left[\frac{6m+3+k}{2}\right] + \left[\frac{6m+3+2m+1}{2}\right] - (4m^2+4m+1)$$

$$= (6m+3+m) \cdot m + 4m + 2 - 4m^2 - 4m - 1$$

$$= 3m^2 + 3m + 1$$

$$= 3 \cdot \left(\frac{n-3}{6}\right)^2 + 3 \cdot \frac{n-3}{6} + 1$$

$$= \frac{n^2+3}{12} = \left[\frac{n^2+3}{12}\right].$$

(5)当 $n \equiv 4 (\mathrm{mod} 6)$ 时,可设 $n = 6m+4\ (m \geqslant 1)$. 此时,

$$P_3(n) = \sum_{k=1}^{2m+1}\left[\frac{6m+4+k}{2}\right] - (2m+1)^2$$

$$= \sum_{k=1}^{2m}\left[\frac{6m+4+k}{2}\right] + \left[\frac{6m+4+2m+1}{2}\right] - (4m^2+4m+1)$$

$$= (6m+4+m) \cdot m + 4m + 2 - 4m^2 - 4m - 1$$

$$= 3m^2 + 4m + 1 = 3 \cdot \left(\frac{n-4}{6}\right)^2 + 4 \cdot \frac{n-4}{6} + 1$$

$$= \frac{n^2-4}{12} = \left[\frac{n^2-4+7}{12}\right] = \left[\frac{n^2+3}{12}\right].$$

(6) 当 $n \equiv 5 \pmod 6$ 时, 可设 $n = 6m+5 \ (m \geqslant 1)$. 此时,

$$P_3(n) = \sum_{k=1}^{2m+1}\left[\frac{6m+5+k}{2}\right] - (2m+1)^2$$

$$= \sum_{k=1}^{2m}\left[\frac{6m+5+k}{2}\right] + \left[\frac{6m+5+2m+1}{2}\right] - (4m^2+4m+1)$$

$$= (6m+5+m)\cdot m + 4m + 3 - 4m^2 - 4m - 1$$

$$= 3m^2 + 5m + 2 = 3\cdot\left(\frac{n-5}{6}\right)^2 + 5\cdot\frac{n-5}{6} + 2$$

$$= \frac{n^2-1}{12} = \left[\frac{n^2-1+4}{12}\right] = \left[\frac{n^2+3}{12}\right].$$

例 5.3 求 $P_4(20)$.

解: $$P_4(20) = \sum_{k=1}^{\left[\frac{20}{4}\right]} P_3(20-4k+4-1)$$

$$= \sum_{k=1}^{5} P_3(23-4k)$$

$$= P_3(19) + P_3(15) + P_3(11) + P_3(7) + P_3(3)$$

$$= \left[\frac{19^2+3}{12}\right] + \left[\frac{15^2+3}{12}\right] + \left[\frac{11^2+3}{12}\right] + \left[\frac{7^2+3}{12}\right] + \left[\frac{3^2+3}{12}\right]$$

$$= 30 + 19 + 10 + 4 + 1 = 64.$$

三、生成函数在分拆计数中的应用

定理 5.6 设 k 是任一正整数, 令

$$P_k(t) = \sum_{n=0}^{\infty} P_k(n)t^n = \sum_{n=k}^{\infty} P_k(n)t^n,$$

则

$$P_k(t) = t^k \cdot \prod_{i=1}^{k}(1-t^i)^{-1}.$$

证明:设$n \geqslant k$,则部分数为k的n-分拆共有$P_k(n)$个,其中有等于1的部分的分拆共有$P_{k-1}(n-1)$个,没有等于1的部分的分拆共有$P_k(n-k)$个. 由加法原则,有

$$P_k(n) = P_{k-1}(n-1) + P_k(n-k) \quad (n \geqslant k),$$

所以

$$P_k(t) = \sum_{n=k}^{\infty} P_k(n)t^n = \sum_{n=k}^{\infty} \left[P_{k-1}(n-1) + P_k(n-k)\right]t^n$$

$$= t\sum_{n=k}^{\infty} P_{k-1}(n-1)t^{n-1} + t^k \sum_{n=k}^{\infty} P_k(n-k)t^{n-k}$$

$$= t\sum_{n=k-1}^{\infty} P_{k-1}(n)t^n + t^k \sum_{n=0}^{\infty} P_k(n)t^n$$

$$= tP_{k-1}(t) + t^k P_k(t),$$

$$(1-t^k)P_k(t) = tP_{k-1}(t),$$

$$P_k(t) = \frac{t}{1-t^k} \cdot P_{k-1}(t)$$

$$= \frac{t}{1-t^k} \cdot \frac{t}{1-t^{k-1}} \cdot P_{k-2}(t)$$

$$= \cdots$$

$$= \frac{t}{1-t^k} \cdot \frac{t}{1-t^{k-1}} \cdot \cdots \cdot \frac{t}{1-t^2} \cdot P_1(t).$$

因为

$$P_1(t) = \sum_{n=1}^{\infty} P_1(n)t^n = \sum_{n=1}^{\infty} t^n = \frac{t}{1-t},$$

所以

$$P_k(t)=\frac{t}{1-t^k}\cdot\frac{t}{1-t^{k-1}}\cdot\dots\cdot\frac{t}{1-t^2}\cdot\frac{t}{1-t}$$

$$=\frac{t^k}{(1-t)(1-t^2)\cdots(1-t^k)}$$

$$=t^k\cdot\prod_{i=1}^{k}(1-t^i)^{-1}.$$

定理5.7 设n,k都是正整数,以$P^{\leqslant k}(n)$表示无一部分大于k的n-分拆的个数,并令$P^{\leqslant k}(0)=1$,则

$$P^{\leqslant k}(n)=P_k(n+k).$$

证明:设π是一个无一部分大于k的n-分拆,在π中有x_1个1,x_2个2,$\cdots$,x_k个k,则

$$x_1+2x_2+\cdots+kx_k=n,\qquad(*)$$

所以$P^{\leqslant k}(n)$是方程$(*)$的非负整数解的个数.以$P^{\leqslant k}(t)$表示数列$\{P^{\leqslant k}(n)\}_{n\geqslant 0}$的常生成函数,则

$$P^{\leqslant k}(t)=(1+t+t^2+\cdots)\cdot(1+t^2+t^4+\cdots)\cdot\dots\cdot(1+t^k+t^{2k}+\cdots)$$

$$=\prod_{i=1}^{k}(1-t^i)^{-1}$$

$$=t^{-k}\cdot t^k\prod_{i=1}^{k}(1-t^i)^{-1}$$

$$=t^{-k}\cdot P_k(t),$$

所以

$$\sum_{n=0}^{\infty}P^{\leqslant k}(n)t^n=t^{-k}\sum_{n=k}^{\infty}P_k(n)t^n$$

$$=\sum_{n=k}^{\infty}P_k(n)t^{n-k}$$

$$= \sum_{n=0}^{\infty} P_k(n+k)t^n,$$

$$P^{\leqslant k}(n) = P_k(n+k).$$

例 5.4 求 $P^{\leqslant 3}(18)$.

解: $$P^{\leqslant 3}(18) = P_3(18+3) = P_3(21)$$

$$= \left[\frac{21^2+3}{12}\right] = \left[\frac{444}{12}\right] = 37.$$

定理 5.8 设 n 和 k 都是正整数,以 $P^k(n)$ 表示最大部分等于 k 的 n-分拆的个数,则

$$P^k(n) = P_k(n).$$

证明: 以 $P^k(t)$ 表示数列 $\{P^k(n)\}_{n \geqslant 0}$ 的常生成函数,因为

$$P^k(n) = P^{\leqslant k}(n) - P^{\leqslant k-1}(n) \quad (k \geqslant 2),$$

所以

$$P^k(t) = P^{\leqslant k}(t) - P^{\leqslant k-1}(t) \quad (k \geqslant 2).$$

于是,由定理 5.7 的证明知

$$P^k(t) = \prod_{i=1}^{k}(1-t^i)^{-1} - \prod_{i=1}^{k-1}(1-t^i)^{-1}$$

$$= \prod_{i=1}^{k}(1-t^i)^{-1} - (1-t^k) \cdot \prod_{i=1}^{k}(1-t^i)^{-1}$$

$$= t^k \prod_{i=1}^{k}(1-t^i)^{-1} = P_k(t),$$

所以

$$P^k(n) = P_k(n) \quad (k \geqslant 2).$$

易知 $k=1$ 时,上式仍成立.

例 5.5 求 $P^3(18)$.

解: $$P^3(18) = P_3(18)$$

$$= \left[\frac{18^2+3}{12}\right] = 27.$$

定理5.9 设n和k都是正整数,以$P_{\leqslant k}(n)$表示至多只有k个部分的n-分拆的个数,并令$P_{\leqslant k}(0)=1$,则

$$P_{\leqslant k}(n) = P_k(n+k).$$

证明: 以$P_{\leqslant k}(t)$表示数列$\{P_{\leqslant k}(n)\}_{n\geqslant 0}$的常生成函数,即$P_{\leqslant k}(t) = \sum_{n=0}^{\infty} P_{\leqslant k}(n)t^n$,则

$$\begin{aligned}
P_{\leqslant 1}(t) &= \sum_{n=0}^{\infty} P_{\leqslant 1}(n)t^n = P_{\leqslant 1}(0) + \sum_{n=1}^{\infty} P_1(n)t^n \\
&= 1 + \sum_{n=1}^{\infty} t^n = (1-t)^{-1} = \prod_{i=1}^{1}(1-t^i)^{-1}.
\end{aligned}$$

假设$P_{\leqslant s}(t) = \prod_{i=1}^{s}(1-t^i)^{-1}$,因为

$$P_{\leqslant s+1}(n) = P_{\leqslant s}(n) + P_{s+1}(n),$$

所以

$$\begin{aligned}
P_{\leqslant s+1}(t) &= P_{\leqslant s}(t) + P_{s+1}(t) \\
&= \prod_{i=1}^{s}(1-t^i)^{-1} + t^{s+1}\prod_{i=1}^{s+1}(1-t^i)^{-1} \\
&= (1-t^{s+1})\prod_{i=1}^{s+1}(1-t^i)^{-1} + t^{s+1}\prod_{i=1}^{s+1}(1-t^i)^{-1} \\
&= \prod_{i=1}^{s+1}(1-t^i)^{-1}.
\end{aligned}$$

故由数学归纳法,对任意的正整数k,有

$$P_{\leqslant k}(t) = \prod_{i=1}^{k}(1-t^i)^{-1},$$

所以

$$\sum_{n=0}^{\infty} P_{\leqslant k}(n)t^n = P^{\leqslant k}(t) = \sum_{n=0}^{\infty} P^{\leqslant k}(n)t^n,$$

$$P_{\leqslant k}(n) = P^{\leqslant k}(n) = P_k(n+k).$$

以 $P(n)(n\geqslant 1)$ 表示 n-分拆的个数,显见

$$P(n) = \sum_{k=1}^{n} P_k(n).$$

令 $P(0)=1$,以 $P(t)$ 表示数列 $\{P(n)\}_{n\geqslant 0}$ 的常生成函数,即

$$P(t) = \sum_{n=0}^{\infty} P(n)t^n.$$

我们有定理 5.10.

定理 5.10 $P(t) = \prod_{k=1}^{\infty}(1-t^k)^{-1}$.

证明:易知 $P(n)$ 是方程

$$x_1 + 2x_2 + 3x_3 + \cdots + kx_k + \cdots = n$$

的非负整数解的个数,所以 $P(n)$ 是

$$A(t) = (1+t+t^2+\cdots)\cdot(1+t^2+t^4+\cdots)\cdot\cdots\cdot(1+t^k+t^{2k}+\cdots)\cdot\cdots$$

$$= \prod_{k=1}^{\infty}(1-t^k)^{-1}$$

展开式中 t^n 的系数,从而

$$P(t) = A(t) = \prod_{k=1}^{\infty}(1-t^k)^{-1}.$$

令 $\phi(t) = \prod_{k=1}^{\infty}(1-t^k)$,则 $P(t) = 1/\phi(t)$,即

$$P(t)\cdot\phi(t) = 1.$$

如果能求出 $\phi(t)$ 的展开式,则可求出关于 $P(n)$ 的递推关系式,下一节将研究这一问题.

四、Ferrer 图在分拆计数中的应用

设 $n=n_1+n_2+\cdots+n_k$ 是任一个部分数为 k 的 n-分拆,则它对应于这样的一个由 n 个点构成的行数为 k、列数为 n_1 的点阵图:

第 $i(i=1,2,\cdots,k)$ 行有 n_i 个点，且每一行的第 $j(1\leqslant j\leqslant n_1)$ 个点位于第 j 列中. 这个点阵图称为该分拆的 Ferrer 图. 例如，分拆 $10=5+3+2$ 的 Ferrer 图为图 5.1.

一般地，Ferrer 图的行距与列距相等.

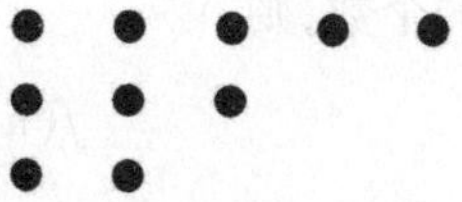

设 F 是部分数为 k 的 n-分拆 $n=n_1+n_2+\cdots+n_k$ 的 Ferrer 图，如果它的第 j $(j=1,2,\cdots,n_1)$ 列有 n'_j 个点，则由 Ferrer图的构造方法知 $n'_1\geqslant n'_2\geqslant\cdots\geqslant n'_s$，且 $n=n'_1+n'_2+\cdots+n'_s$，其中 $s=n_1$. 分拆 $n=n'_1+n'_2+\cdots+n'_s$ 称为分拆 $n=n_1+n_2+\cdots+n_k$ 的共轭分拆. 例如 $10=3+3+2+1+1$ 是分拆 $10=5+3+2$ 的共轭分拆.

●●●●●
●●●
●●

图 5.1

设 π 是任一个 n-分拆，以 π'表示 π 的共轭分拆. 如果 $\pi'=\pi$，则称 π 是一个自共轭分拆.

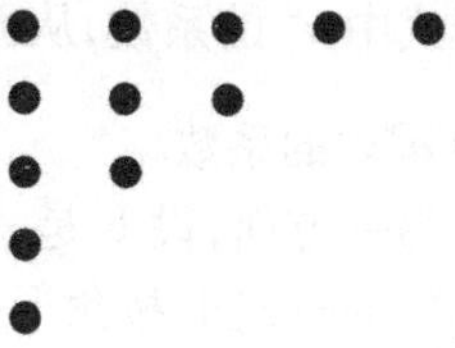

例如，分拆 $12=5+3+2+1+1$ 的 Ferrer 图为图 5.2，所以它的共轭分拆为 $12=5+3+2+1+1$，从而分拆 $12=5+3+2+1+1$ 是一个自共轭分拆.

●●●●●
●●●
●●
●
●

图 5.2

设 $n=n_1+n_2+\cdots+n_k$ 是自共轭分拆，F 是它的 Ferrer 图，则 F 的第 i $(i=1,2,\cdots,k)$ 行与第 i 列均有 n_i 个点，于是若以 l 表示过 F 的第一行的第一个点及第二行的第二个点的直线，则 F 关于 l 对称. 设 l 上属于 F 的点有 m 个，则 F 的左上角有一个由 m^2 个点构成的正方形点阵图，该点阵图称为 F 的 Durfee（德菲）方形. 若从 F 中删去其 Durfee 方形，就得到两个关于直线 l 对称的较小的点阵图，每个点阵图有 $\frac{n-m^2}{2}$ 个点，且右上方的点阵图至多只有 m 行.

通过研究自共轭分拆的 Ferrer 图，可得

定理 5.11

$$\prod_{k=1}^{\infty}(1+ax^{2k-1}) = 1+\sum_{m=1}^{\infty}a^m x^{m^2}\cdot\sum_{k=1}^{m}(1-x^{2k})^{-1}.$$

证明:以$f(n,m)$表示 Durfee 方形的点数为 m^2 的 n-自共轭分拆的个数,则

$$f(n,m) = P_{\leqslant m}\left(\frac{n-m^2}{2}\right).$$

所以$f(n,m)$是

$$P_{\leqslant m}(x) = \prod_{k=1}^{m}(1-x^k)^{-1}$$

展开式中 $x^{\frac{n-m^2}{2}}$的系数,即是

$$A(x) = x^{m^2}\prod_{k=1}^{m}(1-x^{2k})^{-1}$$

展开式中 x^n 的系数,从而$f(n,m)$是 $\sum_{m=1}^{\infty}a^m x^{m^2}\prod_{k=1}^{m}(1-x^{2k})^{-1}$ 展开式中 $a^m x^n$的系数.

另一方面,设 F 是一个 Durfee 方形的点数为 m^2 的 n-自共轭分拆的 ferrer 图,按角形去读 F 就得到一个部分数等于 m 且各部分是相异的奇数的 n-分拆,所以$f(n,m)$是

$$(1+ax)(1+ax^3)(1+ax^5)\cdots = \prod_{k=1}^{\infty}(1+ax^{2k-1})$$

展开式中 $a^m x^n$ 的系数,从而

$$\prod_{k=1}^{\infty}(1+ax^{2k-1}) = 1+\sum_{m=1}^{\infty}a^m x^{m^2}\sum_{k=1}^{m}(1-x^{2k})^{-1}.$$

通过研究各部分相异的分拆的 Ferrer 图,可以得到下面的 Euler 恒等式,进而得出关于$P(n)$的一个递推关系式.

定理 5.12(Euler 恒等式)

$$\prod_{i=1}^{\infty}(1-t^i) = 1+\sum_{k=1}^{\infty}(-1)^k(t^{(3k^2-k)/2}+t^{(3k^2+k)/2}).$$

证明:以$E(n)$表示部分数为偶数且各部分相异的n-分拆的个数,以$O(n)$表示部分数为奇数且各部分相异的n-分拆的个数.

因为$\prod_{i=1}^{\infty}(1+at^i)$的展开式中$a^m t^n$的系数是部分数为$m$且各部分相异的$n$-分拆的个数,而当$a=-1$,$m$为偶数时,$a^m=1$;当$a=-1$,$m$为奇数时,$a^m=-1$,所以$E(n)-O(n)$是$\prod_{i=1}^{\infty}(1-t^i)$展开式中$t^n$的系数.也就是说,为了求出$\prod_{i=1}^{\infty}(1-t^i)$的展开式,只需求出$E(n)-O(n)$.

设π是任一个各部分相异的n-分拆,F是分拆π的Ferrer图.以b和d分别表示F的基线和斜线(图5.3),它们所含的点数仍记为b和d.如果能够移动F的基线b使之变成斜线,或能够移动F的斜线d使之变成基线,使得所得的点阵图F′仍是各部分相异的n-分拆的Ferrer图,则F′对应的分拆π'的部分数与π的部分数的奇偶性相反.因此,若以e_n表示不能移动其Ferrer图的基线和斜线的有偶数个部分且各部分相异的n-分拆的个数,以o_n表示不能移动其Ferrer图的基线和斜线的有奇数个部分且各部分相异的n-分拆的个数,则

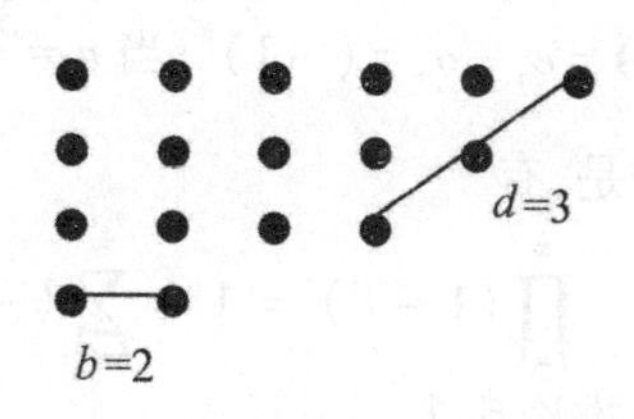

图5.3

$$E(n)-O(n)=e_n-o_n.$$

下面讨论在什么情况下可移动F的基线或斜线.

(1)b与d没有公共点

显见,当$b\leqslant d$时,可移动且只能移动基线b;当$b>d$时,可移动且只能移动斜线d.

(2)b与d有公共点

①$b\leqslant d-1$.此时可移动且只能移动基线b.

②$b=d$. 此时基线 b 和斜线 d 均不能移动. 设 π 的部分数为 k, 则 $b=d=k, n=k+(k+1)+\cdots+(k+k-1)=\frac{3k^2-k}{2}$.

③$b=d+1$. 此时基线 b 和斜线 d 均不能移动. 设 π 的部分数为 k, 则 $d=k, b=k+1, n=(k+1)+(k+2)+\cdots+(k+k)=\frac{3k^2+k}{2}$.

④$b>d+1$. 此时可移动且仅可移动 d.

综上所述, 容易看出, 当 $n=\frac{3k^2-k}{2}$ 或 $n=\frac{3k^2+k}{2}$ 时, $E(n)-O(n)=e_n-o_n=(-1)^k$; 当 $n\neq\frac{3k^2\pm k}{2}$ 时, $E(n)-O(n)=e_n-o_n=0$. 于是, 有

$$\prod_{i=1}^{\infty}(1-t^i)=1+\sum_{k=1}^{\infty}(-1)^k\left[t^{(3k^2-k)/2}+t^{(3k^2+k)/2}\right].$$

推论 5.1

$$P(n)=\sum_{k=1}^{\infty}(-1)^{k-1}\left[P\left(n-\frac{3k^2-k}{2}\right)+P\left(n-\frac{3k^2+k}{2}\right)\right],$$

其中, 约定当 $j<0$ 时, $P(j)=0$.

证明: 由定理 5.10, 有

$$\sum_{n=0}^{\infty}P(n)t^n=\prod_{i=1}^{\infty}(1-t^i)^{-1},$$

所以
$$\sum_{n=0}^{\infty}P(n)t^n\cdot\prod_{i=1}^{\infty}(1-t^i)=1.$$

由定理 5.12, 有

$$\left(\sum_{n=0}^{\infty}P(n)t^n\right)\cdot\left(1+\sum_{k=1}^{\infty}(-1)^k\left[t^{(3k^2-k)/2}+t^{(3k^2+k)/2}\right]\right)=1,$$

所以
$$P(n)=\sum_{k=1}^{\infty}(-1)^{k-1}\left[P\left(n-\frac{3k^2-k}{2}\right)+\right.$$

$$P\left(n-\frac{3k^2+k}{2}\right)\Big] \quad (n \geqslant 1).$$

由 $P(0)=1, P(1)=1, P(2)=2$ 及推论 5.1，可逐次求出 $P(3)=3, P(4)=5, P(5)=7, P(6)=11, P(7)=15, P(8)=22$, $P(9)=30, P(10)=42, \cdots$

第二节　完备分拆

一、完备分拆

定义 5.2　设 π 是一个 n-分拆，如果对每个不大于 n 的正整数 k，π 中包含且仅包含一个 k-分拆，则称 π 是一个 n-完备分拆.

例如，$7=4+2+1$ 是一个 7-完备分拆，因为对任一个不大于 7 的正整数 k，分拆 $7=4+2+1$ 包含且仅包含一个 k-分拆：

$$1=1,\quad 2=2,\quad 3=2+1,\quad 4=4,$$
$$5=4+1,\quad 6=4+2.$$

易知 $7=4+1+1+1$ 及 $7=1+1+1+1+1+1+1$ 都是 7-完备分拆，但 $7=2+2+1+1+1$ 不是 7-完备分拆，因为该分拆包含两个 3-分拆：

$$3=1+1+1,\quad 3=2+1.$$

为简便起见，我们约定：如果某个分拆含有 n_1 个 1，n_2 个 2，$\cdots$，n_k 个 k，则把该分拆记为 $1^{n_1}2^{n_2}\cdots k^{n_k}$.

研究完备分拆是有实际意义的. 求 n-完备分拆相当于找出一组质量之和为 n 克的砝码，每个砝码质量的克数都是整数，且对任一个不大于 n 的正整数 k，可从该组砝码中选出若干个砝码，使得它们的质量之和为 k 克且砝码的选取方法是唯一的.

我们自然会问，n-完备分拆有多少个？如何去构造 n-完备分拆？定理 5.13 的结论和证明解决了这两个问题.

定理 5.13 设 $n+1$ 的质因数分解式为

$$n+1=p_1^{\alpha_1}p_2^{\alpha_2}\cdots p_k^{\alpha_k},$$

则 n-完备分拆的个数为

$$N=\sum_{m=1}^{s}\sum_{j=1}^{m}(-1)^{m-j}\binom{m}{j}\prod_{i=1}^{k}\binom{j+\alpha_i-1}{\alpha_i},$$

其中 $s=\alpha_1+\alpha_2+\cdots+\alpha_k$.

证明:设 $q_1,q_2,\cdots,q_t$ 是 t 个大于 1 的正整数且 $n+1=q_1q_2\cdots q_t$,则 $1^{q_1-1}q_1^{q_2-1}(q_1q_2)^{q_3-1}\cdots(q_1q_2\cdots q_{t-1})^{q_t-1}$ 显然是一个完备分拆,且其各部分之和为

$$\begin{aligned}&q_1-1+q_1(q_2-1)+q_1q_2(q_3-1)+\cdots+\\&\qquad q_1q_2\cdots q_{t-1}(q_t-1)\\&=q_1q_2\cdots q_t-1=n.\end{aligned}$$

反之,设 π 是任一个 n-完备分拆,则 π 必含有等于 1 的部分. 设 π 含有 q_1-1 个等于 1 的部分,其中 q_1 是大于 1 的正整数. 因为 π 是完备分拆,所以 π 不包含大于 1 而小于 q_1 的部分 ,但必包含等于 q_1 的部分. 设 π 含有 q_2-1 个等于 q_1 的部分,其中 q_2 是大于 1 的正整数. 因为 π 是完备分拆,所以 π 不包含大于 q_1 而小于 $q_1+q_1(q_2-1)=q_1q_2$ 的部分,但必包含等于 q_1q_2 的部分. 设 π 含有 q_3-1 个等于 q_1q_2 的部分,其中 q_3 是大于 1 的正整数. 因为 π 是完备分拆,所以 π 不包含大于 q_1q_2 而小于 $q_1q_2+q_1q_2(q_3-1)=q_1q_2q_3$ 的部分,但必包含等于 $q_1q_2q_3$ 的部分……如此继续讨论下去,可以得知 n-完备分拆 π 有如下性质:π 包含 q_1-1 个等于 1 的部分,包含 q_2-1 个等于 q_1 的部分,包含 q_3-1 个等于 q_1q_2 的部分,包含 q_4-1 个等于 $q_1q_2q_3$ 的部分……包含 q_t-1 个等于$q_1q_2\cdots q_{t-1}$的部分,且不再包含其它部分. 所以,π 可表示成:

$$\pi=1^{q_1-1}q_1^{q_2-1}(q_1q_2)^{q_3-1}(q_1q_2q_3)^{q_4-1}\cdots(q_1q_2\cdots q_{t-1})^{q_t-1},$$

其中 $q_1,q_2,\cdots,q_t$ 是大于 1 的正整数,且

$$n=q_1-1+q_1(q_2-1)+q_1q_2(q_3-1)+\cdots+$$

$$q_1q_2\cdots q_{t-1}(q_t-1)$$
$$=q_1q_2\cdots q_t-1,$$

即
$$n+1=q_1q_2\cdots q_t.$$

由上面的讨论可知,一个 n-完备分拆对应于 $n+1$ 的一个有序因数分解,反之亦然.所以,n-完备分拆的个数 N 等于 $n+1$ 的有序因数分解的个数.以 N_m 表示把 $n+1$ 分解成 m 个有序因数的乘积的方法数,则 $N=\sum\limits_{m=1}^{s}N_m$,其中 $s=\alpha_1+\alpha_2+\cdots+\alpha_k$.因为 $n+1=p_1^{\alpha_1}p_2^{\alpha_2}\cdots p_k^{\alpha_k}$,其中 $p_1,p_2,\cdots,p_k$ 是质数,所以 $n+1$ 的任一个因数 q 由它的质因数分解式中所含的 $p_i(i=1,2,\cdots,k)$ 的个数所确定,从而知 N_m 等于把 α_1 个 p_1,α_2 个 p_2,$\cdots$,α_k 个 p_k 放到 m 个相异盒中,使得无一盒空的方法数.于是由第一章的例 1.29,有

$$N_m=\sum_{j=1}^{m}(-1)^{m-j}\binom{m}{j}\prod_{i=1}^{k}\binom{j+\alpha_i-1}{\alpha_i},$$

所以 n-完备分拆的个数为

$$N=\sum_{m=1}^{s}\sum_{j=1}^{m}(-1)^{m-j}\binom{m}{j}\prod_{i=1}^{k}\binom{j+\alpha_i-1}{\alpha_i}.$$

例 5.6 求 35-完备分拆的个数.

解:设 35-完备分拆的个数为 N.因为 $35+1=36=2^2\cdot 3^2$,$2+2=4$,所以由定理 5.13,有

$$\begin{aligned}N=&\sum_{m=1}^{4}\sum_{j=1}^{m}(-1)^{m-j}\binom{m}{j}\binom{j+1}{2}\binom{j+1}{2}\\=&\sum_{j=1}^{1}(-1)^{1-j}\binom{1}{j}\binom{j+1}{2}\binom{j+1}{2}+\\&\sum_{j=1}^{2}(-1)^{2-j}\binom{2}{j}\binom{j+1}{2}\binom{j+1}{2}+\\&\sum_{j=1}^{3}(-1)^{3-j}\binom{3}{j}\binom{j+1}{2}\binom{j+1}{2}+\end{aligned}$$

$$\sum_{j=1}^{4}(-1)^{4-j}\binom{4}{j}\binom{j+1}{2}\binom{j+1}{2}$$
$$=1+7+12+6=26.$$

二、部分数最小的完备分拆

我们已经知道：任一个 n-完备分拆可表成

$$1^{q_1-1}q_1^{q_2-1}(q_1q_2)^{q_3-1}\cdots(q_1q_2\cdots q_{k-1})^{q_k-1}$$

的形式，其中 $q_1,q_2,\cdots,q_k$ 是大于 1 的正整数且 $q_1q_2\cdots q_k=n+1$。反之，如果 $n+1=q_1q_2\cdots q_k$ 是 $n+1$ 的一个有序因数分解，则

$$\pi=1^{q_1-1}q_1^{q_2-1}(q_1q_2)^{q_3-1}\cdots(q_1q_2\cdots q_{k-1})^{q_k-1}$$

是一个 n-完备分拆，π 的部分数为

$$(q_1-1)+(q_2-1)+\cdots+(q_k-1)$$
$$=q_1+q_2+\cdots+q_k-k.$$

因此，当 $n+1=q_1q_2\cdots q_k$ 是 $n+1$ 的一个有序因数分解且$q_1+q_2+\cdots+q_k-k$ 取最小值时，

$$\pi=1^{q_1-1}q_1^{q_2-1}(q_1q_2)^{q_3-1}\cdots(q_1q_2\cdots q_{k-1})^{q_k-1}$$

是一个部分数最小的 n-完备分拆. 下面研究在什么情况下，$q_1+q_2+\cdots+q_k-k$ 取最小值.

引理 5.3 设 $m=q_1q_2\cdots q_l$，其中 $q_i(i=1,2,\cdots,l)$是大于 1 的正整数，则 $q_1+q_2+\cdots+q_l\leqslant m$.

证明：对 l 用归纳法.

当 $l=1$ 时，结论显然成立.

当 $l=2$ 时，因为 $q_i\geqslant2(i=1,2)$，而 $q_1\cdot q_2=m$，所以 $q_1\leqslant\frac{m}{2}$，$q_2\leqslant\frac{m}{2}$，从而 $q_1+q_2\leqslant m$，即 $l=2$ 时结论成立.

假设 $l=k(k\geqslant2)$ 时结论成立，则当 $l=k+1$ 时，由 $m=q_1q_2\cdots q_l$得 $q_1q_2\cdots q_k=\frac{m}{q_{k+1}}$. 由归纳假设，有

$$q_1+q_2+\cdots+q_k\leqslant\frac{m}{q_{k+1}}.$$

因为 $$\frac{m}{q_{k+1}}\cdot q_{k+1}=m,$$

所以 $$\frac{m}{q_{k+1}}+q_{k+1}\leqslant m,$$

从而 $$q_1+q_2+\cdots+q_k+q_{k+1}\leqslant\frac{m}{q_{k+1}}+q_{k+1}\leqslant m,$$

即当 $l=k+1$ 时，仍有 $q_1+q_2+\cdots+q_l\leqslant m$. 由数学归纳法，引理 5.3 的结论成立.

引理 5.4 设 $m=q_1q_2\cdots q_k$，其中 $q_i(i=1,2,\cdots,k)$ 是大于 1 的正整数，则当且仅当 $q_1,q_2,\cdots,q_k$ 均为质数时，$q_1+q_2+\cdots+q_k-k$ 取最小值.

证明：设 $m=q_1q_2\cdots q_l$，其中 $q_i(i=1,2,\cdots,l)$ 是大于 1 的正整数. 又设 $m=p_1p_2\cdots p_k$，其中 $p_j(j=1,2,\cdots,k)$ 是质数. 由初等数论的知识，正整数的质因数分解在不计及诸因数的次序时是唯一的，所以当 $q_1,q_2,\cdots,q_l$ 全都是质数时，$l=k$ 且 $q_1+q_2+\cdots+q_l-l=p_1+p_2+\cdots+p_k-k$. 如果 $q_1,q_2,\cdots,q_l$ 不全都是质数，不失一般性，设 $q_1,q_2,\cdots,q_r(r<l)$ 是合数，$q_{r+1},q_{r+2},\cdots,q_l$ 是质数，并设 $q_i(i=1,2,\cdots,r)$ 的质因数分解式为

$$q_i=p_{i1}p_{i2}\cdots p_{is_i}\quad(s_i\geqslant 2),$$

则由正整数质因数分解的唯一性，可得

$$\begin{aligned}&p_{11}p_{12}\cdots p_{1s_1}p_{21}p_{22}\cdots p_{2s_2}\cdots p_{r1}p_{r2}\cdots p_{rs_r}\cdot q_{r+1}q_{r+2}\cdots q_l\\&\quad=p_1p_2\cdots p_k.\end{aligned}$$

于是

$$l<s_1+s_2+\cdots+s_r+l-r=k.$$

由引理 5.3 知

$$q_i\geqslant p_{i1}+p_{i2}+\cdots+p_{is_i}\quad(i=1,2,\cdots,r),$$

所以

$$\begin{aligned} q_1+q_2+\cdots+q_l \geqslant & (p_{11}+p_{12}+\cdots+p_{1s_1})+ \\ & (p_{21}+p_{22}+\cdots+p_{2s_2})+\cdots+ \\ & (p_{r1}+p_{r2}+\cdots+p_{rs_r})+q_{r+1}+q_{r+2}+\cdots+q_l \\ = & p_1+p_2+\cdots+p_k, \end{aligned}$$

从而

$$q_1+q_2+\cdots+q_l-l>p_1+p_2+\cdots+p_k-k.$$

这就证明了,如果 $m=q_1q_2\cdots q_k$,其中 $q_1,q_2,\cdots,q_k$ 都是大于 1 的正整数,则当且仅当 $q_1,q_2,\cdots,q_k$ 都是质数时,$q_1+q_2+\cdots+q_k-k$ 取最小值.

由引理 5.4 即得定理 5.14.

定理 5.14 如果 $n+1=q_1q_2\cdots q_k$,其中 $q_i(i=1,2,\cdots,k)$ 是大于 1 的正整数,则当且仅当 $q_1,q_2,\cdots,q_k$ 都是质数时,n-完备分拆 $1^{q_1-1}q_1^{q_2-1}(q_1q_2)^{q_3-1}\cdots(q_1q_2\cdots q_{k-1})^{q_k-1}$ 的部分数 $q_1+q_2+\cdots+q_k-k$ 最小.

定理 5.15 设 $n+1=p_1^{\alpha_1}p_2^{\alpha_2}\cdots p_k^{\alpha_k}$ 是 $n+1$ 的质因数分解式,则部分数最小的 n-完备分拆的部分数为 $\sum\limits_{i=1}^{k}\alpha_i(p_i-1)$,部分数最小的 n-完备分拆的个数为 $\dfrac{(\alpha_1+\alpha_2+\cdots+\alpha_k)!}{\alpha_1!\ \alpha_2!\ \cdots\alpha_k!}$.

证明:由定理 5.14 知,任一个部分数最小的 n-完备分拆的部分数为 $\sum\limits_{i=1}^{k}\alpha_i p_i-\sum\limits_{i=1}^{k}\alpha_i=\sum\limits_{i=1}^{k}\alpha_i(p_i-1)$. 因为 $n+1=p_1^{\alpha_1}p_2^{\alpha_2}\cdots p_k^{\alpha_k}$ 是 $n+1$ 的质因数分解式,所以把 $n+1$ 分解成有序质因数的乘积的方法数等于由 α_1 个 p_1,α_2 个 p_2,$\cdots$,α_k 个 p_k 作成的全排列的个数,为 $\dfrac{(\alpha_1+\alpha_2+\cdots+\alpha_k)!}{\alpha_1!\alpha_2!\cdots\alpha_k!}$. 再由定理 5.14 知部分数最小的$n$-完

备分拆的个数为 $\dfrac{(\alpha_1+\alpha_2+\cdots+\alpha_k)!}{\alpha_1!\alpha_2!\cdots\alpha_k!}$.

例 5.7 部分数最小的35-完备分拆有多少个？它们的部分数是多少？

解：$35+1=36=2^2\cdot 3^2$. 由定理 5.15 知，部分数最小的 35-完备分拆有 $\dfrac{(2+2)!}{2!2!}=6$ 个，它们的部分数为

$$2(2-1)+2(3-1)=6.$$

习 题 五

1. 把 n 颗水果糖分给一个大人和两个小孩，每人至少一颗，两个小孩所得水果糖一样多，大人所得水果糖不少于每个小孩，问有多少种分糖果的方法？

2. 求部分数为 3 且没有等于 $k(1\leqslant k<n)$ 的部分的 n-分拆数.

3. 求 $P_4(22)$.

4. 求证：$P_3(n)=P_3(n-6)+n-3\quad(n>6)$.

5. 以 $g_3(n)$ 表示部分数为 3 且恰有两个部分相等的 n-分拆的个数，求 $g_3(n)$.

6. 把 24 颗糖分成 5 堆，每堆至少有 3 颗糖，问有多少种分法？

7. 求 $P^{\leqslant 3}(21)$.

8. 求 $P^4(22)$.

9. 求 $P_{\leqslant 3}(18)$.

10. 求 $P_4^{\neq}(16)$.

11. 设 $n>k>1$，求证：

$$P_k^{\neq}(n)=P_k^{\neq}(n-k)+P_{k-1}^{\neq}(n-k).$$

12. 求证：$P_3^{\neq}(n)=\left[\dfrac{n^2-6n}{12}\right]+1\quad(n\geqslant 6)$.

13. 求证：$P_n(2n)=P(n)$.

14. 设 r,k 都是正整数,求证:$P_{r+k}(2r+k)=P(r)$.

15. 求证:部分数为 3 且任意两个部分之和都大于另外一个部分的 $(2n)$-分拆数等于 $P_3(n)$.

16. 写出全部 15-自共轭分拆.

17. 求 24-自共轭分拆的个数.

18. 写出全部 11-完备分拆.

19. 求 17-完备分拆的个数.

20. 部分数最小的 89-完备分拆有多少个? 它们的部分数是多少?

21. 写出全部部分数最小的 19-完备分拆.

22. 设 $n\ (n\geqslant 6)$ 是正整数,

(1)把 n 件彼此相异的物件分给 3 个人,使得每人至少分得 2 件物件,有多少种不同的分法?

(2)把 n 件相同的物件分给 3 个人,使得每人至少分得 2 件物件,有多少种不同的分法?

(3)把 n 件相同的物件分成 3 堆,每堆至少有 2 件物件,有多少种不同的分法?

23. 把 17 颗糖果分堆,每堆糖果数不小于 3,有多少种分法?

24. 以 $P^{\leqslant k}(n)$ 表示无一部分大于 k 的 n-分拆的个数,求证:

$$P^{\leqslant k}(n)=P^{\leqslant k-1}(n)+P^{\leqslant k}(n-k)\quad(n>k>1).$$

25. 把 $n\ (n\geqslant 3)$ 颗一样的糖果分给两个大人和两个小孩,使得每人至少分得一颗,两个大人所得糖果数相同,两个小孩所得糖果数也相同,且大人所得糖果多于小孩,有多少种不同的分法?

26. 设 n,k 都是正整数,以 $P^{\leqslant k}(n)$ 表示无一部分大于 k 的 n-分拆的个数,求证:

$$P^{\leqslant k}(n)=\sum_{j=1}^{k}P^{\leqslant j}(n-j)\quad(n>k).$$

27. 设 n 是正整数,求方程 $x_1+2x_2+3x_3=n$ 的非负整数解的个数.

28. 求方程 $x_1+2x_2+3x_3+4x_4=13$ 的非负整数解的个数.

29. 以 $P^{\neq}(n)$ 表示各部分相异的 n-分拆的个数,以 $P^{\circ}(n)$ 表示各部分均为奇数的 n-分拆的个数,求证:

$$P^{\neq}(n) = P^{\circ}(n) \quad (n \geqslant 1).$$

30. 设 n 是正整数，以 f_n 表示 n-自共轭分拆的个数，求证：

$$f_n = \sum_{\substack{m=1\text{且} \\ 2 \mid (n+m)}}^{[\sqrt{n}]} P_m\left(\frac{n-m^2}{2}+m\right).$$

第六章　鸽笼原理和 Ramsey 定理

鸽笼原理又称为抽屉原理，它是组合数学中的一个最基本的原理. 应用鸽笼原理可以解决许多涉及存在性的组合问题，但对于一些更加复杂的有关存在性的组合问题，鸽笼原理显得无能为力. 1928 年，年仅 24 岁的英国数学家、哲学家兼经济学家 F. P. Ramsey 证明了 Ramsey 定理. Ramsey 定理可以视为鸽笼原理的推广. 人们普遍认为 Ramsey 定理是组合数学中最重要、最精美的定理之一. 本章介绍鸽笼原理、Ramsey 定理以及它们在解决有关存在性的组合问题中的一些应用.

第一节　鸽 笼 原 理

一、鸽笼原理的简单形式

定理 6.1（鸽笼原理的简单形式）　设 $t_1, t_2, \cdots, t_n$ 是 $n(n \geqslant 2)$ 个非负整数，如果

$$t_1 + t_2 + \cdots + t_n \geqslant n + 1, \tag{6.1}$$

则必有正整数 $k(1 \leqslant k \leqslant n)$，使得 $t_k \geqslant 2$.

证明：用反证法.

设 $t_i \leqslant 1(i = 1, 2, \cdots, n)$，则

$$t_1 + t_2 + \cdots + t_n \leqslant n,$$

这与(6.1)式矛盾，所以必有正整数 $k(1 \leqslant k \leqslant n)$，使得 $t_k \geqslant 2$.

定理 6.1 可用通俗的语言表述成：如果不少于 $n+1$ 只鸽子飞

进 n 个笼子，则必有一个笼子，该笼子里至少有 2 只鸽子.

许多涉及存在性的组合数学问题，其条件往往可以转化成形如(6.1)式的不等式，于是可考虑应用鸽笼原理的简单形式加以解决.

例 6.1 证明：如果在一个边长为 1 的等边三角形内任取 5 个点，则必有 2 个点，它们的距离不大于 1/2.

证明：如图 6.1，用三角形两边中点的连线把边长为 1 的等边三角形分成 4 个边长为 1/2 的小等边三角形，并给它们编上号码 1,2,3,4. 设在第 $i(i=1,2,3,4)$ 个三角形内（包括边界）共有 t_i 个所取的点，则 $t_1+t_2+t_3+t_4\geqslant 5$. 由鸽笼原理的简单形式，必有正整数 $k(1\leqslant k\leqslant 4)$，使得 $t_k\geqslant 2$. 这表明所取的 5 个点中必有 2 个点落在同一个小正三角形内，它们的距离显然不大于小正三角形的边长，即不大于 1/2.

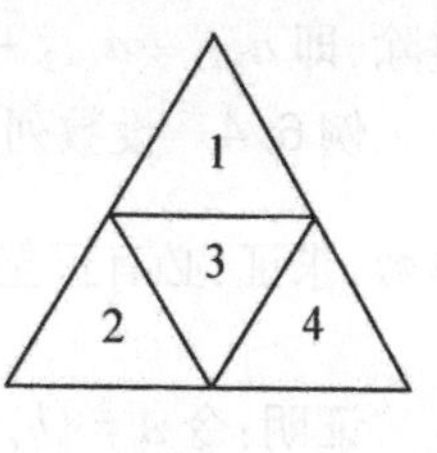

图 6.1

例 6.2 证明：在 $1,2,\cdots,2n$ 中任取 $n+1$ 个不同的数，则这 $n+1$ 个数中必有两个数，其中一个数是另一个数的倍数.

证明：以 A 表示所取的 $n+1$ 个数所成之集. 任取 $s\in A$，则 s 可表成 $s=(2k-1)2^{\alpha}$，其中 α 是非负整数，k 是不大于 n 的正整数. 设 A 中共有 $t_i(i=1,2,\cdots,n)$ 个正整数可表成 $(2i-1)2^{\alpha}$（α 是非负整数），则 $t_1+t_2+\cdots+t_n=n+1$. 由鸽笼原理的简单形式，必有正整数 $k(1\leqslant k\leqslant n)$，使得 $t_k\geqslant 2$，于是 A 中有两个正整数 $s_1=(2k-1)2^{\alpha_1}$ 和 $s_2=(2k-1)2^{\alpha_2}$，其中 α_1,α_2 都是非负整数且 $\alpha_2>\alpha_1$，显然 s_2 是 s_1 的倍数.

例 6.3 设 $a_1,a_2,\cdots,a_n$ 是 n 个正整数，求证：必存在整数 k 和 $l(0\leqslant k<l\leqslant n)$，使得 $a_{k+1}+a_{k+2}+\cdots+a_l$ 能被 n 整除.

证明：令 $A=\{s_1,s_2,\cdots,s_n\}$，其中 $s_i=a_1+a_2+\cdots+a_i(i=1,2,\cdots,n)$. 以 $t_i(i=0,1,2,\cdots,n-1)$ 表示 A 中除以 n 所得余数为 i 的

正整数的个数，则 $t_0+t_1+\cdots+t_{n-1}=n$.

如果 $t_0\neq 0$，则 A 中有整数 $s_l(1\leqslant l\leqslant n)$ 除以 n 所得余数为零，即 s_l 能被 n 整除，取 $k=0$，则 $a_{k+1}+a_{k+2}+\cdots+a_l=s_l$ 能被 n 整除.

如果 $t_0=0$，则 $t_1+t_2+\cdots+t_{n-1}=n$，由鸽笼原理的简单形式，必存在正整数 $i(1\leqslant i\leqslant n-1)$，使得 $t_i\geqslant 2$. 于是，A 中有两个整数 s_k 和 $s_l(1\leqslant k<l\leqslant n)$，它们除以 n 所得余数均为 i，从而 s_l-s_k 能被 n 整除，即 $a_{k+1}+a_{k+2}+\cdots+a_l$ 能被 n 整除.

例 6.4 设数列 $a_1,a_2,\cdots,a_{n+1}$ 各项之和为 $2n$ 且每项均是正整数，求证：必有正整数 k 和 $l(1\leqslant k<l\leqslant n+1)$，使得 $\sum\limits_{i=k+1}^{l}a_i=n$.

证明：令 $A=\{b_1,b_2,\cdots,b_{n+1}\}$，其中 $b_k=\sum\limits_{i=1}^{k}a_i(k=1,2,\cdots,n+1)$. 对任一整数 $i(1\leqslant i\leqslant n)$，以 t_i 表示 A 中除以 n 所得余数为 $i-1$ 的正整数的个数，则 $t_1+t_2+\cdots+t_n=n+1$，由鸽笼原理的简单形式，必有整数 $j(1\leqslant j\leqslant n)$，使得 $t_j\geqslant 2$，于是 A 中有整数 b_k 和 $b_l(1\leqslant k<l\leqslant n+1)$，它们除以 n 所得余数均为 $j-1$. 显然，b_l-b_k 能被 n 整除，即 $\sum\limits_{i=k+1}^{l}a_i$ 能被 n 整除. 又由题设 $a_i>0(i=1,2,\cdots,n+1)$，$k+1\geqslant 2$，$\sum\limits_{i=1}^{n+1}a_i=2n$，所以 $0<\sum\limits_{i=k+1}^{l}a_i<2n$，从而 $\sum\limits_{i=k+1}^{l}a_i=n$.

例 6.5 某棋手参加了一次为期11周共 77 天的集训，已知他每天至少下一盘棋，而每周至多下 12 盘棋. 证明：在集训期间必有连续的若干天，在这几天里该棋手共下 21 盘棋.

证明：设该棋手从第 1 天到第 $i(i=1,2,\cdots,77)$ 天共下 a_i 盘棋. 因为该棋手每周至多下 12 盘棋，所以棋手在 77 天里至多下 $12\times 11=132$ 盘棋. 又因为该棋手每天至少下 1 盘棋，所以

$$1\leqslant a_1<a_2<\cdots<a_{77}\leqslant 132,$$

从而 $$22\leqslant a_1+21<a_2+21<\cdots<a_{77}+21\leqslant 153.$$

令 $A_1=\{a_1,a_2,\cdots,a_{77}\}$,$A_2=\{b_1,b_2,\cdots,b_{77}\}$,其中 $b_i=a_i+21$ $(i=1,2,\cdots,77)$. 设 $i(i=1,2,\cdots,153)$ 在 A_1 和 A_2 中共出现 t_i 次,则 $t_1+t_2+\cdots+t_{153}=77+77=154$,由鸽笼原理的简单形式,必有整数 $j(1\leqslant j\leqslant 153)$,使得 $t_j\geqslant 2$,从而存在 $a_k\in A_1$,$b_l\in A_2$,满足 $a_k=j=b_l$,于是 $a_k=a_l+21$,这表明该棋手由第 $l+1$ 天到第 k 天这连续的 $k-l$ 天里共下 21 盘棋.

二、鸽笼原理的一般形式

定理 6.2(鸽笼原理的一般形式) 设 $t_1,t_2,\cdots,t_n$ 是 $n(n\geqslant 2)$ 个非负整数,m 是正整数,如果

$$t_1+t_2+\cdots+t_n\geqslant m, \tag{6.2}$$

则必有正整数 $k(1\leqslant k\leqslant n)$,使得 $t_k\geqslant\left[\frac{m-1}{n}\right]+1$.

证明:用反证法.

设 $t_i\leqslant\left[\frac{m-1}{n}\right](i=1,2,\cdots,n)$,则 $t_i\leqslant\frac{m-1}{n}(i=1,2,\cdots,n)$,从而

$$t_1+t_2+\cdots+t_n\leqslant n\cdot\frac{m-1}{n}=m-1,$$

这与(6.2)式矛盾,所以必有正整数 $k(1\leqslant k\leqslant n)$,使得 $t_k\geqslant\left[\frac{m-1}{n}\right]+1$.

在定理 6.2 中,取 $m=n+1$,即得定理 6.1.

与前面的例子相似,许多涉及存在性的组合数学问题,其隐含的条件可转化成形如(6.2)式的不等式,于是往往可应用定理 6.2 的结论加以解决.

例 6.6 证明:从任意给出的 5 个整数中必能选出 3 个数,它们的和能被 3 整除.

证明:以 A 表示所给的 5 个整数所成之集. 对任一个整数

$i(0\leqslant i\leqslant 2)$,以 t_i 表示 A 中除以 3 所得余数为 i 的整数个数,则 $t_0+t_1+t_2=5$. 如果 t_0,t_1,t_2 均不为零,则 A 中有 3 个整数,它们除以 3 所得余数分别为 0,1,2,显然这 3 个整数的和能被 3 整除;如果 t_0,t_1,t_2 中至少有一个为零,则存在整数 k 和 $l(0\leqslant k<l\leqslant 2)$ 满足 $t_k+t_l=5$,由鸽笼原理的一般形式,$t_k\geqslant 3$ 或 $t_l\geqslant 3$,这表明 A 中有 3 个整数,它们除以 3 所得余数相同,显然这 3 个整数的和能被 3 整除.

例 6.7 证明:任一个项数为 $mn+1$ 的实数列必有一个项数为 $m+1$ 的递增子数列,或者有一个项数为 $n+1$ 的递减子数列.

证明:设所给数列为 $a_1,a_2,\cdots,a_{mn+1}$,以 π 表示该数列. 又设数列 π 没有项数为 $m+1$ 的递增子数列,以 $\pi_k(k=1,2,\cdots,mn+1)$ 表示数列 π 的以 a_k 为首项且项数最多的递增子数列,则 π_k 的项数不大于 m. 令 $A=\{\pi_1,\pi_2,\cdots,\pi_{mn+1}\}$,以 $t_i(i=1,2,\cdots,m)$ 表示 A 中项数为 i 的数列的个数,则 $t_1+t_2+\cdots+t_m=mn+1$,由鸽笼原理的一般形式,必有整数 $k(1\leqslant k\leqslant m)$,使得 $t_k\geqslant n+1$. 设 π_{k_1}, $\pi_{k_2},\cdots,\pi_{k_{n+1}}(k_1<k_2<\cdots<k_{n+1})$ 是 A 中任意 $n+1$ 个项数为 k 的数列,则必有 $a_{k_1}\geqslant a_{k_2}\geqslant\cdots\geqslant a_{k_{n+1}}$,否则有正整数 $s(1\leqslant s\leqslant n)$,使得 $a_{k_s}<a_{k_{s+1}}$,把 a_{k_s} 放在数列 $\pi_{k_{s+1}}$ 的前面,就得到数列 π 的一个以 a_{k_s} 为首项的递增子数列,其项数为 $k+1$. 但 π_{k_s} 是数列 π 的以 a_{k_s} 为首项且项数最多的递增子数列,其项数为 k,矛盾. 所以,$a_{k_1},a_{k_2},\cdots,a_{k_{n+1}}$ 是数列 π 的一个项数为 $n+1$ 的递减子数列. 因此,如果数列 π 没有项数为 $m+1$ 的递增子数列,则必有项数为 $n+1$ 的递减子数列.

例 6.8 分别将大小两个圆盘分成200个全等的扇形,任选 100 个大扇形,将它们涂成红色,将其余 100 个大扇形涂成蓝色. 把 200 个小扇形中的每一个任意地涂成红色或蓝色,然后将小圆盘放在大圆盘上面,使得两个圆盘的中心重合. 证明:必可适当地转动小圆盘,使得至少有 100 个小扇形都落在同样颜色的大扇形内.

证明:转动小圆盘(绕其中心),使得每个小扇形都落在一个大扇形内,然后使小圆盘绕其中心逆时针旋转 $k\cdot\frac{2\pi}{200}(1\leqslant k\leqslant 200)$弧度,并把该旋转记为 F_k. 设作旋转 $F_k(k=1,2,\cdots,200)$后共有 t_k 个小扇形落在同样颜色的大扇形内. 因为共有 200 个小扇形,在 $F_1,F_2,\cdots,F_{200}$这 200 种不同的旋转中,每个小扇形共有 100 次落在同样颜色的大扇形内,所以 $t_1+t_2+\cdots+t_{200}=100\times 200=20000$,由鸽笼原理的一般形式,必有正整数 $i(1\leqslant i\leqslant 200)$,使得

$$t_i\geqslant\left[\frac{20000-1}{200}\right]+1=100,$$

这就证明了可适当地转动小圆盘,使得至少有 100 个小扇形都落在同色的大扇形内.

三、鸽笼原理的加强形式

定理 6.3(鸽笼原理的加强形式) 设 $t_1,t_2,\cdots,t_n$ 是非负整数,$q_1,q_2,\cdots,q_n$ 是正整数. 如果

$$t_1+t_2+\cdots+t_n\geqslant q_1+q_2+\cdots+q_n-n+1, \quad (6.3)$$

则必有正整数 $k(1\leqslant k\leqslant n)$,使得 $t_k\geqslant q_k$.

证明:若不然,$t_i\leqslant q_i-1(i=1,2,\cdots,n)$,此时,

$$\begin{aligned}t_1+t_2+\cdots+t_n&\leqslant(q_1-1)+(q_2-1)+\cdots+(q_n-1)\\&=q_1+q_2+\cdots+q_n-n,\end{aligned}$$

这与(6.3)式矛盾,所以必有正整数 $k(1\leqslant k\leqslant n)$,使得 $t_k\geqslant q_k$.

在定理 6.3 中取 $q_1=q_2=\cdots=q_n=m$,即得

推论 6.1 设 $t_1,t_2,\cdots,t_n$ 是非负整数,m 是正整数,且 $t_1+t_2+\cdots+t_n\geqslant(m-1)n+1$,则必有正整数 $k(1\leqslant k\leqslant n)$,使得 $t_k\geqslant m$.

例 6.9 随意地给正十边形的10个顶点编上号码 1,2,$\cdots$,10,求证:必有一个顶点,该顶点及与之相邻的两个顶点的号码之和不

小于17.

证明:以 $A_1,A_2,\cdots,A_{10}$ 表示正十边形的10个顶点,以 $t_i(i=1,2,\cdots,10)$ 表示顶点 A_i 及与 A_i 相邻的两个顶点的号码之和,则

$$t_1+t_2+\cdots+t_{10}=(1+2+\cdots+10)\times 3=165$$
$$>(17-1)\times 10+1.$$

由推论6.1,必有正整数 $k(1\leqslant k\leqslant 10)$,使得 $t_k\geqslant 17$. 这表示必有一个顶点,该顶点及与之相邻的两个顶点的号码之和不小于17.

第二节 Ramsey 定理

一、完全图 K_n 的边着色

设给出平面上的 $n(n\geqslant 2)$ 个相异点,用线段将任意两个点都连接起来,所得的图形记为 K_n,K_n 称为 n 阶完全图,所给的 n 个相异点都称为 K_n 的顶点,连接 K_n 任意两个顶点的线段称为 K_n 的边. 显见,K_n 共有 $\frac{n(n-1)}{2}$ 条边.

用 $r(r\geqslant 2)$ 种颜色去涂 K_n 的边,每条边涂一种颜色,所得的每条边都涂了颜色的 K_n 称为 r-着色 K_n.

当 $3\leqslant n\leqslant 5$ 时,2-着色 K_n 不一定含有3条边颜色都相同的三角形(单色三角形). 例如图6.2所示的2-着色 K_3,图6.3所示的2-着色 K_4,图6.4所示的2-着色 K_5 都不含单色三角形(用实线表示涂红色,虚线表示涂蓝色).

定理6.4 2-着色 K_6 必含有一个单色三角形.

证明:设2-着色 K_6 的6个顶点为 $A_1,A_2,\cdots,A_6$. 由鸽笼原理,以 A_1 为一个端点的5条边中必有3条边同色,不妨设 A_1A_2,A_1A_3,A_1A_4 是红边. 如果 $\triangle A_2A_3A_4$ 是蓝色三角形,结论成立;否则

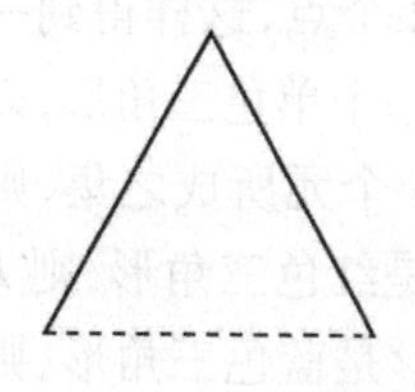

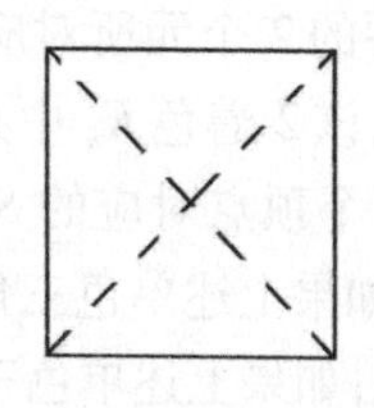

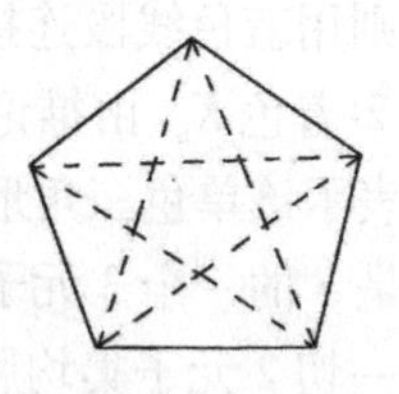

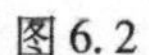

图 6.2　　图 6.3　　图 6.4

$\triangle A_2A_3A_4$ 中至少有一条红边，设 $A_iA_j(2\leqslant i<j\leqslant 4)$ 是红边，则 $\triangle A_1A_iA_j$ 是红色三角形.

推论 6.2　任意6个人中必有 3 个人，他们彼此握过手或者彼此没有握过手.

证明：用平面上的 6 个点表示这 6 个人. 如果两个人握过手，则用红色线段把相应的两个点连接起来；如果两个人没有握过手，则用蓝色线段把相应的两个点连接起来，这样得到一个2-着色 K_6. 由定理 6.4，该 2-着色 K_6 中有一个单色三角形. 如果该单色三角形是红色三角形，则它的 3 个顶点对应的 3 个人彼此握过手；如果该单色三角形是蓝色三角形，则它的 3 个顶点对应的 3 个人彼此没有握过手.

推论 6.3　当 $n\geqslant 6$ 时，2-着色 K_n 中必有一个单色三角形.

证明：因为 $n\geqslant 6$，所以 2-着色 K_n 含有 2-着色 K_6. 由定理 6.4 即知推论 6.3 的结论成立.

设 S 是任一个集合，r 是正整数，以 $T_r(S)$ 表示 S 的全部 r-子集所成之集.

推论 6.4　设 S 是 n 元集且 $n\geqslant 6$，则对 $T_2(S)$ 的任一个 2-分划：$T_2(S)=\alpha\cup\beta(\alpha\cap\beta=\varnothing)$，必存在 S 的一个 3 元子集，其一切 2 元子集均属于 α 或者均属于 β.

证明：用平面上的 n 个点表示 S 的 n 个元. 设 $A\in T_2(S)$，如果 $A\in\alpha$，则用红色线段连接 A 中的 2 个元所对应的 2 个点；如果 $A\in$

β,则用蓝色线段连接 A 中的 2 个元所对应的 2 个点,这样得到一个 2-着色 K_n. 由推论 6.3,该 2-着色 K_n 中必有一个单色三角形,以 B 表示该单色三角形的 3 个顶点对应的 S 的 3 个元所成之集,则 B 是 S 的一个 3 元子集. 如果上述单色三角形是红色三角形,则 B 的一切 2 元子集均属于 α;如果上述单色三角形是蓝色三角形,则 B 的一切 2 元子集均属于 β.

二、Ramsey 定理

对推论 6.4 作进一步的推广,可得到下面的 Ramsey 定理.

定理 6.5(Ramsey 定理) 对于任意给定的 3 个正整数 $p,q,r(p\geqslant r,q\geqslant r)$,总存在一个只依赖于 p,q,r 的最小正整数 $R(p,q;r)$. 当有限集 S 的元素个数 $N\geqslant R(p,q;r)$ 时,对 $T_r(S)$ 的任一个 2-分划:$T_r(S)=\alpha\cup\beta(\alpha\cap\beta=\varnothing)$,$S$ 有一个 p 元子集,其一切 r 元子集都属于 α,或者 S 有一个 q 元子集,其一切 r 元子集都属于 β.

为了证明定理 6.5,我们先证明引理 6.1.

引理 6.1 设 k,p_0,q_0 都是正整数且 $k\geqslant 2,p_0\geqslant k+1,q_0\geqslant k+1$. 如果①$R(p_0-1,q_0;k)$,$R(p_0,q_0-1;k)$都存在;②对任意的正整数 $p,q(p\geqslant k-1,q\geqslant k-1)$,$R(p,q;k-1)$存在,则 $R(p_0,q_0;k)$ 也存在.

证明:令 $R(p_0-1,q_0;k)=p_1$,$R(p_0,q_0-1;k)=q_1$,显然 $p_1\geqslant k,q_1\geqslant k$. 由假设②,$R(p_1,q_1;k-1)$存在,令 $N=R(p_1,q_1;k-1)+1$,设 S 是任一个 N 元集,$T_k(S)=\alpha\cup\beta(\alpha\cap\beta=\varnothing)$是$T_k(S)$的任一个 2-分划. 任取 $a_0\in S$,令 $S'=S-\{a_0\}$,并令

$$\alpha'=\{W-\{a_0\}\mid W\in\alpha\text{ 且 }a_0\in W\},$$

$$\beta'=\{W-\{a_0\}\mid W\in\beta\text{ 且 }a_0\in W\},$$

则 $\alpha'\cup\beta'$是 $T_{k-1}(S')$的一个 2-分划. 因为$|S'|=R(p_1,q_1;k-1)$,所以下面两种情况中必有一种情况发生:

情况 1:S'有一个 p_1 元子集 A 满足 $T_{k-1}(A) \subseteq \alpha'$.

情况 2:S'有一个 q_1 元子集 B 满足 $T_{k-1}(B) \subseteq \beta'$.

如果情况 1 发生,作 $T_k(A)$的 2-分划如下:

$$T_k(A) = \alpha'' \cup \beta'',\text{其中 } \alpha'' \subseteq \alpha,\beta'' \subseteq \beta.$$

因为$|A| = p_1 = R(p_0 - 1, q_0; k)$,所以 A 有一个 $p_0 - 1$ 元子集 F 满足 $T_k(F) \subseteq \alpha''$,或者 A 有一个 q_0 元子集 G 满足 $T_k(G) \subseteq \beta''$. 如果是后者,则由 $G \subseteq A \subseteq S' \subseteq S$ 且 $\beta'' \subseteq \beta$ 知,S 有一个 q_0 元子集 G 满足 $T_k(G) \subseteq \beta$. 如果是前者,令 $V = F \cup \{a_0\}$,则$|V| = p_0$. 因为 $F \subseteq A \subseteq S'$,所以 $V \subseteq S$. 设 $u \in T_k(V)$,如果 $a_0 \notin u$,则 $u \in T_k(F)$,但 $T_k(F) \subseteq \alpha'' \subseteq \alpha$,所以 $u \in \alpha$. 如果 $a_0 \in u$,令 $u' = u - \{a_0\}$,则 $u' \in T_{k-1}(F)$. 因为 $F \subseteq A$,所以 $T_{k-1}(F) \subseteq T_{k-1}(A) \subseteq \alpha'$,所以 $u' \in \alpha'$,从而 $u \in \alpha$. 所以如果 $u \in T_k(V)$,则 $u \in \alpha$,从而 $T_k(V) \subseteq \alpha$,所以 S 有一个 p_0 元子集 V 满足 $T_k(V) \subseteq \alpha$.

因此当情况 1 发生时,S 有一个 p_0 元子集,其一切 k 元子集都属于 α,或者 S 有一个 q_0 元子集,其一切 k 元子集都属于 β.

当情况 2 发生时,同理可证有相同的结论. 这就证明了存在一个有限集 S,S 具有如下性质:对 $T_k(S)$的任一个 2-分划 $T_k(S) = \alpha \cup \beta(\alpha \cap \beta = \emptyset)$,$S$ 有一个 p_0 元子集,其一切 k 元子集都属于 α,或者 S 有一个 q_0 元子集,其一切 k 元子集都属于 β. 设 S_0 是具有上述性质且元素个数最小的有限集,则 $R(p_0, q_0; k) = |S_0|$. 这就证明了 $R(p_0, q_0; k)$存在.

定理 6.5 的证明:

用数学归纳法.

(1)当 $r = 1$ 时,对任意两个正整数 p 和 q,由鸽笼原理的加强形式,易知 $R(p, q; 1) = p + q - 1$,所以当 $r = 1$ 时,$R(p, q; r)$存在.

(2)假设 $r = k - 1(k \geqslant 2)$时,定理 6.5 的结论成立,即对任意的正整数 p 和 $q(p \geqslant k - 1, q \geqslant k - 1)$,$R(p, q; k - 1)$存在. 下面证明当 $r = k$ 时定理 6.5 的结论也成立,即证对任意的正整数 p 和

$q(p \geqslant k, q \geqslant k)$，$R(p,q;k)$存在. 我们对 q 采用数学归纳法去证明这一结论.

易知对任意的正整数 $p(p \geqslant k)$，有 $R(p,k;k)=p$，所以当$q=k$时，$R(p,q;k)$存在.

(3)假设 $q=s(s \geqslant k)$时，对任意的正整数 $p(p \geqslant k)$，$R(p,s;k)$存在. 现证对任意的正整数 $p(p \geqslant k)$，$R(p,s+1;k)$也存在.

由归纳假设(2)，对任意的正整数 p 和 $q(p \geqslant k-1, q \geqslant k-1)$，$R(p,q;k-1)$存在.

因为 $R(k,s+1;k)=s+1$，所以 $R(k,s+1;k)$存在. 又由归纳假设(3)，$R(k+1,s;k)$存在. 所以由引理 6.1，$R(k+1,s+1;k)$存在.

因为 $R(k+1,s+1;k)$存在，而由归纳假设(3)，$R(k+2,s;k)$存在，所以由引理 6.1，$R(k+2,s+1;k)$存在.

如此继续讨论下去，可推出对任意的正整数 $p(p \geqslant k)$，$R(p,s+1;k)$存在.

由数学归纳法，对任意的正整数 p 和 $q(p \geqslant k, q \geqslant k)$，$R(p,q;k)$存在，这就证明了当 $r=k$ 时，定理 6.5 的结论成立.

再由数学归纳法知：对任意的正整数 $p,q,r(p \geqslant r, q \geqslant r)$，$R(p,q;r)$存在，定理 6.5 得证.

在定理 6.5 的证明中，我们作了第一次归纳假设(对 r)之后，再作了第二次归纳假设(对 q)，这种证明方法叫做双重数学归纳法.

定理 6.6(Ramsey 定理的一般形式)　对任意给定的 $t+1$ $(t \geqslant 2)$个正整数 $q_1,q_2,\cdots,q_t,r(q_i \geqslant r, i=1,2,\cdots,t)$，总存在一个只依赖于 $q_1,q_2,\cdots,q_t,r$ 的最小正整数 $R(q_1,q_2,\cdots,q_t;r)$. 当有限集 S 的元素个数 $N \geqslant R(q_1,q_2,\cdots,q_t;r)$时，$S$ 具有如下性质(称为 $Q(q_1,q_2;\cdots,q_t;r)$ 性质)：对$T_r(S)$的任一个 t-分划：$T_r(S)=\alpha_1 \cup \alpha_2 \cup \cdots \cup \alpha_t(\alpha_i \cap \alpha_j=\varnothing, 1 \leqslant i<j \leqslant t)$，必存在某个自然数 $i(1 \leqslant i \leqslant t)$，$S$ 有一个 q_i 元子集，其一切 r 元子集都属于 α_i.

证明:用数学归纳法.

当 $t=2$ 时,由定理 6.5 知定理 6.6 的结论成立.

假设 $t=k-1(k\geqslant 3)$ 时,定理 6.6 的结论成立. 现证 $t=k$ 时,定理 6.6 的结论也成立.

设已给出 $k+1$ 个正整数 $q_1,q_2,\cdots,q_k,r(q_i\geqslant r,i=1,2,\cdots,k)$,令

$$q'_i=q_i\quad(i=1,2,\cdots,k-2),$$
$$q'_{k-1}=R(q_{k-1},q_k;r).$$

设 S 是任一个 $R(q'_1,q'_2,\cdots,q'_{k-1};r)$ 元集,$T_r(S)=\alpha_1\cup\alpha_2\cup\cdots\cup\alpha_k(\alpha_i\cap\alpha_j=\varnothing,1\leqslant i<j\leqslant k)$ 是 $T_r(S)$ 的任一个 k-分划. 令 $\alpha'_i=\alpha_i(i=1,2,\cdots,k-2)$,$\alpha'_{k-1}=\alpha_{k-1}\cup\alpha_k$,则 $T_r(S)=\alpha'_1\cup\alpha'_2\cup\cdots\cup\alpha'_{k-1}$ 是 $T_r(S)$ 的一个 $(k-1)$-分划. 因为 S 是 $R(q'_1,q'_2,\cdots,q'_{k-1};r)$ 元集,所以存在某个自然数 $i(1\leqslant i\leqslant k-1)$,使得 S 有一个 q'_i 元子集 A_i 满足 $T_r(A_i)\subseteq\alpha'_i$. 如果 $1\leqslant i\leqslant k-2$,则由 $\alpha'_i=\alpha_i,q'_i=q_i$ 知 A_i 是 S 的一个 q_i 元子集且 $T_r(A_i)\subseteq\alpha_i$. 如果 $i=k-1$,则 $|A_{k-1}|=q'_{k-1}=R(q_{k-1},q_k;r)$ 且 $T_r(A_{k-1})\subseteq\alpha'_{k-1}=\alpha_{k-1}\cup\alpha_k$. 令

$$\alpha''_{k-1}=\{x\,|\,x\in T_r(A_{k-1})\text{ 且 }x\in\alpha_{k-1}\}$$
$$\alpha''_k=\{x\,|\,x\in T_r(A_{k-1})\text{ 且 }x\in\alpha_k\}$$

则 $T_r(A_{k-1})=\alpha''_{k-1}\cup\alpha''_k$ 是 $T_r(A_{k-1})$ 的一个 2-分划. 因为 $|A_{k-1}|=R(q_{k-1},q_k;r)$,所以 A_{k-1} 有一个 q_{k-1} 元子集,其一切 r 元子集都属于 α''_{k-1},从而都属于 α_{k-1}(因 $\alpha''_{k-1}\subseteq\alpha_{k-1}$);或者 A_{k-1} 有一个 q_k 元子集,其一切 r 元子集都属于 α''_k,从而都属于 α_k (因 $\alpha''_k\subseteq\alpha_k$).

由上面的讨论可知:必有某个自然数 $i(1\leqslant i\leqslant k)$,使得 S 有一个 q_i 元子集,其一切 r 元子集都属于 α_i. 因此,S 具有 $Q(q_1,q_2,\cdots,q_k;r)$ 性质. 设 S_0 是具有 $Q(q_1,q_2,\cdots,q_k;r)$ 性质且元素个数最小的集合,则 $R(q_1,q_2,\cdots,q_k;r)=|S_0|$. 所以,$R(q_1,q_2,\cdots,q_k;r)$ 存在,即当 $t=k$ 时,定理 6.6 的结论仍成立. 由数学归纳法知定理 6.6 的结论成立.

定理6.6中的$R(q_1,q_2,\cdots,q_k;r)$称为Ramsey数.

三、Ramsey数

设$t(t\geqslant 2)$是任一个正整数，由Ramsey定理的一般形式，对任意给定的$t+1$个正整数$q_1,q_2,\cdots,q_t,r$，Ramsey数$R(q_1,q_2,\cdots,q_t;r)$存在. 但一般地，确定Ramsey数是一个非常困难的问题.

为简便计，我们把$R(p,q;2)$简写成$R(p,q)$. 由推论6.4，易知$R(3,3)=6$. 由$R(p,q;2)$的组合意义，易知$R(p,q)=R(q,p)$.

设S是任一个n元集，$T_2(S)=\alpha\cup\beta$是$T_2(S)$的任一个2-分划. 用平面上的n个点表示S中的n个元. 对任意的$A\in T_2(S)$，如果$A\in\alpha$，则用红色线段连接A中的2个元对应的2个点；如果$A\in\beta$，则用蓝色线段连接A中的2个元对应的2个点，这样得到一个2-着色K_n. 由Ramsey数的组合意义，如果求出最小的正整数N，使得当$n\geqslant N$时，在任一个2-着色K_n中必有一个每条边都是红色边的K_p（称为红色K_p），或者有一个每条边都是蓝色边的K_q（称为蓝色K_q），则$R(p,q)=N$.

定理6.7 设p,q都是大于2的正整数，则

$$R(p,q)\leqslant R(p-1,q)+R(p,q-1).$$

证明：令$R(p-1,q)+R(p,q-1)=t$. 设F是任一个2-着色K_t，v是F中的一个顶点，并设在F中以v为一个端点的$t-1$条边中有t_1条红边和t_2条蓝边，则

$$t_1+t_2+1=t=R(p-1,q)+R(p,q-1). \tag{6.4}$$

下面分两种情况来讨论.

(1) $t_1\geqslant R(p-1,q)$.

考查F中以上述t_1条红边的异于v的t_1个端点为顶点的2-着色K_{t_1}. 由$R(p-1,q)$的定义知，该2-着色K_{t_1}含有红色K_{p-1}或者含有蓝色K_q. 对于前者，以此红色K_{p-1}的顶点及v为顶点的K_p是红色K_p，所以F包含红色K_p或者包含蓝色K_q.

(2) $t_1 < R(p-1,q)$.

由(6.4)式，$t_2 \geqslant R(p,q-1)$，用类似于(1)的证明方法可以证明：F 包含红色 K_p 或者蓝色 K_q.

由(1)和(2)知：任一个 2-着色 K_t 必包含红色 K_p 或者包含蓝色 K_q，所以 $R(p,q) \leqslant t$，即

$$R(p,q) \leqslant R(p-1,q) + R(p,q-1).$$

定理 6.8 设 p,q 都是大于 2 的正整数，当 $R(p-1,q)$ 和 $R(p,q-1)$ 都是偶数时，有

$$R(p,q) \leqslant R(p-1,q) + R(p,q-1) - 1. \tag{6.5}$$

证明：令 $R(p-1,q)=2m$，$R(p,q-1)=2l$，并令 $2m+2l-1=t$. 设 F 是任一个 2-着色 K_t，则 F 中必有一个顶点 v，由 v 引出的 $t-1$ 条边中，红边数要么不小于 $2m$，要么不大于 $2m-2$，否则，F 中每个顶点引出的红边数均为 $2m-1$，从而 F 中的红边数为 $s=\frac{1}{2}(2m-1)(2m+2l-1)$，但 s 不是整数，矛盾.

下面分两种情况来讨论.

(1) 由 v 引出的红边数不小于 $2m$.

在 F 中任取 $2m$ 条由 v 引出的红边，考查 F 中以这 $2m$ 条红边的异于 v 的 $2m$ 个端点为顶点的 2-着色 K_{2m}. 因为 $2m=R(p-1,q)$，故此 2-着色 K_{2m} 必包含红色 K_{p-1} 或者包含蓝色 K_q. 对于前者，F 中以此红色 K_{p-1} 的 $p-1$ 个顶点及 v 为顶点的 K_p 是红色 K_p，所以 F 包含红色 K_p 或者包含蓝色 K_q.

(2) 由 v 引出的红边数不大于 $2m-2$.

此时，因为 F 中由 v 引出的边共有 $t-1=(2m-2)+2l$ 条，所以由 v 引出的蓝边数不小于 $2l$，用类似(1)的证明方法，可以证明 F 包含红色 K_p 或者包含蓝色 K_q.

由(1)和(2)知，任一个 2-着色 K_t 必包含红色 K_p 或者包含蓝色 K_q，所以 $R(p,q) \leqslant t$，即

$$R(p,q) \leqslant R(p-1,q) + R(p,q-1) - 1.$$

推论6.5 $R(3,4)=9$.

证明:因为$R(2,4)=4$,$R(3,3)=6$,所以由定理6.8,有

$$R(3,4) \leqslant R(2,4) + R(3,3) - 1$$
$$= 4 + 6 - 1 = 9.$$

因为图6.5所示的2-着色K_8(实线边表示红边,虚线边表示蓝边)不含有红色K_3也不含有蓝色K_4,所以$R(3,4)>8$,从而

$$R(3,4) = 9.$$

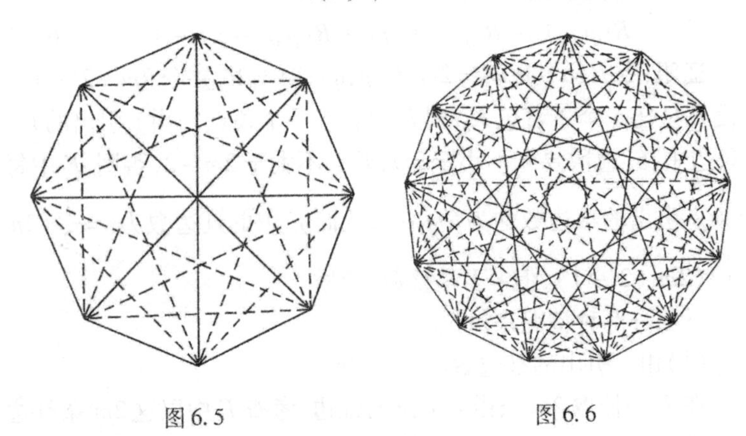

图6.5　　　　图6.6

推论6.6 $R(3,5)=14$.

证明:因为$R(2,5)=5$,$R(3,4)=9$,所以由定理6.7,有

$$R(3,5) \leqslant R(2,5) + R(3,4) = 5 + 9 = 14.$$

因为图6.6所示的2-着色K_{13}不含有红色K_3也不含有蓝色K_5,所以$R(3,5)>13$,从而

$$R(3,4) = 14.$$

推论6.7 设p,q是大于1的正整数,则

$$R(p,q) \leqslant \binom{p+q-2}{p-1}. \qquad (6.6)$$

证明:对 $p+q$ 用归纳法.

当 $p+q=4$ 时,易知(6.6)式成立.

假设 $p+q=k(k\geqslant 4)$ 时,(6.6)式成立;则当 $p+q=k+1$ 时,由定理 6.7 以及 $(p-1)+q=p+(q-1)=k$,有

$$\begin{aligned}R(p,q) &\leqslant R(p-1,q)+R(p,q-1)\\ &\leqslant \binom{p-1+q-2}{p-2}+\binom{p+q-1-2}{p-1}\\ &=\binom{p+q-3}{p-2}+\binom{p+q-3}{p-1}\\ &=\binom{p+q-2}{p-1}.\end{aligned}$$

所以当 $p+q=k+1$ 时,(6.6)式仍成立.由数学归纳法,(6.6)式成立.

目前已知的 Ramsey 数有

$R(q_1,q_2,\cdots,q_n;1)=q_1+q_2+\cdots+q_n-n+1$,

$R(p,k;k)=p$,

$R(3,3;2)=6$, $R(3,4;2)=9$, $R(3,5;2)=14$,

$R(3,6;2)=18$, $R(3,7;2)=23$, $R(3,8;2)=28$,

$R(3,9;2)=36$, $R(4,4;2)=18$, $R(4,5;2)=25$,

$R(3,3,3;2)=17$.

四、Ramsey 定理的应用

定理 6.9(Schur 定理) 设 $t(t\geqslant 2)$ 是任意给定的自然数,则必存在自然数 N,当 $n\geqslant N$ 时,对集合 $S=\{1,2,\cdots,n\}$ 的任一个 t-分划 $S=\alpha_1\cup\alpha_2\cup\cdots\cup\alpha_t$,必存在某个自然数 $i(1\leqslant i\leqslant t)$,使得 α_i 含有两个自然数 x 和 y 满足 $x+y\in\alpha_i$.

证明:取 $N=R(\underbrace{3,3,\cdots,3}_{t个3};2)$.当 $n\geqslant N$ 时,给以 $1,2,\cdots,n$ 为

顶点的完全图 K_n 作如下 t-着色：对 K_n 的任意两个顶点 $a,b(1\leqslant a<b\leqslant n)$，如果 $b-a\in\alpha_k(1\leqslant k\leqslant t)$，则将连接 a,b 的边涂上第 k 种颜色. 由定理6.6，t-着色 K_n 中必有一个单色三角形. 设该单色三角形的边的颜色是第 $i(1\leqslant i\leqslant t)$ 种颜色，且设它的3个顶点为 a,b,c. 不妨设 $a<b<c$，则

$$b-a\in\alpha_i,\quad c-b\in\alpha_i,\quad c-a\in\alpha_i,$$

令 $x=b-a,y=c-b$，则 x 与 y 都是自然数，且

$$x+y=(b-a)+(c-b)=c-a,$$

所以 x,y 及 $x+y$ 都属于 α_i.

定理6.10(Erdos 和 Sjekeres 定理)　设 $m(m\geqslant 3)$ 为任一个正整数，则必存在正整数 N，当 $n\geqslant N$ 时，平面上无3点共线的任意 n 个点中，必有 m 个点可以成为一个凸 m 边形的顶点.

如果 m 个点可以成为一个凸边形的顶点，则称这 m 个点可构成凸 m 边形. 为了证明定理6.10，先证明下面的引理6.2和引理6.3.

引理6.2　平面上无3点共线的任意5个点中，必有4个点可构成凸四边形.

证明：以这5个点为顶点作完全图 K_5，则其周界是一个凸 q 边形，其中 $3\leqslant q\leqslant 5$. 如果 $q=4$ 或 $q=5$，则引理6.2已经成立. 如果 $q=3$，则其余2个点在这个三角形的内部. 过这2个点作一直线，则三角形的3个顶点中必有2个点在此直线的同侧，于是这2个顶点和2个内部点可构成凸四边形.

引理6.3　设平面上有 $m(m\geqslant 4)$ 个点，这 m 个点中无3点共线且每4个点都可构成凸四边形，则这 m 个点可构成凸 m 边形.

证明：以所给 m 个点为顶点作完全图 K_m，则其周界是一个凸多边形. 设该凸多边形为 $A_1A_2\cdots A_q$，其中 $3\leqslant q\leqslant m$. 如果 $q<m$，则所给的 m 个点中必有一个点在此凸 q 边形的内部，从而在某个 $\triangle A_1A_iA_j(2\leqslant i<j\leqslant q)$ 的内部(因为无3点共线). 设此点为 A，则

A_1, A_i, A_j, A 这 4 个点不能构成凸四边形，这与引理 6.3 的假设矛盾，所以 $q=m$. 因此，所给的 m 个点可构成凸 m 边形.

定理 6.10 的证明：

取 $N=R(m,5;4)$. 设 $n \geqslant N$，以 S 表示平面上无 3 点共线的 n 个点所成之集. 令

$$\alpha = \{x \mid x \in T_4(S) \text{ 且 } x \text{ 中的 4 个点可构成凸四边形}\},$$

$$\beta = \{x \mid x \in T_4(S) \text{ 且 } x \text{ 中的 4 个点不能构成凸四边形}\},$$

则 $\alpha \cup \beta = T_4(S)$ 且 $\alpha \cap \beta = \varnothing$，即 $T_4(S)=\alpha \cup \beta$ 是 $T_4(S)$ 的一个 2-分划. 因为 $n \geqslant R(m,5;4)$，所以 S 中有 m 个点，这 m 个点中的任意 4 个点可构成凸四边形，或者 S 中有 5 个点，这 5 个点中的任意 4 个点不能构成凸四边形. 由引理 6.2，后一种情况不会发生；而对前一种情况，由引理 6.3，这 m 个点可构成凸 m 边形.

定理 6.11 对任意给定的正整数 m，必存在正整数 N，使得当 $n \geqslant N$ 时，每个 n 阶 $(0,1)$ 矩阵 A 必含有一个形如下面所列出的 4 类矩阵之一的 m 阶主子矩阵.

$$\begin{pmatrix} * & & 0 \\ & \ddots & \\ 0 & & * \end{pmatrix} \quad \begin{pmatrix} * & & 0 \\ & \ddots & \\ 1 & & * \end{pmatrix} \quad \begin{pmatrix} * & & 1 \\ & \ddots & \\ 0 & & * \end{pmatrix} \quad \begin{pmatrix} * & & 1 \\ & \ddots & \\ 1 & & * \end{pmatrix}$$

1 型　　　2 型　　　3 型　　　4 型

证明：令 $N=R(m,m,m,m;2)$. 设 $n \geqslant N$，$A=(a_{ij})$ 是任一个 n 阶 $(0,1)$ 矩阵，其 n 个行向量依次为 $v_1, v_2, \cdots, v_n$. 令 $S=\{v_1, v_2, \cdots, v_n\}$，$E=\{e_1, e_2, e_3, e_4\}$，其中 $e_1=(0,0)$，$e_2=(0,1)$，$e_3=(1,0)$，$e_4=(1,1)$. 定义由 $T_2(S)$ 到 E 的映射 ϕ 如下：

$$\phi(\{v_i, v_j\}) = (a_{ij}, a_{ji}) \quad (1 \leqslant i < j \leqslant n).$$

令

$$\alpha_i = \{x \mid x \in T_2(S) \text{ 且 } \phi(x) = e_i\} \quad (i=1,2,3,4),$$

则 $T_2(S)=\alpha_1 \cup \alpha_2 \cup \alpha_3 \cup \alpha_4$ 是 $T_2(S)$ 的一个 4-分划. 因为 $n \geqslant$

$R(m,m,m,m;2)$，所以存在某个自然数 $k(1\leqslant k\leqslant 4)$，$S$ 有一个 m 元子集 G，使得 $T_2(G)\subseteq\alpha_k$. 设 $G=\{v_{i_1},v_{i_2},\cdots,v_{i_m}\}(1\leqslant i_1<i_2<\cdots<i_m\leqslant n)$. 由 α_k 的定义知

$$(a_{i_ti_s},a_{i_si_t})=e_k\quad(1\leqslant t<s\leqslant m),$$

所以

$$\begin{pmatrix} a_{i_1i_1} & a_{i_1i_2} & \cdots & a_{i_1i_m} \\ a_{i_2i_1} & a_{i_2i_2} & \cdots & a_{i_2i_m} \\ \vdots & \vdots & \ddots & \vdots \\ a_{i_mi_1} & a_{i_mi_2} & \cdots & a_{i_mi_m} \end{pmatrix}$$

就是 A 的一个 k 型 m 阶主子矩阵.

习 题 六

1. 证明：如果在边长为 1 的等边三角形内任取 10 个点，则必有两个点，它们的距离不大于 1/3.

2. 证明：在任意给出的 $n+1(n\geqslant 2)$ 个正整数中必有两个数，它们的差能被 n 整除.

3. 证明：在任意给出的 $n+2$ 个正整数中必有两个数，它们的差或它们的和能被 $2n$ 整除.

4. 证明：对任意正整数 N，必存在由 0 和 3 组成的正整数，该正整数能被 N 整除.

5. 证明：在任意给出的 1998 个自然数 $a_1,a_2,\cdots,a_{1998}$ 中，必存在若干个数，它们的和能被 1998 整除.

6. 把一袋糖果随意地分给 10 个小孩，每人至少一块，求证：必有若干个小孩，他们所得的糖果数之和是 10 的倍数.

7. 已知正整数 $a_0,a_1,a_2,\cdots,a_n$ 满足 $a_0<a_1<a_2<\cdots<a_n<2n$，求证：一定可以从这 $n+1$ 个正整数中选出 3 个数，使得其中两个数之和等于第三个数.

8. 李先生 50 天里共服用了 70 粒药丸，每天至少服 1 粒药丸，证明：必有

连续若干天,李先生在这几天里共服用 29 粒药丸.

9. 随意地把一个 3×9 棋盘的每个方格涂成红色或蓝色,求证:必有两列方格,它们的涂色方法是一样的.

10. 设 n 是大于 1 的奇数,证明:在

$$2^1-1,2^2-1,\cdots,2^n-1$$

中必有一个数能被 n 整除.

11. 某学生在37 天里共做了 60 道数学题,已知他每天至少做一道题,求证:必存在连续的若干天,在这些天里该学生恰做了 13 道数学题.

12. 设 $a_1,a_2,\cdots,a_{mn+1}$ 是 $mn+1$ 个正整数且 $a_1<a_2<\cdots<a_{mn+1}$,证明:数列 $a_1,a_2,\cdots,a_{mn+1}$ 必含有一个项数为 $m+1$ 的子数列,在该子数列中没有一项能被另外一项整除;或者含有一个项数为 $n+1$ 的子数列,在该子数列中,从第二项起每一项能被前面的一项整除.

13. 求证:在任意给出的 11 个整数中一定存在 6 个整数,它们的和是 6 的倍数.

14. 给正 36 边形的 36 个顶点任意地编上号码 1,2,…,36,求证:必有一个顶点,该顶点及与之相邻的两个顶点的号码之和不小于 56.

15. 能否在 $n\times n(n\geqslant3)$ 棋盘的每个方格填上数字 1,2 或 3,使得每行、每列和每条对角线上的数字之和都不相同?

16. 求证:在 2-着色 K_6 中必存在 2 个单色三角形.

17. 求证:在 2-着色 K_7 中必存在 3 个单色三角形.

18. 求证:在由 14 个人组成的旅行团中,必有 3 个人彼此相识或者有 5 个人彼此不相识.

19. 求证:在任意 18 个国家中一定有 4 个国家,它们相互间有正式外交关系,或者有 4 个国家,它们相互间没有正式外交关系.

20. 以 $R_n(n\geqslant2)$ 表示 Ramsey 数 $R(\underbrace{3,3,\cdots,3}_{n个3};2)$,求证:

(1) $R_n\leqslant n(R_{n-1}-1)+2\quad(n\geqslant3)$.

(2) $R_3\leqslant17$.

21. 设 $n(n\geqslant2)$ 是正整数,$S=\{1,2,\cdots,n-1\}$,$A,B\subseteq S$ 且 $|A|+|B|\geqslant n$,求证:必有 $x\in A,y\in B$,使得 $x+y=n$.

22. 在平面直角坐标系中任意选取 10 个整点,求证:其中必有两个整点

(x_1, y_1), (x_2, y_2)，使得$\left(\frac{x_1 - x_2}{3}, \frac{y_1 - y_2}{3}\right)$是整点.

23. 设$a_1, a_2, \cdots, a_{10}$是10个彼此相异的正整数，且$10 \leqslant a_i \leqslant 99$ $(i = 1, 2, \cdots, 10)$，令$A = \{a_1, a_2, \cdots, a_{10}\}$，$\forall B \subseteq A$，以$\sigma(B)$表示$B$中各数的和. 求证：$A$必有两个非空子集$B_1$和$B_2$，满足$B_1 \cap B_2 = \varnothing$且$\sigma(B_1) = \sigma(B_2)$.

24. 在坐标平面上任取13个整点，求证其中必有3个整点，以这3个点为顶点的三角形的重心是一个整点.

25. 某个宴会共有$2n$ $(n \geqslant 2)$个人出席，每个人均至少认识其中的n个人. 求证：可安排这$2n$个人中的某4个人围圆桌而坐，使得每个人的旁边都是他所认识的人.

26. 设$a_1, a_2, \cdots, a_n$ $(n \geqslant 4)$是不大于$2n - 1$的任意n个彼此相异的正整数，求证：可从$a_1, a_2, \cdots, a_n$中选出若干个数，使得它们的和能被$2n$整除.

27. 求证：在边3-着色K_{17}中必存在单色三角形.

28. 求证：在边3-着色K_{17}中至少存在两个单色三角形.

第七章　Pólya 计数定理

在实际生活和科学研究中,经常会碰到下面的问题:设 A 是一个有限集,如果按照某个给定的规则 G 将 A 中的元素分成若干类,每一类的元素所成之集称为 A 上的一个 G-等价类(或 G-轨道).怎样去求出 A 上的 G-等价类的个数? Burnside 给出了解决这一问题的一种方法——Burnside 引理,匈牙利著名数学家 George Pólya 则给出了解决这一问题的更一般的方法——Pólya 计数定理.由于研究这一问题时需要用到有关群论的一些知识,而可能有些读者未曾接触过群论,因此本章第一节"关系和群"先介绍这方面的知识,学过近世代数的读者可跳过这部分内容.

第一节　关 系 和 群

一、关系

定义 7.1　设 A 是非空集合,$R\subseteq A\times A$ 且 $R\neq\emptyset$,则 R 称为集合 A 上的一个关系.

定义 7.2　设 R 是集合 A 上的一个关系,$(a,b)\in A\times A$,如果 $(a,b)\in R$,则称 a 与 b 有关系 R,记为 aRb;如果 $(a,b)\notin R$,则称 a 与 b 没有关系 R,记为 $a\not R b$.

定义 7.3　设 R 是集合 A 上的一个关系.

(1)如果对任一个 $a\in A$ 都有 aRa,则称 R 是自反的.

(2)如果对任意的 $a,b\in A$,只要 aRb 成立,就有 bRa,则称 R 是对称的.

(3)如果对任意的 $a,b,c\in A$,只要 aRb 及 bRc 同时成立,就有 aRc,则称 R 是传递的.

定义7.4 设 R 是集合 A 上的一个关系,如果 R 是自反的、对称的和传递的,则称 R 是集合 A 上的一个等价关系.

定义7.5 设 R 是集合 A 上的一个等价关系,$a\in A$,令 $[a]_R=\{b\mid b\in A 且 aRb\}$,$[a]_R$ 称为集合 A 上的由 a 所确定的 R-等价类.

定义7.6 设 A 是非空集合,以 $P^*(A)$ 表示由 A 的全部非空子集所成之集. 设 $S\subseteq P^*(A)$,如果

(1)对任意的 $x,y\in S$,都有 $x\cap y=\emptyset$;

(2)$\bigcup\limits_{x\in S}x=A$;

则称 S 是集合 A 的一个分划. 如果 S 是集合 A 的一个分划且 $|S|=n$,则称 S 是集合 A 的一个 n-分划.

定理7.1 设 R 是集合 A 上的一个等价关系.

(1)如果 $a\in A$,则 $a\in[a]_R$.

(2)如果 $a,b\in A$ 且 $b\in[a]_R$,则 $[b]_R=[a]_R$.

(3)如果 $a,b\in A$ 且 $b\notin[a]_R$,则 $[a]_R\cap[b]_R=\emptyset$.

证明:因为 R 是集合 A 上的一个等价关系,所以 R 是自反的、对称的和传递的.

(1)设 $a\in A$,因为 R 是自反的,所以 aRa,从而 $a\in[a]_R$.

(2)设 $a,b\in R$ 且 $b\in[a]_R$. 因为 $b\in[a]_R$,所以 aRb. 又因为 R 是对称的,所以 bRa.

设 $c\in[a]_R$,则 aRc. 因为 R 是传递的,由 bRa 及 aRc 知 bRc,所以 $c\in[b]_R$,从而知 $[a]_R\subseteq[b]_R$. 同理可证 $[b]_R\subseteq[a]_R$,所以 $[b]_R=[a]_R$.

(3)设$a,b\in A$且$b\notin[a]_R$. 如果$[a]_R\cap[b]_R\neq\varnothing$,则有$c\in[a]_R\cap[b]_R$. 因为$c\in[a]_R$及$c\in[b]_R$,由(2),$[a]_R=[c]_R$及$[b]_R=[c]_R$,所以$[a]_R=[b]_R$;由(1),$b\in[b]_R$,所以$b\in[a]_R$,这与$b\notin[a]_R$的假设矛盾,所以$[a]_R\cap[b]_R=\varnothing$.

由定理7.1可知,如果R是集合A上的一个等价关系,则A中的每个元都属于且只属于A上的一个R-等价类. 于是,如果以$[A]_R$表示由A上的全部R-等价类所成之集,则$[A]_R$是A上的一个分划.

二、群

定义7.7 设G是非空集合,如果f是由$G\times G$到G的一个映射,则称f是集合G上的一个二元运算.

设f是非空集合G上的一个二元运算,$(a,b)\in G\times G$,为简便计,把$f((a,b))$记成afb.

定义7.8 设G是非空集合,$\circ$是G上的一个二元运算,则称G是具有二元运算$\circ$的一个代数系统,并把该代数系统记成$(G,\circ)$.

设$(G,\circ)$是一个代数系统,H是G的一个非空子集. 如果对任意的$a,b\in H$,都有$a\circ b\in H$,则称运算$\circ$在H上是封闭的,此时可把$\circ$看成是H上的一个二元运算,从而$(H,\circ)$是一个代数系统,称为$(G,\circ)$的一个子代数系统.

定义7.9 设$(G,\circ)$是一个代数系统.

(1)如果对任意的$a,b,c\in G$,都有$(a\circ b)\circ c=a\circ(b\circ c)$,则称在$(G,\circ)$中运算$\circ$满足结合律.

(2)设$e\in G$,如果对任意的$a\in G$,都有$a\circ e=e\circ a=a$,则称e是$(G,\circ)$的一个单位元.

(3)设$a\in G$,e是$(G,\circ)$的一个单位元,如果存在$b\in G$满足$a\circ b=b\circ a=e$,则称a在$(G,\circ)$中有逆元b.

定理 7.2 设$(G,\circ)$是一个代数系统.

(1)如果$(G,\circ)$有单位元,则单位元唯一.

(2)如果在$(G,\circ)$中运算$\circ$满足结合律,$a\in G$且a在$(G,\circ)$中有逆元,则a的逆元唯一.

证明:(1)设e和e'都是$(G,\circ)$的单位元,因为e是$(G,\circ)$的单位元,所以$e'=e\circ e'$;因为e'是$(G,\circ)$的单位元,所以$e=e\circ e'$,从而$e'=e$.这就证明了:如果$(G,\circ)$有单位元,则单位元唯一.

(2)设$a\in G$且a在$(G,\circ)$中有逆元b和b',由逆元的定义知$(G,\circ)$有单位元e,且$b\circ a=e,a\circ b'=e$.因为在$(G,\circ)$中运算$\circ$满足结合律,所以$b=b\circ e=b\circ(a\circ b')=(b\circ a)\circ b'=e\circ b'=b'$.这就证明了$a$的逆元是唯一的.

定义 7.10 设$(G,\circ)$是一个代数系统,如果

(1)在$(G,\circ)$中运算$\circ$满足结合律;

(2)$(G,\circ)$有单位元;

(3)G的每个元在$(G,\circ)$中都有逆元,

则称$(G,\circ)$是一个群.

由定理 7.2 知,如果$(G,\circ)$是一个群,则$(G,\circ)$有唯一的单位元且对任一个$a\in G$,a有唯一的逆元.a的逆元记为a^{-1}.

定义 7.11 如果$(G,\circ)$是群,且G是有限集,则称$(G,\circ)$是有限群.如果$(G,\circ)$是有限群且$|G|=n$,则称$(G,\circ)$是n阶群.

定理 7.3 设$(G,\circ)$是一个群,则$(G,\circ)$满足消去律,即如果$a,b,c\in G$且$a\circ b=a\circ c$或者$b\circ a=c\circ a$,则$b=c$.

证明:设e是$(G,\circ)$的单位元.如果$a\circ b=a\circ c$,则$a^{-1}\circ(a\circ b)=a^{-1}\circ(a\circ c)$,$(a^{-1}\circ a)\circ b=(a^{-1}\circ a)\circ c$,$e\circ b=e\circ c$,所以$b=c$.如果$b\circ a=c\circ a$,则$(b\circ a)\circ a^{-1}=(c\circ a)\circ a^{-1}$,$b\circ(a\circ a^{-1})=c\circ(a\circ a^{-1})$,$b\circ e=c\circ e$,所以$b=c$.

定理 7.4 设$(G,\circ)$是一个群,$a,b\in G$,则方程$a\circ x=b$在G中有唯一解$x=a^{-1}\circ b$;方程$y\circ a=b$在G中有唯一解$y=b\circ a^{-1}$.

证明:设 e 是$(G,\circ)$的单位元. 由方程 $a\circ x=b$ 得 $a^{-1}\circ b=a^{-1}\circ(a\circ x)=(a^{-1}\circ a)\circ x=e\circ x=x$,所以 $x=a^{-1}\circ b$.

由方程 $y\circ a=b$ 得$(y\circ a)\circ a^{-1}=b\circ a^{-1}$,$y\circ(a\circ a^{-1})=b\circ a^{-1}$,$y\circ e=b\circ a^{-1}$,所以 $y=b\circ a^{-1}$.

定义 7.12 设$(G,\circ)$是一个群,$(H,\circ)$是$(G,\circ)$的一个子代数系统,如果$(H,\circ)$也是群,则称$(H,\circ)$是$(G,\circ)$的一个子群.

定理 7.5 设$(G,\circ)$是一个群,H 是 G 的一个非空子集,则$(H,\circ)$是$(G,\circ)$的一个子群的充分必要条件是:

(1)如果 $a,b\in H$,则 $a\circ b\in H$.

(2)如果 $a\in H$,则 $a^{-1}\in H$.

证明:充分性.

①由条件(1),$(H,\circ)$是$(G,\circ)$的一个子代数系统.

②因为$(G,\circ)$是群,在$(G,\circ)$中运算$\circ$满足结合律,而 H 是 G 的一个非空子集,所以在$(H,\circ)$中运算$\circ$也满足结合律.

③设 e 是群$(G,\circ)$的单位元,因为 $H\neq\emptyset$,所以有 $a\in H$. 由条件(2),$a^{-1}\in H$. 由条件(1),$a^{-1}\circ a\in H$,所以 $e\in H$. 对任意的 $h\in H$,因为 $H\subseteq G$,所以 $h\in G$. 因为 e 是$(G,\circ)$的单位元,所以 $h\circ e=e\circ h=h$,所以 e 也是$(H,\circ)$的单位元.

④设 $a\in H$,由条件(2),$a^{-1}\in H$,所以 H 的每个元在$(H,\circ)$中都有逆元.

由①至④知,$(H,\circ)$是群$(G,\circ)$的一个子群.

必要性.

设$(H,\circ)$是$(G,\circ)$的一个子群. 由子群的定义知条件(1)成立.

设 e 是群$(G,\circ)$的单位元,e'是群$(H,\circ)$的单位元,则 $e'\circ e=e'=e'\circ e'$,由消去律得 $e=e'$. 设 $a\in H$,a 在群$(H,\circ)$中的逆元为 a',则 $a\circ a^{-1}=e=e'=a\circ a'$,由消去律得 $a^{-1}=a'$,所以 $a^{-1}\in H$.

定义 7.13 设$(G,\circ)$是一个代数系统,$a\in G$,$H\subseteq G$,令 $aH=$

$\{a \circ h \mid h \in H\}$，集合 aH 称为由 a 导出的 H 的左陪集.

定理 7.6(拉格朗日定理)　设 $(G, \circ)$ 是有限群，$(H, \circ)$ 是 $(G, \circ)$ 的一个子群，则 $|G|$ 能被 $|H|$ 整除.

证明：(1) $G = \bigcup\limits_{a \in G} aH$.

事实上，由左陪集的定义，对任一个 $a \in G$，有 $aH \subseteq G$，所以 $\bigcup\limits_{a \in G} aH \subseteq G$. 设 e 是群 $(G, \circ)$ 的单位元，由定理 7.5 的证明知 $e \in H$. 于是，对任一个 $b \in G$，$b = b \circ e \in bH$，所以 $b \in \bigcup\limits_{a \in G} aH$，从而 $G \subseteq \bigcup\limits_{a \in G} aH$. 所以 $G = \bigcup\limits_{a \in G} aH$.

(2) 对任意的 $a, b \in H$，要么 $aH \cap bH = \varnothing$，要么 $aH = bH$.

事实上，如果 $aH \cap bH \neq \varnothing$，则有 $c \in aH \cap bH$，从而有 $h_1, h_2 \in H$，使得 $c = a \circ h_1$ 及 $c = b \circ h_2$，于是 $a = c \circ h_1^{-1} = (b \circ h_2) \circ h_1^{-1}$. 设 $x \in aH$，则有 $h \in H$ 使得 $x = a \circ h$. 因为 $a = (b \circ h_2) \circ h_1^{-1}$，所以 $x = ((b \circ h_2) \circ h_1^{-1}) \circ h = b \circ (h_2 \circ (h_1^{-1} \circ h))$. 因为 $(H, \circ)$ 是群，所以 $h_2 \circ (h_1^{-1} \circ h) \in H$，从而 $x \in bH$，所以 $aH \subseteq bH$. 同理可证 $bH \subseteq aH$. 所以 $aH = bH$.

(3) 对任意的 $a \in G$，$|aH| = |H|$.

事实上，设 f 是由 H 到 aH 的这样的映射：对任一个 $h \in H$，$f(h) = a \circ h$. 显然，f 是一个满射. 设 $h_1, h_2 \in H$ 且 $h_1 \neq h_2$，则必有 $f(h_1) \neq f(h_2)$，即 $a \circ h_1 \neq a \circ h_2$，否则由消去律知 $h_1 = h_2$，矛盾. 因此，f 是一个单射，从而 f 是由 H 到 aH 上的一个一一对应映射，所以 $|aH| = |H|$.

设 H 的全部彼此不同的左陪集是 $a_1H, a_2H, \cdots, a_nH$，则由(1)和(2)知 $G = a_1H \cup a_2H \cup \cdots \cup a_nH$，且 $a_iH \cap a_jH = \varnothing$ $(1 \leqslant i < j \leqslant n)$，所以集合 $\{a_1H, a_2H, \cdots, a_nH\}$ 是 G 的一个 n-分划，从而

$$|G| = \sum_{k=1}^{n} |a_kH| = n \cdot |H|,$$

所以 $|G|$ 能被 $|H|$ 整除.

定义 7.14 设 $(G,\circ)$ 是一个群,e 是 $(G,\circ)$ 的单位元. 对任一个 $a\in G$,令

$$a^0=e,$$

$$a^{k+1}=a^k\circ a \quad (k=0,1,2,\cdots),$$

$$a^{-k}=(a^{-1})^k \quad (k=1,2,\cdots),$$

$a^k(k=0,1,2,\cdots)$ 称为 a 的 k 次幂.

设 $(G,\circ)$ 是一个群,由定义 7.14,对任意的 $a\in G$ 及任意的非负整数 m 和 n,有

$$a^n\circ a^m=a^{n+m},$$

$$(a^n)^m=a^{nm}.$$

定义 7.15 设 $(G,\circ)$ 是一个群,如果存在 $g\in G$,对任意的 $a\in G$,都存在某个整数 k,使得 $a=g^k$,则称 $(G,\circ)$ 是由 g 生成的循环群,而 g 叫做 $(G,\circ)$ 的一个生成元.

定义 7.16 设 $(G,\circ)$ 是一个群,e 是 $(G,\circ)$ 的单位元,$g\in G$,如果存在一个最小的正整数 n,使得 $g^n=e$,则称 g 是 $(G,\circ)$ 的一个 n 阶元.

显见,如果 $(G,\circ)$ 是以 g 为生成元的循环群且 g 的阶为 n,则 $G=\{e,g,g^2,\cdots,g^{n-1}\}$,其中 e 是 $(G,\circ)$ 的单位元.

定理 7.7 设 $(G,\circ)$ 是一个群,g 是 $(G,\circ)$ 的一个 n 阶元,m 是整数且 $g^m=e$,则 $n|m$.

证明:设 $m=n\cdot q+r$,其中 q 和 r 都是整数且 $0\leqslant r\leqslant n-1$,则

$$\begin{aligned} e=g^m=g^{nq+r}&=(g^n)^q\circ g^r=e^q\circ g^r\\ &=e\circ g^r=g^r. \end{aligned}$$

因为 g 是 n 阶元,$0\leqslant r\leqslant n-1$,所以必有 $r=0$,从而 $m=nq$,所以 $n|m$.

推论 7.1 设 $(G,\circ)$ 是 n 阶循环群,其单位元为 e,生成元为

g, m 是正整数. 如果 $g^m = e$, 则 $n \mid m$.

证明:因为 g 是 n 阶循环群 $(G, \circ)$ 的生成元,所以 g 是群 $(G, \circ)$ 的 n 阶元,由定理 7.7 即知 $n \mid m$.

定理 7.8 设 $(G, \circ)$ 是一个群,e 是 $(G, \circ)$ 的单位元,g 是 $(G, \circ)$ 的一个 n 阶元. 令 $H = \{e, g, g^2, \cdots, g^{n-1}\}$,则 $(H, \circ)$ 是 $(G, \circ)$ 的一个 n 阶子群.

证明:设 k 和 t 都是不大于 $n-1$ 的非负整数,则当 $k \neq t$ 时(不妨设 $k > t$),$g^k \neq g^t$,否则 $g^{k-t} = e$,而 $0 < k - t \leqslant n - 1$,这与 g 是 $(G, \circ)$ 的 n 阶元的假设矛盾. 因为

$$g^k \circ g^t = \begin{cases} g^{k+t} & 若 k + t \leqslant n - 1 \\ g^{k+t-n} & 若 k + t \geqslant n \end{cases},$$

所以 $$g^k \circ g^t \in H.$$

因为

$$(g^k)^{-1} = \begin{cases} e & 若 k = 0 \\ g^{n-k} & 若 0 < k \leqslant n - 1 \end{cases},$$

所以 $$(g^k)^{-1} \in H.$$

由定理 7.5,$(H, \circ)$ 是 $(G, \circ)$ 的一个 n 阶子群.

推论 7.2 设 $(G, \circ)$ 是一个 n 阶群,$g \in G$,g 的阶为 r,则 $r \mid n$.

证明:设 $(G, \circ)$ 的单位元为 e. 令 $H = \{e, g, g^2, \cdots, g^{r-1}\}$,由定理 7.8,$(H, \circ)$ 是 $(G, \circ)$ 的一个 r 阶子群. 由定理 7.6,$r \mid n$.

定理 7.9 设 $(G, \circ)$ 是有限群,H 是 G 的非空子集,如果对任意的 $a, b \in H$,都有 $a \circ b \in H$,则 $(H, \circ)$ 是 $(G, \circ)$ 的一个子群.

证明:设 $|G| = n$,$a \in H$,a 在 $(G, \circ)$ 中的阶为 k,由推论 7.2,$k \mid n$. 设 $n = kt$,则 $a^n = (a^k)^t = e^t = e$,从而 $a^{n-1} = a^{-1}$. 由定理的假设知 $a^{n-1} \in H$,所以 $a^{-1} \in H$. 由定理 7.5,$(H, \circ)$ 是 $(G, \circ)$ 的一个子群.

三、置换群

定义 7.17 设 A 是 n 元集，由 A 到 A 上的任一个一一对应映射称为 A 上的一个置换，简称为 n 元置换.

显见，n 元集上的置换共有 $n!$ 个. 设 f 是 n 元集 $A=\{a_1,a_2,\cdots,a_n\}$ 上的任一个置换且 $f(a_k)=b_k(k=1,2,\cdots,n)$，则 f 可表成

$$f=\begin{pmatrix}a_1a_2\cdots a_n\\ b_1b_2\cdots b_n\end{pmatrix}.$$

由于 f 是由 A 到 A 上的一个一一对应映射，所以 $b_1b_2\cdots b_n$ 是由 $a_1,a_2,\cdots,a_n$ 作成的一个全排列. 如果 $a_{i_1}a_{i_2}\cdots a_{i_n}$ 也是由 $a_1,a_2,\cdots,a_n$ 作成的一个全排列，则 $f(a_{i_k})=b_{i_k}(k=1,2,\cdots,n)$，所以 f 也可表成：

$$f=\begin{pmatrix}a_{i_1}a_{i_2}\cdots a_{i_n}\\ b_{i_1}b_{i_2}\cdots b_{i_n}\end{pmatrix}.$$

定义 7.18 设 $A=\{a_1,a_2,\cdots,a_n\}$ 是 n 元集，f 是 A 上的一个置换. 如果 $f(a_i)=a_i(1\leqslant i\leqslant n)$，则称 f 含有 1-轮换 (a_i). 设 $b_1,b_2,\cdots,b_k(2\leqslant k\leqslant n)$ 是 A 中的 k 个彼此相异的元，如果 $f(b_i)=b_{i+1}$ $(i=1,2,\cdots,k-1)$ 且 $f(b_k)=b_1$，则称 f 含有 k-轮换 $(b_1b_2\cdots b_k)$，或称 $(b_1b_2\cdots b_k)$ 是 f 的一个 k-轮换.

设 $b_1,b_2,\cdots,b_k$ 是 n 元集 A 中的 $k(k\geqslant 2)$ 个彼此相异的元，s 是正整数且 $2\leqslant s\leqslant k$，f 是 A 上的一个置换，则 f 含有 k-轮换 $(b_1b_2\cdots b_k)$ 与 f 含有 k-轮换 $(b_sb_{s+1}\cdots b_kb_1b_2\cdots b_{s-1})$ 都表示 f 具有如下性质：$f(b_i)=b_{i+1}(i=1,2,\cdots,k-1)$ 且 $f(b_k)=b_1$. 因此，我们把 k-轮换 $(b_1b_2\cdots b_k)$ 与 k-轮换 $(b_sb_{s+1}\cdots b_kb_1b_2\cdots b_{s-1})$ 看成是一样的，只不过 k-轮换 $(b_sb_{s+1}\cdots b_kb_1b_2\cdots b_{s-1})$ 是 k-轮换 $(b_1b_2\cdots b_k)$ 的另一种表示而已. 通常，在 k-轮换中把下标最小的元放在首位.

设 f 是 n 元集 $A=\{a_1,a_2,\cdots,a_n\}$ 上的一个置换，$a\in A$，$f(a)\neq$

a. 令 $b_1=a, b_2=f(b_1), b_3=f(b_2), \cdots$ 因为 f 是由 A 到 A 上的一个一一对应映射,所以必存在最小的正整数 k,使得 $b_1, b_2, \cdots, b_k$ 彼此相异且 $f(b_k)=b_1=a$. 于是,f 含有 k-轮换 $(b_1 b_2 \cdots b_k)$,这表明 a 必在 f 的某一个轮换中. 因为 f 是由 A 到 A 上的一个一一对应映射,所以 a 不可能在 f 的两个不同的轮换中. 这就是说,f 的任意两个不同的轮换是不相交的(即没有公共元). 如果 f 所含有的全部不同的轮换为 $\pi_1, \pi_2, \cdots, \pi_s$,则把 f 表成 $f=\pi_1\pi_2\cdots\pi_s$,式子 $\pi_1\pi_2\cdots\pi_s$ 称为 $\pi_1, \pi_2, \cdots, \pi_s$ 的乘积,并称为 f 的轮换分解式. 如果 $\pi_{i_1}\pi_{i_2}\cdots\pi_{i_s}$ 是由 $\pi_1, \pi_2, \cdots, \pi_s$ 作成的一个全排列,则显然有 $f=\pi_{i_1}\pi_{i_2}\cdots\pi_{i_s}$. 我们把 f 的两种表示 $\pi_1\pi_2\cdots\pi_s$ 与 $\pi_{i_1}\pi_{i_2}\cdots\pi_{i_s}$ 看成是一样的.

由上面的讨论,我们得到定理 7.10.

定理 7.10 n 元集上的任一个置换可唯一地表成若干个彼此不相交的轮换的乘积.

例 7.1 设 $A=\{1,2,\cdots,9\}$,把 A 上的置换

$$f=\begin{pmatrix}1 & 2 & 3 & 4 & 5 & 6 & 7 & 8 & 9\\ 3 & 4 & 7 & 6 & 9 & 2 & 1 & 8 & 5\end{pmatrix}$$

表成彼此不相交的轮换的乘积.

解:因为 f 含有如下 4 个轮换:(137),(246),(59),(8),所以

$$f=(137)(246)(59)(8).$$

定理 7.11 设 $A=\{a_1, a_2, \cdots, a_n\}$ 是 n 元集,以 S_A 表示由 A 上的全部置换作成之集. 在 S_A 上定义二元运算"$\circ$"如下:对任意的 $f, g\in S_A$,$f\circ g$ 是 A 上的一个置换且

$$f\circ g(a_k)=f(g(a_k)) \quad (k=1,2,\cdots,n),$$

则代数系统 $(S_A, \circ)$ 是一个群.

证明:(1)设 $f, g, h\in S_A$ 且

$$h=\begin{pmatrix}a_1a_2\cdots a_n\\ b_1b_2\cdots b_n\end{pmatrix},\quad g=\begin{pmatrix}b_1b_2\cdots b_n\\ c_1c_2\cdots c_n\end{pmatrix},\quad f=\begin{pmatrix}c_1c_2\cdots c_n\\ d_1d_2\cdots d_n\end{pmatrix},$$

则

$$f\circ(g\circ h)=\begin{pmatrix}c_1c_2\cdots c_n\\d_1d_2\cdots d_n\end{pmatrix}\circ\left[\begin{pmatrix}b_1b_2\cdots b_n\\c_1c_2\cdots c_n\end{pmatrix}\circ\begin{pmatrix}a_1a_2\cdots a_n\\b_1b_2\cdots b_n\end{pmatrix}\right]$$

$$=\begin{pmatrix}c_1c_2\cdots c_n\\d_1d_2\cdots d_n\end{pmatrix}\circ\begin{pmatrix}a_1a_2\cdots a_n\\c_1c_2\cdots c_n\end{pmatrix}=\begin{pmatrix}a_1a_2\cdots a_n\\d_1d_2\cdots d_n\end{pmatrix},$$

$$(f\circ g)\circ h=\left[\begin{pmatrix}c_1c_2\cdots c_n\\d_1d_2\cdots d_n\end{pmatrix}\circ\begin{pmatrix}b_1b_2\cdots b_n\\c_1c_2\cdots c_n\end{pmatrix}\right]\circ\begin{pmatrix}a_1a_2\cdots a_n\\b_1b_2\cdots b_n\end{pmatrix}$$

$$=\begin{pmatrix}b_1b_2\cdots b_n\\d_1d_2\cdots d_n\end{pmatrix}\circ\begin{pmatrix}a_1a_2\cdots a_n\\b_1b_2\cdots b_n\end{pmatrix}=\begin{pmatrix}a_1a_2\cdots a_n\\d_1d_2\cdots d_n\end{pmatrix},$$

所以

$$(f\circ g)\circ h=f\circ(g\circ h),$$

这表明在$(S_A,\circ)$中运算$\circ$满足结合律.

(2)显见,$(S_A,\circ)$有单位元$\begin{pmatrix}a_1a_2\cdots a_n\\a_1a_2\cdots a_n\end{pmatrix}$.

(3)设$f\in S_A$且$f=\begin{pmatrix}a_1a_2\cdots a_n\\b_1b_2\cdots b_n\end{pmatrix}$.因为

$$\begin{pmatrix}a_1a_2\cdots a_n\\b_1b_2\cdots b_n\end{pmatrix}\circ\begin{pmatrix}b_1b_2\cdots b_n\\a_1a_2\cdots a_n\end{pmatrix}=\begin{pmatrix}b_1b_2\cdots b_n\\b_1b_2\cdots b_n\end{pmatrix}$$

$$=\begin{pmatrix}a_1a_2\cdots a_n\\a_1a_2\cdots a_n\end{pmatrix}=\begin{pmatrix}b_1b_2\cdots b_n\\a_1a_2\cdots a_n\end{pmatrix}\circ\begin{pmatrix}a_1a_2\cdots a_n\\b_1b_2\cdots b_n\end{pmatrix},$$

所以f有逆元 $f^{-1}=\begin{pmatrix}b_1b_2\cdots b_n\\a_1a_2\cdots a_n\end{pmatrix}$.

由(1),(2),(3),根据定义7.10,$(S_A,\circ)$是一个群.

定义7.19 设A是n元集,$\circ$是A上置换的乘法,群$(S_A,\circ)$称为A上的对称群.$(S_A,\circ)$的任一个子群称为A上的一个置换群,简称为置换群.

例7.2 设$A=\{1,2,3\}$,$H=\{(1)(2)(3),(123),(132)\}$,

容易验证$(H,\circ)$是$(S_A,\circ)$的一个子群,从而$(H,\circ)$是$A=\{1,2,3\}$上的一个置换群.

第二节　置换群的轮换指标

一、置换群的轮换指标

定义7.20　设A是n元集,$(G,\circ)$是A上的一个置换群,$g\in G$,如果g的轮换分解式中含有$b_i(i=1,2,\cdots,n)$个长为i的轮换$(b_1+2b_2+\cdots+nb_n=n)$,则称g是一个型为$(b_1,b_2,\cdots,b_n)$的n元置换,或称g是一个型为$1^{b_1}2^{b_2}\cdots n^{b_n}$的$n$元置换.

定义7.21　设$(G,\circ)$是n元集A上的一个置换群,$x_1,x_2,\cdots,x_n$是n个未定元,对每个$g\in G$,以$b_i(g)(i=1,2,\cdots,n)$表示g的轮换分解式所含有的长为i的轮换的个数,令

$$P_G(x_1,x_2,\cdots,x_n)=\frac{1}{|G|}\sum_{g\in G}x_1^{b_1(g)}x_2^{b_2(g)}\cdots x_n^{b_n(g)},$$

$P_G(x_1,x_2,\cdots,x_n)$称为A上的置换群$(G,\circ)$的轮换指标.

例7.3　设$A=\{1,2,3\}$,求$P_{S_A}(x_1,x_2,x_3)$.

解:因$S_A=\{(1)(2)(3),(1)(23),(2)(13),(3)(12),(123),(132)\}$,所以

$$P_{S_A}(x_1,x_2,x_3)=\frac{1}{6}(x_1^3+3x_1x_2+2x_3).$$

定理7.12　设A是n元集,则A上的对称群$(S_A,\circ)$的轮换指标为

$$P_{S_A}(x_1,x_2,\cdots,x_n)=\sum_{\substack{k_1+2k_2+\cdots+nk_n=n\\ k_i(i=1,2,\cdots,n)\text{为非负整数}}}\frac{1}{k_1!k_2!\cdots k_n!}\left(\frac{x_1}{1}\right)^{k_1}\left(\frac{x_2}{2}\right)^{k_2}\cdots\left(\frac{x_n}{n}\right)^{k_n}.$$

证明:设 $A=\{a_1,a_2,\cdots,a_n\}$, $g\in S_A$, g 的型为 $(k_1,k_2,\cdots,k_n)$,则 $k_1,k_2,\cdots,k_n$ 都是非负整数, $k_1+2k_2+\cdots+nk_n=n$,且去掉 g 的轮换分解式中的每个轮换的括号,就得到一个由 $a_1,a_2,\cdots,a_n$ 作成的全排列. 对任意 n 个非负整数 $k_1,k_2,\cdots,k_n(k_1+2k_2+\cdots+nk_n=n)$,以 $C(k_1,k_2,\cdots,k_n)$ 表示 S_A 中型为 $(k_1,k_2,\cdots,k_n)$ 的置换的个数,下面求 $C(k_1,k_2,\cdots,k_n)$.

以 S 表示由 $a_1,a_2,\cdots,a_n$ 作成的全部全排列所成之集,则 $|S|=n!$. 对任意的 $s\in S$,把排列 s 剖分成 $k_1+k_2+\cdots+k_n$ 段,使得其中长为 i 的段有 k_i 个且左边段的长度均不大于右边段的长度,然后把每一段都添上括号,就得到 A 上的一个型为 $(k_1,k_2,\cdots,k_n)$ 的置换,把该置换记为 $\pi(s)$,显然 $\pi(s)$ 由 s 唯一确定. 设 $s_1,s_2\in S$,如果 $\pi(s_1)=\pi(s_2)$,则称 s_1 和 s_2 是 S 中的同一类型的排列. 用此方法可把 S 中的 $n!$ 个元分成 $C(k_1,k_2,\cdots,k_n)$ 类,属于同一类的排列类型相同. 因为 $k_i(i=1,2,\cdots,n)$ 个长为 i 的轮换的全排列共有 $k_i!$ 个,而一个长为 i 的轮换有 i 种表示法,故 S 的每一类的排列均有 $\prod\limits_{i=1}^{n}k_i!\,i^{k_i}$ 个,从而

$$C(k_1,k_2,\cdots,k_n)\prod_{i=1}^{n}k_i!\,i^{k_i}=n!,$$

所以

$$C(k_1,k_2,\cdots,k_n)=\frac{n!}{k_1!k_2!\cdots k_n!1^{k_1}2^{k_2}\cdots n^{k_n}}.$$

于是

$$\begin{aligned}
&P_{S_A}(x_1,x_2,\cdots,x_n)\\
&\quad=\frac{1}{|S_A|}\sum_{g\in S_A}x_1^{b_1(g)}x_2^{b_2(g)}\cdots x_n^{b_n(g)}\\
&\quad=\frac{1}{n!}\sum_{\substack{k_1+2k_2+\cdots+nk_n=n\\ k_i(i=1,2,\cdots,n)\text{为非负整数}}}\frac{n!}{k_1!k_2!\cdots k_n!1^{k_1}2^{k_2}\cdots n^{k_n}}x_1^{k_1}x_2^{k_2}\cdots x_n^{k_n}
\end{aligned}$$

$$= \sum_{\substack{k_1+2k_2+\cdots+nk_n=n \\ k_i(i=1,2,\cdots,n)\text{为非负整数}}} \frac{1}{k_1!k_2!\cdots k_n!}\left(\frac{x_1}{1}\right)^{k_1}\left(\frac{x_2}{2}\right)^{k_2}\cdots\left(\frac{x_n}{n}\right)^{k_n}.$$

二、正 n 边形的旋转群导出的置换群的轮换指标

设 $A_n(n\geqslant 3)$ 是某个平面 π 上的一个正 n 边形，它的 n 个顶点已依次（按逆时针方向）标上记号 $v_1, v_2, \cdots, v_n$. 令 A_n 在平面 π 上（即 A_n 不离开平面 π）运动，使得运动后的正 n 边形的周界与 A_n 的周界重合，这样得到的正 n 边形记成 A'_n，显见 A'_n 的中心与 A_n 的中心重合. 因为 A'_n 的顶点 v_1 可以与 A_n 的 n 个顶点中的任一个重合，所以 A_n 运动的结果有 n 种可能. 如果 A'_n 的顶点 v_1 与 A_n 的顶点 $v_{k+1}(k=0,1,2,\cdots,n-1)$ 重合，则把 A'_n 记为 $A_n(k)$. 显见 A_n 绕其中心 O 逆时针方向旋转 $k\cdot\dfrac{360^\circ}{n}$，即可得到 $A_n(k)$. 以 c_k 表示此旋转，并把 c_0 称为恒等旋转. 令 $C=\{c_0, c_1, c_2, \cdots, c_{n-1}\}$. 设 c_i 和 c_j 是 C 中的任意两个元，因为 A_n 先作旋转 c_j 再作旋转 c_i 所得到的正 n 边形的周界必与 A_n 的周界重合，所以所得到的正 n 边形必是 $A_n(0), A_n(1), \cdots, A_n(n-1)$ 之一. 设所得到的正 n 边形为 $A_n(k)$，则 A_n 先作旋转 c_j 再作旋转 c_i 的结果与 A_n 作旋转 c_k 的结果一样. 于是，可在 C 上定义如下的二元运算 $*$：设 c_i, c_j, c_k 是 C 中的任意 3 个元，如果 A_n 先作旋转 c_j 再作旋转 c_i 的结果与 A_n 作旋转 c_k 的结果一样，则 $c_i * c_j = c_k$. 显见，$(C, *)$ 有单位元 c_0，在 $(C, *)$ 中 $c_i(i=1,2,\cdots,n-1)$ 的逆元为 c_{n-i}.

设 $c_k\in C(0\leqslant k\leqslant n-1)$，则 A_n 作旋转 c_k 之后得到 $A_n(k)$. 令 $s=n-k$，设 $v_i(1\leqslant i\leqslant n)$ 是 A_n 的任一个顶点，则当 $i\leqslant s$ 时，$A_n(k)$ 的顶点 v_i 与 A_n 的顶点 v_{i+k} 重合；当 $i>s$ 时，$A_n(k)$ 的顶点 v_i 与 A_n 的顶点 v_{i+k-n} 重合. 因此，c_k 对应于 A_n 的顶点集 $V=\{v_1, v_2, \cdots, v_n\}$ 上的如下的置换：

$$g_k = \begin{pmatrix} v_1 & v_2 & \cdots & v_s & v_{s+1} & v_{s+2} & \cdots & v_n \\ v_{k+1} & v_{k+2} & \cdots & v_n & v_1 & v_2 & \cdots & v_k \end{pmatrix},$$

g_k 称为由 c_k 导出的顶点置换. 显见,$g_0, g_1, \cdots, g_{n-1}$ 彼此相异.

令 $G = \{g_0, g_1, g_2, \cdots, g_{n-1}\}$. 在 G 上定义二元运算 $\circ$ 如下:设 $g_i, g_j \in G$,如果 $c_i * c_j = c_k$,则 $g_i \circ g_j = g_k$. 显见,g_0 是 $(G, \circ)$ 的单位元,在 $(G, \circ)$ 中 $g_i (i = 1, 2, \cdots, n-1)$ 的逆元为 g_{n-i}.

设 $g_i, g_j \in G, v_k \in V, g_j(v_k) = v_p, g_i(v_p) = v_q$. 又设 $c_i * c_j = c_s$,则 $A_n(j)$ 的顶点 v_k 与 A_n 的顶点 v_p 重合,$A_n(i)$ 的顶点 v_p 与 A_n 的顶点 v_q 重合,$A_n(s)$ 的顶点 v_k 与 A_n 的顶点 v_q 重合. 于是,$g_i \circ g_j(v_k) = v_q$,从而 $g_i \circ g_j(v_k) = g_i(g_j(v_k))$,这说明 $(G, \circ)$ 中的运算 $\circ$ 就是通常的置换乘法. 由于在 $(G, \circ)$ 中,运算 $\circ$ 满足结合律(因为运算 $\circ$ 是置换的乘法),于是由运算 $\circ$ 的定义知在 $(C, *)$ 中运算 $*$ 也满足结合律,因此 $(C, *)$ 与 $(G, \circ)$ 均是 n 阶群,且 $(G, \circ)$ 是 A_n 的顶点集 V 上的一个置换群. $(G, \circ)$ 称为由正 n 边形的正常旋转群 $(C, *)$ 导出的顶点置换群. 显然,有 $g_k = g_1^k (k = 1, 2, \cdots, n-1), g_1^n = g_0$. 令 $e = g_0, g = g_1$,则 $(G, \circ)$ 是以 e 为单位元,以 g 为生成元的 n 阶循环群.

定理 7.13 以 $(G, \circ)$ 表示正 n 边形的正常旋转群导出的顶点置换群,则 $(G, \circ)$ 的轮换指标为

$$P_G(x_1, x_2, \cdots, x_n) = \frac{1}{n} \sum_{d|n} \varphi(d) (x_d)^{\frac{n}{d}},$$

其中 φ 是欧拉函数.

证明:设 n 阶循环群 $(G, \circ)$ 的单位元为 e,生成元为 g,则对任一个不大于 $n-1$ 的正整数 k,有 $(g^k)^n = (g^n)^k = e^k = e$,所以必有不大于 n 的最小的正整数 s,使得 $(g^k)^s = e$. 因为 $g^{ks} = (g^k)^s = e$,由推论 7.1,$n | ks$. 设 $(k, n) = d$,则 $d \leqslant k < n, d | k$ 且 $d | n$,于是由 $n | ks$ 得 $\frac{n}{d} \left| \frac{k}{d} \cdot s \right.$. 因为 $\left(\frac{k}{d}, \frac{n}{d}\right) = 1$,所以 $\frac{n}{d} \left| s \right.$. 因为 $(g^k)^{\frac{n}{d}} = (g^n)^{\frac{k}{d}} = e^{\frac{k}{d}} =$

e,由 s 的最小性知 $s=\frac{n}{d}$. 令 $\frac{n}{d}=t+1$,则 $n=(t+1)d$. 对任意正整数 i 和 $j(j\leqslant n-1)$,令 $v_{ni+j}=v_j$,则

$$g^k=(v_1v_{1+k}v_{1+2k}\cdots v_{1+tk})(v_2v_{2+k}v_{2+2k}\cdots v_{2+tk})\cdots(v_dv_{d+k}v_{d+2k}\cdots v_{d+tk}),$$

所以 g^k 的型为 $\left(\frac{n}{d}\right)^d$.

因为对任一个整除 n 且小于 n 的正整数 d,满足 $(k,n)=d$ 的不大于 n 的正整数 k 的个数等于满足 $\left(i,\frac{n}{d}\right)=1$ 的不大于 $\frac{n}{d}$ 的正整数 i 的个数,为 $\varphi\left(\frac{n}{d}\right)$,所以 $(G,\circ)$ 中型为 $\left(\frac{n}{d}\right)^d$ 的 n 元置换共有 $\varphi\left(\frac{n}{d}\right)$ 个. 又因为单位元 e 的型为 1^n 且 $\varphi(1)=1$,所以

$$\begin{aligned}P_G(x_1,x_2,\cdots,x_n)&=\frac{1}{n}\left[x_1^n+\sum_{\substack{d|n\\d\neq n}}\varphi\left(\frac{n}{d}\right)(x_{\frac{n}{d}})^d\right]\\&=\frac{1}{n}\left[x_1^n+\sum_{\substack{d|n\\d\neq 1}}\varphi(d)(x_d)^{\frac{n}{d}}\right]\\&=\frac{1}{n}\sum_{d|n}\varphi(d)(x_d)^{\frac{n}{d}}.\end{aligned}$$

例 7.4 设 $(G,\circ)$ 是正六边形的正常旋转群导出的顶点置换群,求 $(G,\circ)$ 的轮换指标.

解:

$$\begin{aligned}&P_G(x_1,x_2,x_3,x_4,x_5,x_6)\\&=\frac{1}{6}\sum_{d|6}\varphi(d)(x_d)^{\frac{6}{d}}\\&=\frac{1}{6}\left[\varphi(1)x_1^6+\varphi(2)x_2^3+\varphi(3)x_3^2+\varphi(6)x_6\right]\\&=\frac{1}{6}(x_1^6+x_2^3+2x_3^2+2x_6).\end{aligned}$$

设 A_n, $A_n(k)(k=0,1,2,\cdots,n-1)$, $c_k(k=0,1,2,\cdots,n-1)$的意义如前所述,给 A_n 的 n 条边依次(按逆时针方向)标上记号 e_1, $e_2,\cdots,e_n$. 设 k 是任一个不大于 $n-1$ 的非负整数,令 $s=n-k$,并设 $e_i(1\leqslant i\leqslant n)$是 A_n 的任一条边,则当 $i\leqslant s$ 时,$A_n(k)$的边 e_i 与 A_n 的边 e_{i+k}重合;当 $i>s$ 时,$A_n(k)$的边 e_i 与 A_n 的边 e_{i+k-n}重合,因此 c_k 对应于 A_n 的边集 $E=\{e_1,e_2,\cdots,e_n\}$ 上的如下的置换:

$$g'_k=\begin{pmatrix} e_1 & e_2 & \cdots & e_s & e_{s+1} & e_{s+2} & \cdots & e_n \\ e_{k+1} & e_{k+2} & \cdots & e_n & e_1 & e_2 & \cdots & e_k \end{pmatrix},$$

g'_k 称为由 c_k 导出的边置换.

令 $G'=\{g'_0,g'_1,g'_2,\cdots,g'_{n-1}\}$,类似于正 n 边形的正常旋转群导出的顶点置换群$(G,\circ)$的情形,容易证得$(G',\circ)$是一个以 g'_0 为单位元,以 g'_1 为生成元的 n 阶循环群,其中运算 $\circ$ 是通常的置换乘法. 群$(G',\circ)$称为由正 n 边形的正常旋转群导出的边置换群.

用类似于定理 7.13 的证明方法,容易证明定理 7.14.

定理 7.14　设$(G',\circ)$是正 n 边形的正常旋转群导出的边置换群,则$(G',\circ)$的轮换指标为

$$P_{G'}(x_1,x_2,\cdots,x_n)=\frac{1}{n}\sum_{d|n}\varphi(d)(x_d)^{\frac{n}{d}}.$$

证明留给读者.

由定理 7.13 和定理 7.14 可知:正 n 边形的正常旋转群导出的顶点置换群和边置换群有相同的轮换指标.

设 $A_n(n\geqslant 3)$是空间中的一个正 n 边形,它的 n 个顶点已依次(按逆时针方向)标上记号 $v_1,v_2,\cdots,v_n$. 令 A_n 在空间中运动,运动后的正 n 边形记为 A'_n. 今要求 A'_n 的周界与 A_n 的周界重合(此时 A'_n 的中心必与 A_n 的中心重合). 因为 A'_n 的顶点 v_1 可以与 A_n 的 n 个顶点中的任一个顶点重合,且在 A'_n 中与 v_1 相邻的顶点(按逆时针方向)可以是 v_2 或 v_n,所以 A_n 的运动结果有 $2n$ 种. 如果 A'_n 的

顶点 v_1 与 A_n 的顶点 $v_{k+1}(k=0,1,2,\cdots,n-1)$ 重合，且在 A'_n 中与 v_1 相邻的顶点（按逆时针方向）为 v_2，则把 A'_n 记成 $A_n(k)$；如果 A'_n 的顶点 v_1 与 A_n 的顶点 $v_k(k=1,2,\cdots,n)$ 重合，且在 A'_n 中与 v_1 相邻的顶点（按逆时针方向）为 v_n，则把 A'_n 记成 $\overline{A}_n(k)$. 显然，A_n 绕其中心 O 逆时针旋转 $k\cdot\frac{360°}{n}$ 可得到 $A_n(k)$，以 c_k 表示此旋转. 以 $l_k(k=1,2,\cdots,n)$ 表示经过 A_n 的中心 O 和线段 v_1v_k 的中点的直线，则 A_n 以直线 l_k 为轴作翻转（即 A_n 绕直线 l_k 作 180°的旋转）可得 $\overline{A}_n(k)$，以 d_k 表示该翻转. 显然，$c_0,c_1,c_2,\cdots,c_{n-1},d_1,d_2,\cdots,d_n$ 彼此相异. 令 $D=\{c_0,c_1,c_2,\cdots,c_{n-1},d_1,d_2,\cdots,d_n\}$. 设 $x,y\in D$，因为 A_n 先作运动 y 再作运动 x 所得的正 n 边形的周界必与 A_n 的周界重合，所以所得的正 n 边形必是 $A_n(0),A_n(1),\cdots,A_n(n-1)$，$\overline{A}_n(1),\overline{A}_n(2),\cdots,\overline{A}_n(n)$ 之一. 于是，必有 $z\in D$，使得 A_n 先作运动 y 再作运动 x 的结果与 A_n 作运动 z 的结果一样，所以可在 D 上定义如下的二元运算 $*$：设 $x,y,z\in D$，如果 A_n 先作运动 y 再作运动 x 的结果与 A_n 作运动 z 的结果一样，则 $x*y=z$. 显见，$(D,*)$ 有单位元 c_0，$c_k(k=1,2,\cdots,n-1)$ 的逆元是 c_{n-k}，$d_k(k=1,2,\cdots,n)$ 的逆元，就是 d_k. 于是，如果在 $(D,*)$ 中运算 $*$ 满足结合律，则 $(D,*)$ 是一个群. 下面证明在 $(D,*)$ 中运算 $*$ 满足结合律.

以 $g_k(k=0,1,2,\cdots,n-1)$ 表示 c_k 导出的顶点置换. 翻转 d_k $(k=1,2,\cdots,n)$ 也导出一个顶点置换 h_k，h_k 的具体情况由 n 和 k 而定：

(1) n 为奇数

如果 k 为奇数，则

$$h_k=(v_1v_k)(v_2v_{k-1})\cdots\left(v_{\frac{k-1}{2}}v_{\frac{k+3}{2}}\right)\left(v_{\frac{k+1}{2}}\right)(v_{k+1}v_n)(v_{k+2}v_{n-1})\cdots\left(v_{\frac{n+k}{2}}v_{\frac{n+k+2}{2}}\right);$$

如果 k 为偶数,则

$$h_k=(v_1v_k)(v_2v_{k-1})\cdots\left(v_{\frac{k}{2}}v_{\frac{k+2}{2}}\right)(v_{k+1}v_n)(v_{k+2}v_{n-1})\cdots$$

$$\left(v_{\frac{n+k-1}{2}}v_{\frac{n+k+3}{2}}\right)\left(v_{\frac{n+k+1}{2}}\right).$$

所以当 n 为奇数时,$h_1,h_2,\cdots,h_n$ 的型均为 $12^{\frac{n-1}{2}}$.

(2)n 为偶数

如果 k 为奇数,则

$$h_k=(v_1v_k)(v_2v_{k+1})\cdots\left(v_{\frac{k-1}{2}}v_{\frac{k+3}{2}}\right)\left(v_{\frac{k+1}{2}}\right)(v_{k+1}v_n)(v_{k+2}v_{n-1})\cdots$$

$$\left(v_{\frac{n+k-1}{2}}v_{\frac{n+k+3}{2}}\right)\left(v_{\frac{n+k+1}{2}}\right),$$

此时,h_k 的型为 $1^2 2^{\frac{n-2}{2}}$.

如果 k 为偶数,则

$$h_k=(v_1v_k)(v_2v_{k-1})\cdots\left(v_{\frac{k}{2}}v_{\frac{k+2}{2}}\right)(v_{k+1}v_n)(v_{k+2}v_{n-1})\cdots$$

$$\left(v_{\frac{n+k}{2}}v_{\frac{n+k+2}{2}}\right),$$

此时,h_k 的型为 $2^{\frac{n}{2}}$.

所以,当 n 为偶数时,$h_1,h_2,\cdots,h_n$ 中有 $\frac{n}{2}$ 个顶点置换,它们的型为 $1^2 2^{\frac{n-2}{2}}$,其余 $\frac{n}{2}$ 个顶点置换的型为 $2^{\frac{n}{2}}$.

令 $F=\{g_0,g_1,g_2,\cdots,g_{n-1},h_1,h_2,\cdots,h_n\}$. 在 F 上定义二元运算∘如下:设 $b_1,b_2\in F$,如果 b_1,b_2 分别由 D 中的元 a_1,a_2 导出,$a_1*a_2=a_3$ 且 a_3 导出的顶点置换为 b_3,则 $b_1\circ b_2=b_3$. 显见,g_0 是 $(F,\circ)$ 的单位元. 在 $(F,\circ)$ 中,$g_i(i=1,2,\cdots,n-1)$ 的逆元为 g_{n-i},$h_i(i=1,2,\cdots,n)$ 的逆元为 h_i. 不难看出,∘就是通常的置换

的乘法. 设 $a_1,a_2,a_3 \in D$, $a_i(i=1,2,3)$ 导出的顶点置换为 b_i,则 $(a_1 * a_2) * a_3$ 和 $a_1 * (a_2 * a_3)$ 导出的顶点置换分别为 $(b_1 \circ b_2) \circ b_3$ 和 $b_1 \circ (b_2 \circ b_3)$. 由于置换的乘法满足结合律,所以 $(b_1 \circ b_2) \circ b_3 = b_1 \circ (b_2 \circ b_3)$,从而 $(a_1 * a_2) * a_3 = a_1 * (a_2 * a_3)$,因此在 $(D, *)$ 中运算 $*$ 也满足结合律.

由以上的讨论可知:$(D, *)$ 与 $(F, \circ)$ 都是群,$(D, *)$ 称为正 n 边形的非正常旋转群,简称为二面体群. $(F, \circ)$ 称为由正 n 边形的非正常旋转群导出的顶点置换群. 当 n 为奇数时,F 中由翻转导出的 n 个 顶点置换的型均为 $1 2^{\frac{n-1}{2}}$;当为 n 偶数时,F 中由翻转导出的 n 个顶点置换中,有 $\frac{n}{2}$ 个置换的型为 $1^2 2^{\frac{n-2}{2}}$,其余 $\frac{n}{2}$ 个置换的型为 $2^{\frac{n}{2}}$,于是由定理 7.13 得定理 7.15.

定理 7.15 以 $(F, \circ)$ 表示正 n 边形的非正常旋转群导出的顶点置换群,则 $(F, \circ)$ 的轮换指标为

$$P_F(x_1,x_2,\cdots,x_n) = \begin{cases} \dfrac{1}{2n}\sum\limits_{d|n} \varphi(d)(x_d)^{\frac{n}{d}} + \dfrac{1}{2}x_1 x_2^{\frac{n-1}{2}} & n \text{ 为奇数} \\ \dfrac{1}{2n}\sum\limits_{d|n} \varphi(d)(x_d)^{\frac{n}{d}} + \dfrac{1}{4}\left(x_2^{\frac{n}{2}} + x_1^2 x_2^{\frac{n-2}{2}}\right) & n \text{ 为偶数} \end{cases}.$$

设 $A_n(n \geqslant 3)$ 是空间中的任一个正 n 边形,它的 n 条边依次(按逆时针方向)标上记号 $e_1,e_2,\cdots,e_n$,以 $(D, *)$ 表示 A_n 的非正常旋转群. 设 $d \in D$,则 d 导出 A_n 的边集上的一个置换,把此置换记成 d',d' 称为由 d 导出的边置换. 显见,D 中不同的元导出不同的边置换. 令 D' 表示由 D 中的元导出的全部边置换所成之集. 下面我们证明 $(D', \circ)$ 是群,并求出 $(D', \circ)$ 的轮换指标,其中 $\circ$ 是通常的置换的乘法.

以 $v_k(k=1,2,\cdots,n)$ 表示 A_n 的边 e_k 的中点,用线段连接 v_k 和 $v_{k+1}(k=1,2,\cdots,n-1)$,并用线段连接 v_1 和 v_n,就得到一个以 v_1,

$v_2,\cdots,v_n$ 为顶点的正 n 边形 A'_n. A'_n 的顶点 $v_k(k=1,2,\cdots,n)$ 可看成是 A_n 的边 e_n 收缩而成. 显见,A_n 的非正常旋转群就是 A'_n 的非正常旋转群. 设 $d\in D$,d'是由 d 导出的 A_n 边集上的置换,把 d' 中的 $e_k(k=1,2,\cdots,n)$ 换成 v_k,就得到由 d 导出的 A'_n 顶点集上的一个置换. 于是,若把 $e_k(k=1,2,\cdots,n)$ 换成 v_k,$(D',\circ)$ 就变成了由 A'_n 的非正常旋转群导出的顶点置换群. 由此可见,$(D',\circ)$ 是一个群,称为由 A_n 的非正常旋转群导出的边置换群. 由上面的讨论可知,$(D',\circ)$ 的轮换指标就是由正 n 边形 A'_n 的非正常旋转群导出的顶点置换群的轮换指标,由定理 7.15 得定理 7.16.

定理 7.16 以 $(D',\circ)$ 表示正 n 边形的非正常旋转群导出的边置换群,则 $(D',\circ)$ 的轮换指标为

$$P_{D'}(x_1,x_2,\cdots,x_n)=\begin{cases}\dfrac{1}{2n}\sum\limits_{d|n}\varphi(d)(x_d)^{\frac{n}{d}}+\dfrac{1}{2}x_1x_2^{\frac{n-1}{2}} & n\text{ 为奇数}\\ \dfrac{1}{2n}\sum\limits_{d|n}\varphi(d)(x_d)^{\frac{n}{d}}+\dfrac{1}{4}\left(x_2^{\frac{n}{2}}+x_1^2x_2^{\frac{n-2}{2}}\right) & n\text{ 为偶数}\end{cases}$$

例 7.5 设 $(F,\circ)$ 是正六边形的非正常旋转群导出的顶点置换群,求 $(F,\circ)$ 的轮换指标.

解:由定理 7.15 和例 7.4,$(F,\circ)$ 的轮换指标为

$$\begin{aligned}&P_F(x_1,x_2,x_3,x_4,x_5,x_6)\\&=\frac{1}{2\times 6}\sum_{d|6}\varphi(d)(x_d)^{\frac{6}{d}}+\frac{1}{4}\left(x_2^3+x_1^2x_2^2\right)\\&=\frac{1}{12}\left(x_1^6+x_2^3+2x_3^2+2x_6\right)+\frac{1}{4}\left(x_2^3+x_1^2x_2^2\right)\\&=\frac{1}{12}\left(x_1^6+4x_2^3+2x_3^2+3x_1^2x_2^2+2x_6\right).\end{aligned}$$

三、正多面体的旋转群导出的置换群的轮换指标

众所周知,正多面体有如下 5 种:正四面体、正六面体、正八面

体、正十二面体和正二十面体. 设 $V_n(n=4,6,8,12,20)$ 是正 n 面体,类似于正 n 边形的情形,V_n 有自己的旋转群,且 V_n 的旋转群导出了 V_n 的顶点集、边集和面集上的置换群,这些置换群分别称为正 n 面体的旋转群导出的顶点置换群、边置换群和面置换群.

下面我们研究正六面体的旋转群以及由它导出的顶点置换群、边置换群和面置换群的轮换指标,其它正多面体的情形则留给读者自己去加以研究.

设 V_6 是空间中的一个正六面体,它的 8 个顶点已分别标上记号 $v_1,v_2,\cdots,v_8$,以 v_1 为一个端点的 3 条边分别记为 e_1,e_2,e_3(如图 7.1). 令 V_6 在空间中运动,使得运动后的正六面体(记为 V'_6)的周界与 V_6 的周界重合,此时 V'_6 的中心必与 V_6 的中心重合. 设 V'_6 的顶点 v_1 与 V_6 的顶点 $v_i(1\leqslant i\leqslant 8)$ 重合,则 v_i 可以是 $v_1,v_2,\cdots,v_8$ 之一,且 V'_6 的以 v_1 为一个端点的边 e_1 可以与 V_6 的以 v_i 为一个端点的 3 条边之一重合,所以 V_6 运动后的结果有 $8\times 3=24$ 种. 以 $V_6(1),V_6(2),\cdots,V_6(24)$ 表示这 24 种结果.

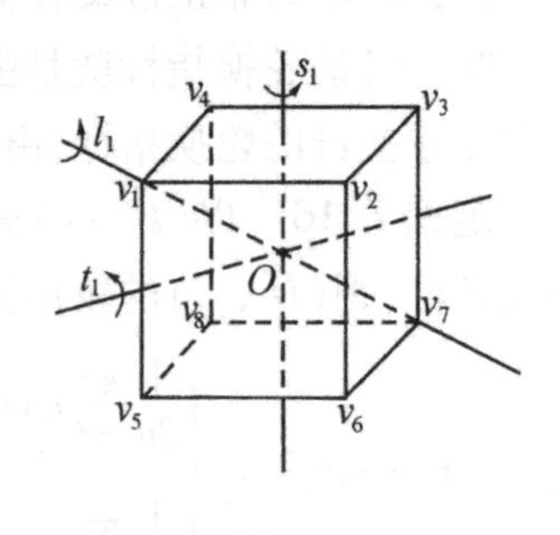

图 7.1

以 $l_k(k=1,2,3,4)$ 表示经过 V_6 的顶点 v_k 和 V_6 的中心 O 的直线,以 $h_k(i)(i=1,2)$ 表示 V_6 绕直线 l_k 所作的旋转角为 $i\times 120°$ 的旋转. $h_k(i)(1\leqslant k\leqslant 4,1\leqslant i\leqslant 2)$ 称为 Ⅰ 类旋转. Ⅰ 类旋转共有 $4\times 2=8$ 个. 设 l_k 与 V_6 的两个交点为 v_t 和 v_s,则以与 v_t 相邻的 3 个顶点为顶点的三角形是等边三角形,以与 v_s 相邻的 3 个顶点为顶点的三角形也是等边三角形,l_k 经过这两个等边三角形的中心且垂直于这两个等边三角形所在的两个平面. 所以 V_6 作了旋转 $h_k(i)$ 之后,所得的正六面体 V'_6 的周界必与 V_6 的周界重合.

正六面体 V_6 有 6 个面,每个面是一个正方形,过每组对面的中心的直线垂直这组对面且过 V_6 的中心. 以 s_1,s_2,s_3 分别表示这 3 条直线,以 $h'_k(i)$ 表示 V_6 绕直线 $s_k(k=1,2,3)$ 所作的旋转角为 $i\times90°(i=1,2,3)$ 的旋转. $h'_k(i)$ 称为Ⅱ类旋转. Ⅱ类旋转共有 $3\times3=9$ 个. 显见 V_6 作了旋转 $h'_k(i)$ 之后所得的正六面体 V'_6 的周界与 V_6 的周界重合.

正六面体 V_6 共有 12 条边,过每组对边的中点的直线垂直于这组对边并且过 V_6 的中心. 以 $t_1,t_2,\cdots,t_6$ 表示这 6 条直线,以 $h_k(0)$ 表示 V_6 绕直线 $t_k(k=1,2,\cdots,6)$ 所作的旋转角为 180°的旋转. $h_k(0)$ 称为Ⅲ类旋转. Ⅲ类旋转共有 6 个. 显见 V_6 作了旋转 $h_k(0)$ 之后所得的正六面体 V'_6 的周界与 V_6 的周界重合.

另外,当 V_6 没有运动时,我们说 V_6 作了恒等旋转,并把恒等旋转记为 $h(0)$,令

$$H=\{h(0),h_1(1),h_1(2),h_2(1),h_2(2),h_3(1),h_3(2),h_4(1),\\ h_4(2),h'_1(1),h'_1(2),h'_1(3),h'_2(1),h'_2(2),h'_2(3),h'_3(1),\\ h'_3(2),h'_3(3),h_1(0),h_2(0),h_3(0),h_4(0),h_5(0),h_6(0)\},$$

则 $|H|=24$.

设 $h_1,h_2\in H$,且 $h_1\neq h_2$. 显见,V_6 作了旋转 h_1 后所得的结果与 V'_6 作了旋转 h_2 后所得的结果不一样. 于是,对任一个 $V_6(i)$ $(i=1,2,\cdots,24)$,必有 $h\in H$,使得 V_6 作了旋转 h 后得到 $V_6(i)$.

设 $h_1,h_2\in H$,V_6 作了旋转 h_2 再作旋转 h_1 后,所得的正六面体 V'_6 的周界必与 V_6 的周界重合. 所以 V'_6 必是 $V_6(1),V_6(2),\cdots,$ $V_6(24)$ 中的一个,从而有唯一的 $h_3\in H$,使得 V_6 作了旋转 h_3 后得到 V'_6. 于是,可在 H 上定义二元运算 * 如下:设 $h_1,h_2,h_3\in H$,如果 V_6 先作旋转 h_2 再作旋转 h_1 后所得的结果与 V_6 作了旋转 h_3 后所得的结果一样,则 $h_1*h_2=h_3$. 显见,$(H,*)$ 有单位元 $h(0)$;$h_k(i)$ $(k=1,2,3,4;i=1,2)$ 的逆元为 $h_k(3-i)$;$h'_k(i)(k=1,2,3;i=1,2,3)$ 的逆元为 $h'_k(4-i)$;$h_k(0)(k=1,2,3,4,5,6)$ 的逆元为 $h_k(0)$.

设 $h \in H$，V_6 作了旋转 h 之后得到的正六面体为 V'_6，如果 V'_6 的顶点 $v_i(1 \leqslant i \leqslant 8)$ 与 V_6 的顶点 v_j 重合，则称在 h 之下有 $v_i \to v_j$.

在 $h_1(1)$ 之下(如图 7.1)，有

$$v_1 \to v_1, \quad v_2 \to v_4 \to v_5 \to v_2, \quad v_7 \to v_7, \quad v_3 \to v_8 \to v_6 \to v_3,$$

所以 $h_1(1)$ 导出了 V_6 的顶点集 $V = \{v_1, v_2, \cdots, v_8\}$ 上的如下置换：$(v_1)(v_2v_4v_5)(v_7)(v_3v_8v_6)$，它的型为 $1^2\,3^2$.

一般地，$h_k(i)(k=1,2,3,4;i=1,2)$ 都导出顶点集 V 上的一个型为 $1^2\,3^2$ 的置换，把此置换记成 $g_k(i)$.

在 $h'_1(1)$ 之下，有

$$v_1 \to v_2 \to v_3 \to v_4 \to v_1, \quad v_5 \to v_6 \to v_7 \to v_8 \to v_5,$$

于是 $h'_1(1)$ 导出了顶点集 V 上的如下置换：$(v_1v_2v_3v_4)(v_5v_6v_7v_8)$，它的型为 4^2.

在 $h'_1(2)$ 之下，有

$$v_1 \to v_3 \to v_1, \quad v_2 \to v_4 \to v_2, \quad v_5 \to v_7 \to v_5, \quad v_6 \to v_8 \to v_6,$$

于是 $h'_1(2)$ 导出了顶点集 V 上的如下置换：$(v_1v_3)(v_2v_4)(v_5v_7)(v_6v_8)$，它的型为 2^4.

一般地，$h'_k(i)(k=1,2,3;i=1,3)$ 导出顶点集 V 上的型为 4^2 的置换；$h'_k(2)(k=1,2,3)$ 导出顶点集 V 上的型为 2^4 的置换. 把 $h'_k(i)$ 导出的顶点集 V 上的置换记成 $g'_k(i)$.

在 $h_1(0)$ 之下，有

$$v_1 \to v_5 \to v_1, \quad v_2 \to v_8 \to v_2, \quad v_3 \to v_7 \to v_3, \quad v_4 \to v_6 \to v_4,$$

于是 $h_1(0)$ 导出了顶点集 V 上如下的置换：$(v_1v_5)(v_2v_8)(v_3v_7)(v_4v_6)$，它的型为 2^4.

一般地，$h_k(0)(k=1,2,\cdots,6)$ 导出了顶点集 V 上的型为 2^4 的置换，把此置换记成 $g_k(0)$.

显见，$h(0)$ 导出了顶点集 V 上的型为 1^8 的置换，把此置换记成 $g(0)$.

令

$$G = \{g(0), g_1(1), g_1(2), g_2(1), g_2(2), g_3(1), g_3(2), g_4(1), g_4(2), g'_1(1), g'_1(2), g'_1(3), g'_2(1), g'_2(2), g'_2(3), g'_3(1), g'_3(2), g'_3(3), g_1(0), g_2(0), g_3(0), g_4(0), g_5(0), g_6(0)\},$$

则 $|G|=24$. 在 G 上定义二元运算 $\circ$ 如下：设 $g_1, g_2 \in G$，如果 g_1 由 h_1 导出，g_2 由 h_2 导出，$h_1 * h_2 = h_3$，且 h_3 导出 g_3，则 $g_1 \circ g_2 = g_3$. 易知 $\circ$ 就是通常的置换的乘法. 于是在 $(G, \circ)$ 上，运算 $\circ$ 满足结合律. 由运算 $*$ 的定义知在 $(H, *)$ 上，运算 $*$ 也满足结合律，所以 $(H, *)$ 是群，称为正六面体的旋转群.

显见，$(G, \circ)$ 有单位元 $g(0)$；$g_k(i)(k=1,2,3,4;i=1,2)$ 的逆元为 $g_k(3-i)$，$g'_k(i)(k=1,2,3;i=1,2,3)$ 的逆元为 $g'_k(4-i)$；$g_k(0)(k=1,2,3,4,5,6)$ 的逆元为 $g_k(0)$. 于是 $(G, \circ)$ 是群，称为由正六面体的旋转群导出的顶点置换群.

因为在 $(G, \circ)$ 中，有一个置换的型为 1^8；有 8 个置换的型为 $1^2 3^2$；有 9 个置换的型为 2^4；有 6 个置换的型为 4^2，于是有定理 7.17.

定理 7.17 设 $(G, \circ)$ 是正六面体的旋转群导出的顶点置换群，则 $(G, \circ)$ 的轮换指标为

$$P_G(x_1, x_2, x_3, x_4, x_5, x_6, x_7, x_8) = \frac{1}{24}(x_1^8 + 8x_1^2x_3^2 + 9x_2^4 + 6x_4^2).$$

给正六面体 V_6 的 12 条边分别标上记号 $e_1, e_2, \cdots, e_{12}$（图 7.2）. 令 $E = \{e_1, e_2, \cdots, e_{12}\}$.

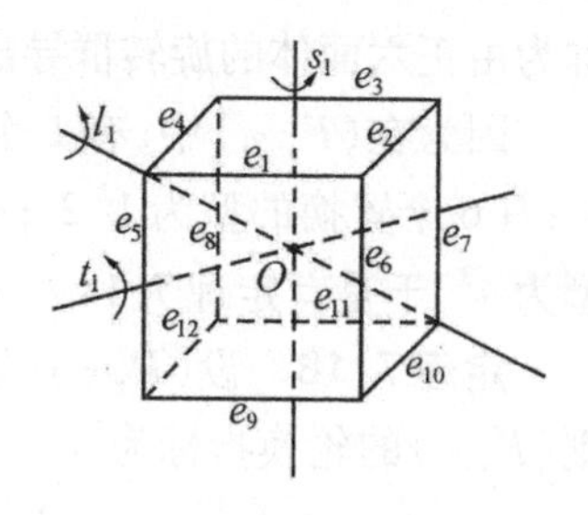

图 7.2

$h_1(1)$ 导出了边集 E 上的如下的置换：$(e_1e_4e_5)(e_2e_8e_9)(e_3e_{12}e_6)(e_7e_{11}e_{10})$，它的型为 3^4.

一般地，$h_k(i)(k=1,2,3,4;i=1,2)$ 导出边集 $E=\{e_1, e_2, \cdots, e_{12}\}$ 上

的一个型为 3^4 的置换,把此置换记成 $f_k(i)$.

$h'_1(1)$ 导出了边集 E 上的如下的置换:$(e_1e_2e_3e_4)(e_5e_6e_7e_8)(e_9e_{10}e_{11}e_{12})$,它的型为 4^3.

$h'_1(2)$ 导出了边集 E 上的如下的置换:$(e_1e_3)(e_2e_4)(e_5e_7)(e_6e_8)(e_9e_{11})(e_{10}e_{12})$,它的型为 2^6.

一般地,$h'_k(i)(k=1,2,3;i=1,3)$ 导出了边集 E 上的型为 4^3 的置换,$h'_k(2)(k=1,2,3)$ 导出了边集 E 上的型为 2^6 的置换. 把 $h'_k(i)(k=1,2,3;i=1,2)$ 导出的边集 E 上的置换记成 $f'_k(i)$.

$h_1(0)$ 导出了边集 E 上的如下的置换:$(e_5)(e_7)(e_1e_{12})(e_4e_9)(e_2e_{11})(e_3e_{10})(e_6e_8)$,它的型为 $1^2\,2^5$.

一般地,$h_k(0)(k=1,2,\cdots,6)$ 导出了边集 E 上的型为 $1^2\,2^5$ 的置换,把此置换记成 $f_k(0)$.

显见,$h(0)$ 导出了边集 E 上的型为 1^{12} 的置换,把此置换记成 $f(0)$. 令

$$F=\{f(0),f_1(1),f_1(2),f_2(1),f_2(2),f_3(1),f_3(2),f_4(1),\\ f_4(2),f'_1(1),f'_1(2),f'_1(3),f'_2(1),f'_2(2),f'_2(3),f'_3(1),\\ f'_3(2),f'_3(3),f_1(0),f_2(0),f_3(0),f_4(0),f_5(0),f_6(0)\}.$$

类似于正六面体的旋转群导出的顶点置换群$(G,\circ)$的情形,可以证明$(F,\circ)$是一个群,其中$\circ$表示通常的置换的乘法.$(F,\circ)$称为由正六面体的旋转群导出的边置换群.

因为在$(F,\circ)$中,有 1 个置换的型为 1^{12};有 8 个置换的型为 3^4;有 6 个置换的型为 $1^2\,2^5$;有 3 个置换的型为 2^6;有 6 个置换的型为 4^3,于是有定理 7.18.

定理 7.18 设$(F,\circ)$是正六面体的旋转群导出的边置换群,则$(F,\circ)$的轮换指标为

$$P_F(x_1,x_2,\cdots,x_{12})=\frac{1}{24}(x_1^{12}+8x_3^4+6x_1^2x_2^5+3x_2^6+6x_4^3).$$

给正六面体 V_6 的 6 个面分别标上记号 $u_1,u_2,\cdots,u_6$(图 7.3),令 $U=\{u_1,u_2,\cdots,u_6\}$.

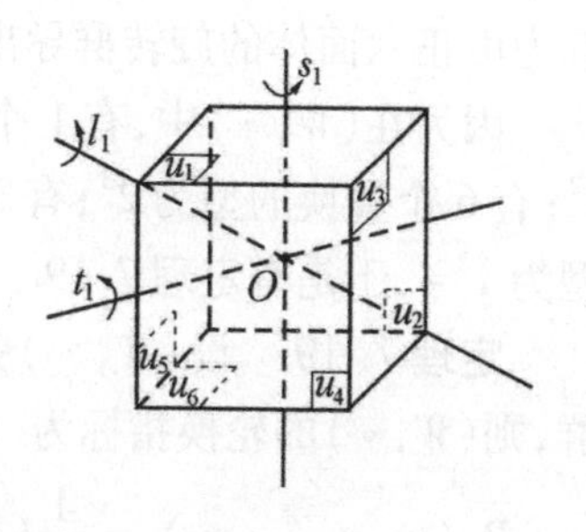

图 7.3

$h_1(1)$ 导出了面集 U 上的如下的置换:$(u_1u_5u_4)(u_2u_6u_3)$,它的型为 3^2.

一般地,$h_k(i)(k=1,2,3,4;i=1,2)$ 导出了面集 U 上的型为 3^2 的置换,把此置换记为 $w_k(i)$.

$h'_1(1)$ 导出了面集 U 上的如下的置换:$(u_1)(u_6)(u_2u_5u_4u_3)$,它的型为 $1^2\,4$.

$h'_1(2)$ 导出了面集 U 上的如下的置换:$(u_1)(u_6)(u_2u_4)(u_3u_5)$,它的型为 $1^2\,2^2$.

一般地,$h'_k(i)(k=1,2,3;i=1,3)$ 导出了面集 U 上的一个型为 $1^2\,4$ 的置换;$h'_k(2)(k=1,2,3)$ 导出了面集 U 上的一个型为 $1^2\,2^2$的置换. 把此置换记为 $w'_k(i)$.

$h_1(0)$ 导出了面集 U 上的如下的置换:$(u_1u_6)(u_2u_3)(u_4u_5)$,它的型为 2^3.

一般地,$h_k(0)(k=1,2,\cdots,6)$ 导出了面集 U 上的一个型为 2^3 的置换,把此置换记成 $w_k(0)$.

显见,$h(0)$ 导出面集 U 上的型为 1^6 的置换,把此置换记成 $w(0)$. 令

$$\begin{aligned}W=\{&w(0),w_1(1),w_1(2),w_2(1),w_2(2),w_3(1),w_3(2),w_4(1),\\&w_4(2),w'_1(1),w'_1(2),w'_1(3),w'_2(1),w'_2(2),w'_2(3),w'_3(1),\\&w'_3(2),w'_3(3),w_1(0),w_2(0),w_3(0),w_4(0),w_5(0),w_6(0)\}.\end{aligned}$$

类似于正六面体的旋转群导出的顶点置换群$(G,\circ)$的情形,可以证明$(W,\circ)$是一个群,其中$\circ$表示通常的置换的乘法.$(W,\circ)$

称为由正六面体的旋转群导出的面置换群.

因为在$(W,\circ)$中,有1个置换的型为1^6;有8个置换的型为3^2;有6个置换的型为2^3;有3个置换的型为$1^2 2^2$;有6个置换的型为$1^2 4$,于是有定理7.19.

定理7.19 设$(W,\circ)$是正六面体的旋转群导出的面置换群,则$(W,\circ)$的轮换指标为

$$P_W(x_1,x_2,\cdots,x_6) = \frac{1}{24}(x_1^6 + 8x_3^2 + 6x_2^3 + 3x_1^2x_2^2 + 6x_1^2x_4).$$

第三节 Burnside 引理

一、群对集合的作用

定义7.22 设$(G,\circ)$是有限群,其单位元为e,X是有限集.又设f是由$G\times X$到X的一个映射,对任意的$(g,x)\in G\times X$,把$f((g,x))$记成gx.如果

(1)对任意的$x\in X$,都有$ex=x$;

(2)对任意的$g,h\in G,x\in X$,都有$(h\circ g)x=h(gx)$,

则称有限群$(G,\circ)$通过映射f作用在集合X上,简称群$(G,\circ)$作用在集合X上.

设有限群$(G,\circ)$通过映射f作用在集合X上,$g\in G$,则对任意的$x,y\in X$,如果$gx=gy$,则$g^{-1}(gx)=g^{-1}(gy)$,从而$(g^{-1}\circ g)x=(g^{-1}\circ g)y$,$ex=ey$,所以$x=y$.这表明当$x\neq y$时,必有$gx\neq gy$.所以,$g$可看成是$X$上的一个置换,从而$(G,\circ)$可看成是有限集$X$上的一个置换群.

设$g\in G,x\in X$,如果$gx=x$,则称x在g的作用下保持不变.令$R_G=\{(x,y)\mid(x,y)\in X\times X$,且存在$g\in G$使得$y=gx\}$,则称$X$上的关系$R_G$为$G$关系.

定理 7.20 设有限群$(G,\circ)$作用在有限集 X 上,则 X 上的 G 关系 R_G 是一个等价关系.

证明:(1)对任意的 $x\in X$,由 $x=ex$ 知 $xR_G x$,所以 R_G 是自反的.

(2)设 $x,y\in X$,且 $xR_G y$,则有 $g\in G$,使得 $y=gx$,于是 $x=g^{-1}y$,从而 $yR_G x$,所以 R_G 是对称的.

(3)设 $x,y,z\in X$,且 $xR_G y$,$yR_G z$,则有 $g_1,g_2\in G$,使得 $y=g_1x$,$z=g_2y$. 于是,$z=g_2(g_1x)=(g_2\circ g_1)x$,而 $g_2\circ g_1\in G$,所以 xR_Gz,故 R_G 是传递的.

因为 R_G 是自反的、对称的和传递的,所以 X 上的 G 关系 R_G 是一个等价关系.

由定理 7.20,如果有限群$(G,\circ)$作用在有限集 X 上,则 X 上的 G 关系 R_G 是 X 上的一个等价关系,所以可通过 G 关系 R_G 把 X 划分成若干个等价类,每个等价类叫做 X 上的一个 G-轨道.

二、Burnside 引理

定理 7.21(Burnside 引理) 设有限群$(G,\circ)$作用在有限集 X 上,则 X 上的 G-轨道的个数为

$$N=\frac{1}{|G|}\sum_{g\in G}\Psi(g),$$

其中 $\Psi(g)$表示满足 $gx=x$ 的元 $x\in X$ 的个数,即在 g 的作用下保持不变的元 $x\in X$ 的个数.

证明:对任一个 $x\in X$,令

$$G_x=\{g\mid g\in G\text{ 且 }gx=x\},$$

G_x 称为 x 的稳. 显见,$G_x\subseteq G$,$G_x\neq\varnothing$ 且对任一个 $g\in G$,有 $|gG_x|=|G_x|$. 设 $g_1,g_2\in G_x$,则

$$g_1x=x,\quad g_2x=x,$$

$$(g_1 \circ g_2)x = g_1(g_2x) = g_1x = x,$$

所以
$$g_1 \circ g_2 \in G_x,$$

即运算$\circ$在G_x上是封闭的.又因为$(G,\circ)$是有限群,所以$(G_x,\circ)$是$(G,\circ)$的一个子群.

设$x \in X$,以A_x表示x所在的G-轨道,即$A_x = \{y \mid y \in X$且$xR_Gy\}$.下面证明:$G = |G_x| \cdot |A_x|$.

设$|A_x| = k$且$A_x = \{x, x_1, x_2, x_3, \cdots, x_{k-1}\}$.因为$xR_Gx_i(i=1,2,\cdots,k-1)$,所以有$g_i \in G$,使得$g_ix = x_i$.令$g_0 = e$,其中$e$是$(G,\circ)$的单位元,则有

$$G = \bigcup_{i=0}^{k-1} g_iG_x, \qquad ①$$

及

$$g_iG_x \cap g_jG_x = \varnothing \quad (0 \leqslant i < j \leqslant k-1). \qquad ②$$

先证①式:

设$g \in G, gx = x'$,则xR_Gx',故$x' \in A_x$,从而有某个$i(0 \leqslant i \leqslant k-1)$使得$g_ix = x'$,于是$gx = g_ix$,故

$$(g_i^{-1} \circ g)x = g_i^{-1}(gx) = g_i^{-1}(g_ix) = (g_i^{-1} \circ g_i)x = ex = x,$$

即$g_i^{-1} \circ g \in G_x, g \in g_iG_x$,从而$g \in \bigcup_{i=0}^{k-1} g_iG_x$,故有

$$G \subseteq \bigcup_{i=0}^{k-1} g_iG_x.$$

又$\bigcup_{i=0}^{k-1} g_iG_x \subseteq G$,所以

$$G = \bigcup_{i=0}^{k-1} g_iG_x.$$

再证②式.用反证法.

设存在不大于$k-1$的两个相异的非负整数i和$j(i<j)$,使得

$$g_iG_x \cap g_jG_x \neq \varnothing,$$

则有$g \in g_iG_x \cap g_jG_x$,从而有$b_1, b_2 \in G_x$,使得

$$g_i \circ b_1 = g = g_j \circ b_2,$$

于是

$$g_i = (g_j \circ b_2) \circ b_1^{-1}.$$

因为 $b_1x=x$,所以 $b_1^{-1}x=b_1^{-1}(b_1x)=(b_1^{-1}\circ b_1)x=ex=x$,从而

$$\begin{aligned} x_i = g_ix &= ((g_j \circ b_2) \circ b_1^{-1})x \\ &= (g_j \circ b_2)b_1^{-1}x = (g_j \circ b_2)x \\ &= g_j(b_2x) = g_jx = x_j, \end{aligned}$$

这与 A_x 的定义相抵触,所以

$$g_iG_x \cap g_jG_x = \varnothing \quad (0 \leqslant i < j \leqslant k-1).$$

由①式和②式得

$$G = \sum_{i=0}^{k-1} |g_iG_x| = k|G_x| = |A_x| \cdot |G_x|,$$

从而

$$|G_x| = \frac{|G|}{|A_x|} \quad (x \in X).$$

设 X 的全部 G-轨道为 $A_1,A_2,\cdots,A_N$. 令

$$\delta_{g,x} = \begin{cases} 1 & 若\ gx = x \\ 0 & 若\ gx \neq x \end{cases}.$$

则

$$\begin{aligned} \sum_{g\in G}\Psi(g) &= \sum_{g\in G}\sum_{x\in X}\delta_{g,x} = \sum_{x\in X}\sum_{g\in G}\delta_{g,x} \\ &= \sum_{x\in X}|G_x| = \sum_{i=1}^{N}\sum_{x\in A_i}|G_x| \\ &= \sum_{i=1}^{N}\sum_{x\in A_i}\frac{|G|}{|A_x|} = \sum_{i=1}^{N}|A_i| \cdot \frac{|G|}{|A_i|} \\ &= N \cdot |G|, \end{aligned}$$

所以

$$N = \frac{1}{|G|}\sum_{g\in G}\Psi(g).$$

设$(G,\circ)$是某个正$n(n=4,6,8,12,20)$面体的旋转群,用m种颜色去涂该正n面体的各个顶点(各条边或各个面),每个顶点(每条边或每个面)涂一种颜色,所得的顶点(边或面)着色正n面体所成之集记为X. 定义由$G\times X$到X的映射f如下:设$g\in G$,$x\in X$,如果x作了旋转g之后得到的顶点(边或面)着色正n面体为x',则$f((g,x))=x'$. 显见,群$(G,\circ)$通过映射f作用在集合X上. 设$x_1,x_2\in X$,如果x_1,x_2属于同一个G-轨道,则称x_1与x_2的式样相同,否则称x_1与x_2的式样不相同. 显见,x_1与x_2的式样相同当且仅当存在$g\in G$,当x_1作了旋转g之后得到x_2.

例7.6 用m种颜色去涂正方体V的8个顶点,每个顶点涂一种颜色,求涂成的式样不同的顶点着色正方体的个数$h(m)$.

解:设$(D,*)$是正方体V的旋转群,$(G,\circ)$是由$(D,*)$导出的顶点置换群. 又设$d\in D$,d导出的顶点置换为g,V_1是给V的8个顶点涂了色之后所得的顶点着色正方体,则$dV_1=V_1$当且仅当V_1的属于g的同一个轮换的顶点的颜色相同. 因为使得一个轮换中的顶点的颜色相同的涂色方法有m种,故当g的型为$(b_1,b_2,\cdots,b_8)$时,$\Psi(d)=m^{b_1+b_2+\cdots+b_8}$,而$(G,\circ)$的轮换指标为

$$P_G(x_1,x_2,\cdots,x_8)=\frac{1}{24}(x_1^8+8x_1^2x_3^2+9x_2^4+6x_4^2),$$

故由 Burnside 引理得

$$\begin{aligned}h(m)&=\frac{1}{24}(m^8+8m^{2+2}+9m^4+6m^2)\\&=\frac{1}{24}(m^8+17m^4+6m^2).\end{aligned}$$

例7.7 用m种颜色去涂正方体V的6个面,每个面涂一种颜色,求涂成的式样不同的面着色正方体的个数$g(m)$.

解:设$(D,*)$是正方体V的旋转群,$(F,\circ)$是由$(D,*)$导出的面置换群. 又设$d\in D$,d导出的面置换为f,V_1是给V的6个面

涂了色之后所得的面着色正方体，则 $dV_1 = V_1$ 当且仅当 V_1 的属于 f 的同一轮换的面的颜色相同. 因为使得一个轮换中的面的颜色相同的涂色方法有 m 种，故当 f 的型为 $(b_1, b_2, \cdots, b_6)$ 时，$\Psi(d) = m^{b_1+b_2+\cdots+b_6}$，而

$$P_F(x_1, x_2, \cdots, x_6) = \frac{1}{24}(x_1^6 + 8x_3^2 + 6x_2^3 + 3x_1^2x_2^2 + 6x_1^2x_4),$$

故由 Burnside 引理得

$$g(m) = \frac{1}{24}(m^6 + 8m^2 + 6m^3 + 3m^{2+2} + 6m^{2+1})$$

$$= \frac{1}{24}(m^6 + 3m^4 + 12m^3 + 8m^2).$$

例 7.8 今用红、蓝、黄 3 种颜色去涂正方体 V 的 12 条边，使得被涂成红色、蓝色和黄色的边数分别为 3，3，6，求涂成的式样不同的边着色正方体的个数.

解：设 $(D, *)$ 是正方体 V 的旋转群，$(W, \circ)$ 是由 $(D, *)$ 导出的边置换群. 又设 $d \in D$，d 导出的边置换为 w，V_1 是给 V 的 12 条边涂了色之后所得的边着色正方体，其中 V_1 中的红、蓝、黄边数分别为 3，3，6，则 $dV_1 = V_1$ 当且仅当 V_1 的属于 w 的同一个轮换的边的颜色相同. $(W, \circ)$ 的轮换指标为

$$P_W(x_1, x_2, \cdots, x_{12}) = \frac{1}{24}(x_1^{12} + 8x_3^4 + 6x_1^2x_2^5 + 3x_2^6 + 6x_4^3).$$

对于型为 1^{12} 的边置换，使得属于同一个轮换的边的颜色相同的涂色方法有 $\frac{12!}{3!3!6!} = 18480$ 种；

对于型为 3^4 的边置换，使得属于同一个轮换的边的颜色相同的涂色方法有 $\frac{4!}{1!1!2!} = 12$ 种；

对于型为 $1^2 2^5$ 的边置换，使得属于同一个轮换的边的颜色相同的涂色方法有 $2 \cdot \frac{5!}{1!1!3!} = 40$ 种；

对于型为 2^6 及型为 4^3 的边置换，不存在使得属于同一轮换的边的颜色相同的涂色方法.

于是由 Burnside 引理，涂成的式样不同的边着色正方体的个数为

$$N = \frac{1}{24}(18\,480 + 8 \times 12 + 6 \times 40) = 784.$$

设 A_n 是一个正 n 边形，$(C, *)$ 和 $(D, *)$ 分别是 A_n 的正常旋转群和非正常旋转群. 用 m 种颜色去涂 A_n 的 n 个顶点（或 n 条边），每个顶点（或每条边）涂一种颜色，涂成的顶点（或边）着色正 n 边形所成的集记为 X. 定义由 $C \times X$（或 $D \times X$）到 X 的映射 f 如下：设 $g \in C$（或 $g \in D$），$x \in X$，如果 x 作了旋转 g 之后得到的顶点（或边）着色正 n 边形为 x'，则 $f((g,x)) = x'$. 显见，群 $(C, *)$ 或群 $(D, *)$ 通过映射 f 作用在集合 X 上. X 上的 C-轨道数和 D-轨道数分别称为 X 上的Ⅰ型式样数和Ⅱ型式样数.

例 7.9 设 A_n 是正 n 边形，今用 m 种颜色去涂 A_n 的 n 条边，每条边涂一种颜色，求涂成的边着色正 n 边形的Ⅰ型式样数.

解：设 $(C, *)$ 是正 n 边形 A_n 的正常旋转群，它导出的边置换群为 $(G, \circ)$. 又设 $c \in C$，它导出的边置换为 g，A'_n 是给 A_n 的 n 条边涂了色之后所得的边着色正 n 边形，则 $cA'_n = A'_n$ 当且仅当 A'_n 的属于 g 的同一轮换的边的颜色相同. 因为

$$P_G(x_1, x_2, \cdots, x_n) = \frac{1}{n}\sum_{d|n}\varphi(d) \cdot (x_d)^{\frac{n}{d}},$$

故由 Burnside 引理，涂成的边着色正 n 边形的Ⅰ型式样数为

$$N = \frac{1}{n}\sum_{d|n}\varphi(d)m^{\frac{n}{d}}.$$

例 7.10 设 A_6 是正六边形，今用红、蓝两种颜色去涂 A_6 的 6 个顶点，每个顶点涂一种颜色，求涂成的顶点着色正六边形的Ⅱ型式样数.

解:设$(D,*)$是A_6的非正常旋转群,它导出的顶点置换群为$(F,\circ)$. 又设$d\in D$,d导出的顶点置换为f,A'_6是用红、蓝两种颜色给A_6的6个顶点涂了色之后所得的顶点着色正六边形,则$dA'_6=A'_6$当且仅当A'_6的属于g的同一个轮换的顶点的颜色相同. 由本章例7.5,有

$$P_F(x_1,x_2,\cdots,x_6)=\frac{1}{12}(x_1^6+4x_2^3+2x_3^2+3x_1^2x_2^2+2x_6),$$

故由Burnside引理,涂成的顶点着色正六边形的Ⅱ型式样数为

$$N=\frac{1}{12}(2^6+4\times 2^3+2\times 2^2+3\times 2^2\times 2^2+2\times 2)=13.$$

第四节　环　排　列

一、两类环排列

定义7.23　设A_n是一个正n边形(A_n的位置已固定),n个元(可以有相同的)在A_n的n个顶点上的一种放置(每个顶点上放一个元)称为由这n个元作成的A_n上的一个n元环排列,简称为n元环排列.

可用两种观点去看待正n边形A_n上的n元环排列.

观点1　设α_1和α_2是正n边形A_n上的两个n元环排列,如果可通过旋转正n边形A_n(不离开A_n所在平面),把α_1和α_2中的一个变成另一个,则把α_1和α_2看成是一样的(等价的).

观点2　设α_1和α_2是正n边形A_n上的两个n元环排列,如果可通过旋转或翻转正n边形A_n,把α_1和α_2中的一个变成另一个,则把α_1和α_2看成是一样的(等价的).

设X是由若干个正n边形A_n上的n元环排列作成的有限集,则在观点1(观点2)之下,X中的元被分成若干个等价类,被分成

的等价类的个数称为 X 上的第一类(第二类)环排列数.

设$(G,*)$和$(D,*)$分别是正 n 边形 A_n 的正常旋转群和非正常旋转群. 定义由 $G\times X(D\times X)$ 到 X 的映射 f 如下:设 $g\in G(g\in D)$,$x\in X$,如果 x 作了旋转 g 之后得到 $x'\in X$,则 $f((g,x))=x'$. 如果可定义上述 f,则显见群$(G,*)$(或群$(D,*)$)通过 f 作用在集合 X 上,X 的 G-轨道(D-轨道)的个数就是 X 上的第一类(第二类)环排列数,于是可应用 Burnside 引理,求出 X 上的第一类(第二类)环排列数.

定理 7.22 由 $n(n\geqslant 3)$ 个相异元作成的第一类 n 元环排列数为 $(n-1)!$.

证明:设 A_n 是一个正 n 边形(A_n 的位置已固定),以 X 表示由 n 个相异元作成的正 n 边形 A_n 上的 n 元环排列之集,则 $|X|=n!$.

设$(G,*)$是正 n 边形 A_n 的正常旋转群,定义由 $G\times X$ 到 X 上的映射 f 如下:设 $g\in G$,$x\in X$,如果 A_n 作了旋转 g 之后由 x 得到 $x'\in X$,则 $f((g,x))=x'$. 由 X 的定义知 f 是可定义的,且群$(G,*)$通过 f 作用在集合 X 上,于是所求的第一类环排列数 N 就是 X 的 G-轨道数. 由 Burnside 引理,

$$N=\frac{1}{|G|}\sum_{g\in G}\Psi(g)=\frac{1}{n}\sum_{g\in G}\Psi(g).$$

设 $g\in G$,$g\neq e$,其中 e 是$(G,*)$的单位元. 因为所给的 n 个元彼此相异,故对任何一个 $x\in X$,均有 $gx\neq x$,所以 $\Psi(g)=0$. 而对任何一个 $x\in X$,有 $ex=x$,所以 $\Psi(e)=|X|=n!$,从而

$$N=\frac{1}{n}\cdot n!=(n-1)!.$$

定理 7.23 由 $n(n\geqslant 3)$ 个相异元作成的第二类环排列的个数为 $\frac{(n-1)!}{2}$.

证明:设 A_n 是一个正 n 边形(A_n 的位置已固定),以 X 表示由

n 个相异元作成的正 n 边形 A_n 上的 n 元环排列所成之集，则 $|X| = n!$.

设$(D, *)$是正 n 边形 A_n 的非正常旋转群，定义由 $D \times X$ 到 X 的映射 f 如下：设 $g \in D, x \in X$，如果 A_n 作了旋转 g 之后由 x 得到 $x' \in X$，则 $f((g,x)) = x'$. 由 X 的定义知 f 是可定义的，且群$(D, *)$通过 f 作用在集合 X 上，于是所求的第二类环排列数 N 等于 X 的 D-轨道数. 由 Burnside 引理得

$$N = \frac{1}{|D|}\sum_{g \in D} \Psi(g) = \frac{1}{2n}\sum_{g \in D} \Psi(g).$$

设 $g \in D, g \neq e$，其中 e 是$(D, *)$的单位元. 因为所给的 n 个元彼此相异，故对任何一个 $x \in X$，都有 $gx \neq x$，所以 $\Psi(g) = 0$. 而对任何一个 $x \in X$，有 $ex = x$，所以 $\Psi(e) = |X| = n!$，从而

$$N = \frac{1}{2n} \cdot n! = \frac{(n-1)!}{2}.$$

二、r 元集的 n-可重复环排列

定理 7.24　以 $T_r(n)$ 表示从 r 元集 A 中可重复地选取 n 个元作成的第一类环排列的个数，则

$$T_r(n) = \frac{1}{n}\sum_{d|n} \varphi(d) r^{\frac{n}{d}},$$

其中 φ 是欧拉函数.

证明：设 A_n 是一个正 n 边形（A_n 的位置已固定），以 X 表示从 r 元集 A 中可重复地选取 n 个元作成的 A_n 上的 n 元环排列所成之集，以$(G, *)$表示正 n 边形 A_n 的正常旋转群. 定义由 $G \times X$ 到 X 的映射 f 如下：设 $g \in G, x \in X$，如果 A_n 作了旋转 g 之后由 x 得到 $x' \in X$，则 $f((g,x)) = x'$. 由 X 的定义知 f 是可定义的，且群$(G, *)$通过 f 作用在集合 X 上，于是 $T_r(n)$ 等于 X 的 G-轨道数. 由 Burnside 引理得

$$T_r(n) = \frac{1}{|G|}\sum_{g\in G}\Psi(g) = \frac{1}{n}\sum_{g\in G}\Psi(g).$$

设 $g\in G$,g 导出的顶点置换为 h,则 $gx=x(x\in X)$ 当且仅当 x 中属于 h 的同一轮换的顶点上的元相同. 所以,如果 h 的型为 $(b_1,b_2,\cdots,b_n)$,则 $\Psi(g)=r^{b_1+b_2+\cdots+b_n}$. 又因为 $(G,*)$ 导出的顶点置换群 $(H,\circ)$ 的轮换指标为

$$P_H(x_1,x_2,\cdots,x_n) = \frac{1}{n}\sum_{d|n}\varphi(d)(x_d)^{\frac{n}{d}},$$

所以

$$T_r(n) = \frac{1}{n}\sum_{d|n}\varphi(d)r^{\frac{n}{d}}.$$

例 7.11 求从 3 元集 $A=\{a,b,c\}$ 中可重复地选取 6 个元作成的第一类环排列的个数.

解:所求的第一类环排列的个数为

$$\begin{aligned}T_3(6) &= \frac{1}{6}\sum_{d|6}\varphi(d)\cdot 3^{\frac{6}{d}}\\ &= \frac{1}{6}[\varphi(1)\cdot 3^6+\varphi(2)\cdot 3^3+\varphi(3)\cdot 3^2+\varphi(6)\cdot 3]\\ &= \frac{1}{6}(3^6+3^3+2\cdot 3^2+2\cdot 3) = 130.\end{aligned}$$

定理 7.25 以 $M_r(n)$ 表示从 r 元集 A 中可重复地选取 n 个元作成的第二类环排列的个数,则

$$M_r(n) = \begin{cases}\dfrac{1}{2n}\sum\limits_{d|n}\varphi(d)\cdot r^{\frac{n}{d}}+\dfrac{1}{2}r^{\frac{n+1}{2}} & n\text{ 为奇数}\\ \dfrac{1}{2n}\sum\limits_{d|n}\varphi(d)\cdot r^{\frac{n}{d}}+\dfrac{1}{4}\left(r^{\frac{n}{2}}+r^{\frac{n+2}{2}}\right) & n\text{ 为偶数}\end{cases}.$$

证明:设 A_n 是一个正 n 边形(A_n 的位置已固定),以 X 表示从 r 元集 A 中可重复地选取 n 个元作成的 A_n 上的 n 元环排列所成之集,以 $(D,*)$ 表示正 n 边形 A_n 的非正常旋转群. 定义由 $D\times X$ 到

X 的映射 f 如下：设 $g\in D, x\in X$，如果 A_n 作了旋转 g 之后由 x 得到 $x'\in X$，则 $f((g,x))=x'$. 由 X 的定义知 f 是可定义的，且群 $(D,*)$ 通过 f 作用在 X 上，于是 $M_r(n)$ 等于 X 的 D-轨道数. 由 Burnside 引理得

$$M_r(n)=\frac{1}{|D|}\sum_{g\in D}\Psi(g)=\frac{1}{2n}\sum_{g\in D}\Psi(g).$$

设 $g\in D$，g 导出的顶点置换为 h，则 $gx=x(x\in X)$ 当且仅当 x 中属于 h 的同一个轮换的顶点上的元相同. 所以若 h 的型为 $(b_1, b_2,\cdots,b_n)$，则 $\Psi(g)=r^{b_1+b_2+\cdots+b_n}$. 又因为 $(D,*)$ 导出的顶点置换群 $(H,\circ)$ 的轮换指标为

$$P_H(x_1,x_2,\cdots,x_n)=\begin{cases}\dfrac{1}{2n}\sum\limits_{d|n}\varphi(d)(x_d)^{\frac{n}{d}}+\dfrac{1}{2}x_1x_2^{\frac{n-1}{2}} & n\text{ 为奇数}\\ \dfrac{1}{2n}\sum\limits_{d|n}\varphi(d)(x_d)^{\frac{n}{d}}+\dfrac{1}{4}\left(x_2^{\frac{n}{2}}+x_1^2x_2^{\frac{n-2}{2}}\right) & n\text{ 为偶数}\end{cases}.$$

故

$$M_r(n)=\begin{cases}\dfrac{1}{2n}\sum\limits_{d|n}\varphi(d)r^{\frac{n}{d}}+\dfrac{1}{2}r^{1+\frac{n-1}{2}} & n\text{ 为奇数}\\ \dfrac{1}{2n}\sum\limits_{d|n}\varphi(d)r^{\frac{n}{d}}+\dfrac{1}{4}\left(r^{\frac{n}{2}}+r^{2+\frac{n-2}{2}}\right) & n\text{ 为偶数}\end{cases}.$$

$$=\begin{cases}\dfrac{1}{2n}\sum\limits_{d|n}\varphi(d)r^{\frac{n}{d}}+\dfrac{1}{2}r^{\frac{n+1}{2}} & n\text{ 为奇数}\\ \dfrac{1}{2n}\sum\limits_{d|n}\varphi(d)r^{\frac{n}{d}}+\dfrac{1}{4}\left(r^{\frac{n}{2}}+r^{\frac{n+2}{2}}\right) & n\text{ 为偶数}\end{cases}.$$

例 7.12 求从3元集 $A=\{a,b,c\}$ 中可重复地选取 6 个元作成的第二类环排列的个数.

解：所求的第二类环排列的个数为

$$M_3(6)=\frac{1}{2\times 6}\sum_{d|6}\varphi(d)3^{\frac{6}{d}}+\frac{1}{4}\left(3^{\frac{6}{2}}+3^{\frac{6+2}{2}}\right)$$

$$= \frac{1}{2} \times 130 + \frac{1}{4}(3^3 + 3^4) = 65 + 27 = 92.$$

三、多重集的环排列

定理7.26 由n_1个a_1,n_2个a_2,$\cdots$,n_k个a_k作成的第一类环排列的个数为

$$T(n_1,n_2,\cdots,n_k) = \frac{1}{n}\sum_{d|s}\varphi(d)\frac{\left(\frac{n}{d}\right)!}{\left(\frac{n_1}{d}\right)!\left(\frac{n_2}{d}\right)!\cdots\left(\frac{n_k}{d}\right)!},$$

其中$n=n_1+n_2+\cdots+n_k$,$s=(n_1,n_2,\cdots,n_k)$,即s是$n_1,n_2,\cdots,n_k$的最大公约数.

证明:设A_n是一个正n边形(A_n的位置已固定),以X表示由n_1个a_1,n_2个a_2,$\cdots$,n_k个a_k作成的A_n上的n元环排列所成之集,以$(C,*)$表示正n边形A_n的正常旋转群.设$c\in C$,c导出的顶点置换为g,则对任一个$x\in X$,$cx=x$当且仅当x属于g的同一轮换的顶点上的元相同.设g的型为$d^{\frac{n}{d}}(d|n)$,则$d|n_i(i=1,2,\cdots,k)$,从而$d|(n_1,n_2,\cdots,n_k)$,即$d|s$,此时$n_i(i=1,2,\cdots,k)$个a_i放在g的$\frac{n_i}{d}$个长为d的轮换所含的顶点上,所以

$$\Psi(d) = \frac{\left(\frac{n}{d}\right)!}{\left(\frac{n_1}{d}\right)!\left(\frac{n_2}{d}\right)!\cdots\left(\frac{n_k}{d}\right)!}.$$

由定理7.13及Burnside引理得

$$T(n_1,n_2,\cdots,n_k) = \frac{1}{n}\sum_{d|s}\varphi(d)\cdot\frac{\left(\frac{n}{d}\right)!}{\left(\frac{n_1}{d}\right)!\left(\frac{n_2}{d}\right)!\cdots\left(\frac{n_k}{d}\right)!}.$$

例 7.13 求由 2 个 a,2 个 b,2 个 c 作成的第一类环排列的个数.

解:所求的第一类环排列的个数为

$$T(2,2,2)=\frac{1}{6}\sum_{d|2}\varphi(d)\frac{\left(\frac{6}{d}\right)!}{\left(\frac{2}{d}\right)!\left(\frac{2}{d}\right)!\left(\frac{2}{d}\right)!}$$

$$=\frac{1}{6}\left[\varphi(1)\frac{6!}{2!\cdot 2!\cdot 2!}+\varphi(2)\frac{3!}{1!\cdot 1!\cdot 1!}\right]$$

$$=\frac{1}{6}(90+6)=16.$$

定理 7.27 设 $n_1,n_2,\cdots,n_k$ 是 k 个正整数,它们之中有 r 个是奇数且 $n_1+n_2+\cdots+n_k\geqslant 3$. 以 $M(n_1,n_2,\cdots,n_k)$ 表示由 n_1 个 a_1,n_2 个 a_2,$\cdots$,n_k 个 a_k 作成的第二类环排列的个数,则

$$M(n_1,n_2,\cdots,n_k)=\begin{cases}\frac{1}{2}\cdot T(n_1,n_2,\cdots,n_k)+\\ \qquad\frac{1}{2}\cdot\frac{\left(\sum\limits_{i=1}^{k}\left[\frac{n_i}{2}\right]\right)!}{\left[\frac{n_1}{2}\right]!\left[\frac{n_2}{2}\right]!\cdots\left[\frac{n_k}{2}\right]!} & \text{若 } r\leqslant 2 \quad (*)\\ \frac{1}{2}\cdot T(n_1,n_2,\cdots,n_k) & \text{若 } r>2\end{cases}.$$

证明:令 $n=n_1+n_2+\cdots+n_k$,设 A_n 是一个正 n 边形(A_n 的位置已固定),以 X 表示由 n_1 个 a_1,n_2 个 a_2,$\cdots$,n_k 个 a_k 作成的 A_n 上的环排列之集,以 $(D,*)$ 表示正 n 边形 A_n 的非正常旋转群. 设 $d\in D$,d 导出的顶点置换为 g,则对任一个 $x\in X$,$dx=x$ 当且仅当 x 属于 g 的同一轮换的顶点上的元相同. 设 d 是翻转.

(1)若 n 为奇数,则 g 的型为 $12^{\frac{n-1}{2}}$.

如果 $r=1$,不妨设 n_1 为奇数,则

$$\Psi(d)=\frac{\left(\frac{n-1}{2}\right)!}{\left(\frac{n_1-1}{2}\right)!\left(\frac{n_2}{2}\right)!\cdots\left(\frac{n_k}{2}\right)!}=\frac{\left(\sum_{i=1}^{k}\left[\frac{n_i}{2}\right]\right)!}{\left[\frac{n_1}{2}\right]!\left[\frac{n_2}{2}\right]!\cdots\left[\frac{n_k}{2}\right]!};$$

如果 $r\neq 1$,则 $r>2$. 易知 $\Psi(d)=0$.

由定理 7.15 及 Burnside 引理,当 n 为奇数时,(*)式成立.

(2)若 n 为偶数,则 g 的型为 $2^{\frac{n}{2}}$ 或 $1^2 2^{\frac{n-2}{2}}$.

如果 $r=0$,则当 g 的型为 $2^{\frac{n}{2}}$ 时,

$$\Psi(d)=\frac{\left(\frac{n}{2}\right)!}{\left(\frac{n_1}{2}\right)!\left(\frac{n_2}{2}\right)!\cdots\left(\frac{n_k}{2}\right)!}=\frac{\left(\sum_{i=1}^{k}\left[\frac{n_i}{2}\right]\right)!}{\left[\frac{n_1}{2}\right]!\left[\frac{n_2}{2}\right]!\cdots\left[\frac{n_k}{2}\right]!};$$

当 g 的型为 $1^2 2^{\frac{n-2}{2}}$ 时,

$$\Psi(d)=\frac{\left(\frac{n-2}{2}\right)!}{\left(\frac{n_1-2}{2}\right)!\left(\frac{n_2}{2}\right)!\cdots\left(\frac{n_k}{2}\right)!}+\frac{\left(\frac{n-2}{2}\right)!}{\left(\frac{n_1}{2}\right)!\left(\frac{n_2-2}{2}\right)!\left(\frac{n_3}{2}\right)!\cdots\left(\frac{n_k}{2}\right)!}+$$

$$\cdots+\frac{\left(\frac{n-2}{2}\right)!}{\left(\frac{n_1}{2}\right)!\left(\frac{n_2}{2}\right)!\cdots\left(\frac{n_{k-1}}{2}\right)!\left(\frac{n_k-2}{2}\right)!}$$

$$=\frac{\left(\frac{n-2}{2}\right)!\cdot\frac{1}{2}(n_1+n_2+\cdots+n_k)}{\left(\frac{n_1}{2}\right)!\left(\frac{n_2}{2}\right)!\cdots\left(\frac{n_k}{2}\right)!}=\frac{\left(\frac{n}{2}\right)!}{\left(\frac{n_1}{2}\right)!\left(\frac{n_2}{2}\right)!\cdots\left(\frac{n_k}{2}\right)!}$$

$$=\frac{\left(\sum_{i=1}^{k}\left[\frac{n_i}{2}\right]\right)!}{\left[\frac{n_1}{2}\right]!\left[\frac{n_2}{2}\right]!\cdots\left[\frac{n_k}{2}\right]!}.$$

如果 $r=2$，不妨设 n_1, n_2 为奇数，则当 g 的型为 $2^{\frac{n}{2}}$ 时，$\Psi(d)=0$；当 g 的型为 $1^2 2^{\frac{n-2}{2}}$ 时，

$$\Psi(d)=2\cdot\frac{\left(\frac{n-2}{2}\right)!}{\left(\frac{n_1-1}{2}\right)!\left(\frac{n_2-1}{2}\right)!\left(\frac{n_3}{2}\right)!\cdots\left(\frac{n_k}{2}\right)!}=\frac{2\cdot\left(\frac{n-2}{2}\right)!}{\left[\frac{n_1}{2}\right]!\left[\frac{n_2}{2}\right]!\cdots\left[\frac{n_k}{2}\right]!}$$

$$=\frac{2\left(\sum_{i=1}^{k}\left[\frac{n_i}{2}\right]\right)!}{\left[\frac{n_1}{2}\right]!\left[\frac{n_2}{2}\right]!\cdots\left[\frac{n_k}{2}\right]!}.$$

如果 $r\neq 0,2$ 时，$r>2$. 易知 $\Psi(d)=0$.

于是由定理 7.15 及 Burnside 引理可得

当 $r\leqslant 2$ 时，

$$M(n_1,n_2,\cdots,n_k)=\frac{1}{2}\cdot T(n_1,n_2,\cdots,n_k)+\frac{1}{4}\cdot\frac{2\left(\sum_{i=1}^{k}\left[\frac{n_i}{2}\right]\right)!}{\left[\frac{n_1}{2}\right]!\left[\frac{n_2}{2}\right]!\cdots\left[\frac{n_k}{2}\right]!}$$

$$=\frac{1}{2}\cdot T(n_1,n_2,\cdots,n_k)+\frac{1}{2}\cdot\frac{\left(\sum_{i=1}^{k}\left[\frac{n_i}{2}\right]\right)!}{\left[\frac{n_1}{2}\right]!\left[\frac{n_2}{2}\right]!\cdots\left[\frac{n_k}{2}\right]!};$$

当 $r>2$ 时，

$$M(n_1,n_2,\cdots,n_k)=\frac{1}{2}\cdot T(n_1,n_2,\cdots,n_k).$$

所以当 n 为偶数时，(*)式亦成立.

例 7.14　求由 2 个 a，2 个 b，2 个 c 作成的第二类环排列的个数.

解：由例 7.13 及定理 7.27，所求的第二类环排列的个数为

$$M(2,2,2)=\frac{1}{2}\cdot T(2,2,2)+\frac{1}{2}\cdot\frac{\left(\frac{6}{2}\right)!}{\left(\frac{2}{2}\right)!\left(\frac{2}{2}\right)!\left(\frac{2}{2}\right)!}$$

$$=\frac{1}{2}\times 16+\frac{1}{2}\times 6=11.$$

通常第一类环排列的计数问题称为手镯的式样计数问题；第二类环排列的计数问题称为项链的式样计数问题. 例如由例7.13，用2颗红珠、2颗蓝珠和2颗黄珠做成的不同式样的手镯共有16种；由例7.14，用2颗红珠、2颗蓝珠和2颗黄珠做成的不同式样的项链共有11种.

第五节　Pólya计数定理

一、Pólya定理

定义7.24　设A,B都是非空有限集，以B^A表示由A到B的全部映射所成之集. 设$(G,\circ)$是A上的一个置换群，$g\in G,f\in B^A$，以fg表示由A到B的如下映射f_1：$\forall a\in A,f_1(a)=f(ga)$.

显见，如果$g_1,g_2\in G,f\in B^A$，有$f(g_1\circ g_2)=(fg_1)g_2$.

定义7.25　设A,B都是非空有限集，$(G,\circ)$是A上的一个置换群，令

$$R_G=\{(f_1,f_2)\mid f_1,f_2\in B^A\text{ 且存在 }g\in G,\text{使}f_1g=f_2\},$$

则B^A上的关系R_G称为B^A上的G-关系.

定理7.28　设A,B都是非空有限集，$(G,\circ)$是A上的一个置换群，则B^A上的G-关系R_G是一个等价关系.

证明：设e是群$(G,\circ)$的单位元.

(1)对任一个$f\in B^A$，因为$fe=f$，所以fR_Gf，从而R_G是自反

的.

(2)设$f_1,f_2\in B^A$且$f_1R_Gf_2$,则存在$g\in G$,使得$f_1g=f_2$,于是

$$f_2g^{-1}=(fg)g^{-1}=f_1(g\circ g^{-1})=f_1e=f_1,$$

所以$f_2R_Gf_1$,从而R_G是对称的.

(3)设$f_1,f_2,f_3\in B^A$且$f_1R_Gf_2$及$f_2R_Gf_3$,则存在$g_1,g_2\in G$,使得$f_1g_1=f_2$及$f_2g_2=f_3$. 令$g=g_1\circ g_2$,则$g\in G$,且

$$f_1g=f_1(g_1\circ g_2)=(f_1g_1)g_2=f_2g_2=f_3,$$

所以$f_1R_Gf_3$,从而R_G是传递的.

因为R_G是自反的、对称的和传递的,所以R_G是B^A上的一个等价关系.

因为B^A上的G-关系是一个等价关系,所以通过G-关系可把有限集B^A划分成若干个等价类,每个等价类称为B^A的一个G-轨道.

定义7.26 设A,B都是非空有限集,$(G,\circ)$是A上的一个置换群,B中的任一个元b都被赋予了权$w(b)$. 设$f\in B^A$,令

$$w(f)=\prod_{a\in A}w(f(a)),$$

$w(f)$称为f的权.

设$f_1,f_2\in B^A$且$f_1R_Gf_2$. 因为R_G是对称的,所以$f_2R_Gf_1$,从而存在$g\in G$,使得对任一个$a\in A$,有$f_2(ga)=f_1(a)$. 因为g是A上的一个置换,所以当a跑遍A时,ga也跑遍A,从而

$$\begin{aligned}w(f_1)&=\prod_{a\in A}w(f_1(a))=\prod_{a\in A}w(f_2(ga))\\&=\prod_{a'\in A}w(f_2(a'))=w(f_2).\end{aligned}$$

由此可见,如果$f_1,f_2\in B^A$且f_1与f_2在同一个G-轨道中,则f_1和f_2有相同的权.

定义7.27 设A,B都是有限集,$(G,\circ)$是A上的一个置换群,F是B^A的任一个G-轨道,令

$$W(F) = w(f), \forall f \in F.$$

$W(F)$称为 G-轨道 F 的权.

定理 7.29(Pólya 定理) 设 A、B 都是非空有限集,$(G, \circ)$是 A 上的一个置换群,B 中的任一个元 b 都被赋予了权 $w(b)$,以 $\mathscr{F}$ 表示由 B^A 的全部 G-轨道所成之集,则

$$\sum_{F \in \mathscr{F}} w(F) = P_G\left(\sum_{b \in B} w(b), \sum_{b \in B}[w(b)]^2, \cdots, \sum_{b \in B}[w(b)]^n\right),$$

其中 $n = |A|$.

证明:以 R_G 表示 B^A 上的 G-关系,令 $W = \{w(f) | f \in B^A\}$,并对任一个 $w \in W$,令

$$S_w = \{f | f \in B^A \text{ 且 } w(f) = w\}.$$

对任意的 $g \in G$ 和 $f \in S_w$,令 $f' = fg^{-1}$,则 $f R_G f'$,所以 $w(f') = w(f)$,从而 $f' \in S_w$. 把 f'改记为 gf. 以 φ 表示由 $G \times S_w$ 到 S_w 的如下的映射:

$$\varphi((g, f)) = gf \quad ((g, f) \in G \times S_w).$$

设 e 是$(G, \circ)$的单位元,对任一个 $f \in S_w$,有 $ef = fe^{-1} = f$. 设 $g_1, g_2 \in G, f \in S_w$,有

$$\begin{aligned}(g_1 \circ g_2)f = f(g_1 \circ g_2)^{-1} &= f(g_2^{-1} \circ g_1^{-1}) = (fg_2^{-1})g_1^{-1} \\ &= g_1(fg_2^{-1}) = g_1(g_2 f),\end{aligned}$$

所以$(G, \circ)$通过映射 φ 作用在有限集 S_w 上. 由 Burnside 引理,S_w 所含的 G-轨道的个数为

$$N_w = \frac{1}{|G|}\sum_{g \in G} \Psi_w(g),$$

其中 $\Psi_w(g)$表示满足条件 $gf = f$ 的映射 $f \in S_w$ 的个数. 于是,S_w 所含的 G-轨道的权和为

$$wN_w = \frac{1}{|G|}\sum_{g \in G} \Psi_w(g) w,$$

从而

$$\sum_{F\in\mathscr{F}} w(F) = \sum_{w\in W} N_w w$$

$$= \sum_{w\in W} \frac{1}{|G|}\sum_{g\in G} \Psi_w(g)\cdot w$$

$$= \frac{1}{|G|}\sum_{g\in G}\sum_{w\in W}\Psi_w(g)\cdot w = \frac{1}{|G|}\sum_{g\in G}\sum_{w\in W}\sum_{\substack{f\in S_w\\ gf=f}} w(f)$$

$$= \frac{1}{|G|}\sum_{g\in G}\sum_{\substack{f\in B^A\\ gf=f}} w(f).$$

下面对任意取定的 $g\in G$, 求 $\sum\limits_{\substack{f\in B^A\\ gf=f}} w(f)$.

设 g^{-1} 的型为 $(t_1,t_2,\cdots,t_n)$, $(a_1a_2\cdots a_k)$ 是 g^{-1} 的轮换分解式中的任一个长为 $k(1\leqslant k\leqslant n)$ 的轮换,则

$$g^{-1}a_1 = a_2,\ g^{-1}a_2 = a_3,\ \cdots,\ g^{-1}a_{k-1} = a_k,\ g^{-1}a_k = a_1.$$

设 $f\in B^A$ 且 $gf=f$,则对任一个 $a\in A$,有 $f(g^{-1}a)=f(a)$,从而

$$f(a_1) = f(g^{-1}a_1) = f(a_2) = f(g^{-1}a_2) = f(a_3) = \cdots$$

$$= f(a_{k-1}) = f(g^{-1}a_{k-1}) = f(a_k),$$

这表明 $gf=f$ 当且仅当若 a,b 是 g^{-1} 的同一个轮换中的元,则 $f(a)=f(b)$. 注意到 $w(f)=\prod\limits_{a\in A} w(f(a))$,所以

$$\sum_{\substack{f\in B^A\\ gf=f}} w(f) = \Big(\sum_{b\in B} w(b)\Big)^{t_1}\Big(\sum_{b\in B}[w(b)]^2\Big)^{t_2}\cdots\Big(\sum_{b\in B}[w(b)]^n\Big)^{t_n}.$$

对任意的 $g\in G$,以 $t_k(g)$ 表示 g 的轮换分解式中长为 $k(k=1,2,\cdots,n)$ 的轮换的个数. 因为当 g 跑遍 G 时,g^{-1} 也跑遍 G,所以

$$\sum_{F\in\mathscr{F}} w(F) = \frac{1}{|G|}\sum_{g\in G}\sum_{\substack{f\in B^A\\ gf=f}} w(f)$$

$$= \frac{1}{|G|}\sum_{g\in G}\Big(\sum_{b\in B} w(b)\Big)^{t_1(g^{-1})}\Big(\sum_{b\in B}[w(b)]^2\Big)^{t_2(g^{-1})}\cdots$$

$$\left(\sum_{b\in B}[w(b)]^n\right)^{t_n(g^{-1})}$$

$$= P_G\left(\sum_{b\in B}w(b),\ \sum_{b\in B}[w(b)]^2,\cdots,\ \sum_{b\in B}[w(b)]^n\right).$$

推论7.3 设 A,B 都是非空有限集, $|A| = n$, $|B| = m$, $(G,\circ)$是 A 的一个置换群,则 B^A 的 G-轨道的个数为

$$N = P_G(\underbrace{m,m,\cdots,m}_{n\text{个}m}).$$

证明:令 B 的任一个元 b 的权 $w(b) = 1$,以 $\mathscr{F}$表示由 B^A 的全部 G-轨道所成之集,则对任一个 $F\in\mathscr{F}$,有 $w(F) = 1$, 所以 $\sum_{f\in\mathscr{F}}w(F) = |\mathscr{F}| = N$. 又因为对任一个 $b\in B, w(b) = 1$,所以 $\sum_{b\in B}[w(b)]^k = |B| = m(k = 1,2,\cdots,n)$. 由 Pólya 定理得

$$N = P_G(\underbrace{m,m,\cdots,m}_{n\text{个}m}).$$

例7.15 今有 m 种颜色,用这些颜色去涂正方体的6个面,每个面涂一种颜色,求涂成的式样不同的面着色正方体的个数 $g(m)$.

解:以 A 表示正方体的6个面所成之集,以 B 表示 m 种颜色所成之集. 以$(D,*)$表示正方体的旋转群,$(G,\circ)$是由$(D,*)$导出的面置换群,则$(G,\circ)$的轮换指标为

$$P_G(x_1,x_2,\cdots,x_6) = \frac{1}{24}(x_1^6 + 8x_3^2 + 6x_2^3 + 3x_1^2x_2^2 + 6x_1^2x_4).$$

用 m 种颜色去涂正方体的6个面,每个面涂一种颜色,所得的着色正方体对应于 A 到 B 的一个映射,反之亦然. 设 W_1 与 W_2 是两个已着色的正方体, W_1 和 W_2 对应的映射分别为 f_1 和 f_2,则 W_1 与 W_2 的式样相同,当且仅当存在正方体的某个旋转 d,使得 W_1 作了旋转 d 之后得到 W_2,当且仅当 $\forall a\in A, f_1(ga) = f_2(a)$,其中 g 是由 d 导出的面置换. 因此,所求的式样个数 $g(m)$ 等于 B^A

的 G-轨道的个数. 由推论 7.3,所求的式样不同的面着色正方体的个数为

$$
\begin{aligned}
g(m) &= P_G(m,m,m,m,m,m) \\
&= \frac{1}{24}(m^6 + 8m^2 + 6m^3 + 3m^2 \cdot m^2 + 6m^2 \cdot m) \\
&= \frac{1}{24}(m^6 + 8m^2 + 12m^3 + 3m^4).
\end{aligned}
$$

例 7.16 用红、蓝两种颜色去涂正方体的 6 个面,每个面涂一种颜色,求涂成的式样不同且红色面数为 3 的面着色正方体的个数.

解:以 A 表示正方体的 6 个面所成之集,以 a 和 b 分别表示红色和蓝色,令 $B=\{a,b\}$. 指定 a 的权为 $w(a)=x$, b 的权为 $w(b)=1$,则正方体的一种面着色就是 A 到 B 的一个映射,且任一个面着色正方体的权可表成 $x^k(0\leqslant k\leqslant 6)$,其中 k 是该面着色正方体的红色面的数目. 以 $(G,\circ)$ 表示正方体的旋转群导出的面置换群. 因为 $(G,\circ)$ 的轮换指标为

$$
P_G(x_1,x_2,\cdots,x_6) = \frac{1}{24}(x_1^6 + 8x_3^2 + 6x_2^3 + 3x_1^2x_2^2 + 6x_1^2x_4),
$$

且

$$
\sum_{b\in B}[w(b)]^k = 1 + x^k \quad (k = 1,2,\cdots,6),
$$

故由 Pólya 定理,B^A 的 G-轨道的权和为

$$
\begin{aligned}
&P_G(1+x,1+x^2,\cdots,1+x^6) \\
&= \frac{1}{24}[(1+x)^6 + 8(1+x^3)^2 + 6(1+x^2)^3 + \\
&\quad 3(1+x)^2(1+x^2)^2 + 6(1+x)^2(1+x^4)] \\
&= 1 + x + 2x^2 + 2x^3 + 2x^4 + x^5 + x^6,
\end{aligned}
$$

故所求的式样不同且红色面数为 3 的面着色正方体有 2 个.

二、Pólya 定理的推广

定理 7.30 设 A,B 都是非空有限集，$A\cap B=\varnothing$，$(G,*)$ 和 $(H,\cdot)$ 分别是 A 和 B 上的置换群. 设 $g\in G,h\in H$，以 (g,h) 表示 $A\cup B$ 上如下的置换：$\forall a\in A\cup B$，

$$(g,h)a=\begin{cases}ga & 若\ a\in A\\ ha & 若\ a\in B\end{cases}.$$

以 $\circ$ 表示通常的置换的乘法，则 $(G\times H,\circ)$ 是 $A\cup B$ 上的一个置换群.

证明：设 e 和 e' 分别是群 $(G,*)$ 和群 $(H,\cdot)$ 的单位元. 显见 $(G\times H,\circ)$ 有单位元 (e,e')；对任一个 $(g,h)\in G\times H$，(g,h) 有逆元 (g^{-1},h^{-1})；对任意的 $(g_1,h_1),(g_2,h_2)\in G\times H$，有 $(g_1,h_1)\circ(g_2,h_2)=(g_1*g_2,h_1\cdot h_2)$. 又因为置换的乘法满足结合律，所以 $(G\times H,\circ)$ 是 $A\cup B$ 上的一个置换群.

定义 7.28 设 A,B 都是非空有限集，$(H,\circ)$ 是 B 上的一个置换群. 设 $h\in H$，对任一个 $f\in B^A$，以 hf 表示由 A 到 B 的如下的映射 f'：$\forall a\in A,f'(a)=hf(a)$.

显见，如果 $h_1,h_2\in H,f\in B^A$，则 $(h_1\circ h_2)f=h_1(h_2f)$.

定义 7.29 设 A,B 都是非空有限集，$(G,*)$ 和 $(H,\cdot)$ 分别是 A 和 B 上的置换群，令

$$R_{G,H}=\{(f_1,f_2)\mid f_1,f_2\in B^A,且存在\ g\in G,h\in H,使得\ f_1g=hf_2\},$$

则 B^A 上的关系 $R_{G,H}$ 称为 B^A 上的 (G,H)-关系.

定理 7.31 设 A,B 都是非空有限集，$(G,*)$ 和 $(H,\cdot)$ 分别是 A 和 B 上的置换群，则 B^A 上的 (G,H)-关系是一个等价关系.

证明：设 e 和 e' 分别是群 $(G,*)$ 和群 $(H,\cdot)$ 的单位元.

(1) 设 $f\in B^A$. 因为对任一个 $a\in A$，有 $f(ea)=f(a)=e'f(a)$，

所以 $fe=e'f$，从而 $fR_{G,H}f$，即 $R_{G,H}$ 是自反的.

(2) 设 $f_1,f_2\in B^A$ 且 $f_1R_{G,H}f_2$，则有 $g\in G$ 及 $h\in H$，使得 $f_1g=hf_2$. 因为对任一个 $a\in A$，有

$$\begin{aligned}hf_2(g^{-1}a)&=f_1g(g^{-1}a)=f_1(g(g^{-1}a))=f_1((g*g^{-1})a)\\&=f_1(ea)=f_1(a).\end{aligned}$$

即 $f_2(g^{-1}a)=h^{-1}f_1(a)$，所以 $f_2g^{-1}=h^{-1}f_1$. 又因为 $g^{-1}\in G,h^{-1}\in H$，所以 $f_2R_{G,H}f_1$，从而 $R_{G,H}$ 是对称的.

(3) 设 $f_1,f_2,f_3\in B^A$，$f_1R_{G,H}f_2$ 且 $f_2R_{G,H}f_3$，则有 $g_1,g_2\in G$ 及 $h_1,h_2\in H$，使得 $f_1g_1=h_1f_2$ 及 $f_2g_2=h_2f_3$. 因为对任一个 $a\in A$，有

$$\begin{aligned}(f_1(g_1*g_2))a&=f_1((g_1*g_2)a)=f_1(g_1(g_2a))=f_1g_1(g_2a)\\&=h_1f_2(g_2a)=h_1(f_2g_2(a))=h_1(h_2f_3(a))\\&=(h_1\cdot h_2)f_3(a)=((h_1\cdot h_2)f_3)(a),\end{aligned}$$

所以 $f_1(g_1*g_2)=(h_1\cdot h_2)f_3$. 又因为 $g_1*g_2\in G,h_1\cdot h_2\in H$，所以 $f_1R_{G,H}f_3$，从而 $R_{G,H}$ 是传递的.

因为 $R_{G,H}$ 是自反的、对称的和传递的，所以 $R_{G,H}$ 是 B^A 上的一个等价关系.

由定理 7.31 可知：如果 A,B 都是有限集，$(G,*)$ 和 $(H,\cdot)$ 分别是 A 和 B 上的置换群，则 B^A 上的 (G,H)-关系是一个等价关系，此等价关系把 B^A 划分成若干个等价类，这些等价类称为 B^A 上的 (G,H)-轨道. 以 $\mathscr{F}$ 表示 B^A 上的 (G,H)-轨道所成之集. 设 B^A 的任一个元 f 都被赋予了权 $w(f)$，且设 $F\in\mathscr{F}$，如果对任意的 $f_1,f_2\in F$，都有 $w(f_1)=w(f_2)$，则称 F 可定义权且定义 F 的权为 $w(F)=w(f)$，其中 $f\in F$. 如果对任意的 $F\in\mathscr{F}$，F 都可定义权，则称 B^A 具有 (G,H)-轨道清单，且定义 B^A 的 (G,H)-轨道清单为 $\sum\limits_{F\in\mathscr{F}}w(F)$，记为 $I_{G,H}(B^A)$.

定理 7.32　设 A,B 都是非空有限集，$(G,*)$ 和 $(H,\cdot)$ 分别是 A 和 B 上的置换群，B 中任一个元 b 都被赋予了权 $w(b)$. 又设

B^A 具有(G,H)-轨道清单,则 B^A 的(G,H)-轨道清单为

$$I_{G,H}(B^A) = \frac{1}{|G| \cdot |H|} \sum_{\substack{g \in G \\ h \in H}} \sum_{\substack{f \in B^A \\ fg = hf}} w(f).$$

证明:设 B^A 中的元可能取的全部不同的权为 $w_1, w_2, \cdots, w_k$. 以 $S_i (i=1,2,\cdots,k)$ 表示 B^A 中权为 w_i 的元所成之集. 因为 B^A 具有(G,H)-轨道清单,所以 S_i 是 B^A 的若干个(G,H)-轨道的并集.

对任意的$(g,h) \in G \times H$ 和 $f \in S_i (1 \leqslant i \leqslant k)$,令 $f' = hfg^{-1}$. 因为 $f'g = hf$,所以 $fR_{G,H}f'$. 又因为 B^A 具有(G,H)-轨道清单,所以 $f' \in S_i$,把 f' 记成$(g,h)f$. 以 φ 表示由$(G \times H) \times S_i$ 到 S_i 的如下的映射:设$(g,h) \in G \times H$ 及 $f \in S_i$,则

$$\varphi(((g,h),f)) = (g,h)f.$$

设 e 和 e' 分别是$(G, *)$和$(H, \cdot)$的单位元,$\circ$是通常的置换的乘法,则(e,e')是群$(G \times H, \circ)$的单位元. 又设 $f \in S_i$,则

$$(e,e')f = e'fe^{-1} = f.$$

设$(g_1,h_1),(g_2,h_2) \in G \times H, f \in S_i$,则

$$\begin{aligned}((g_1,h_1) \circ (g_2,h_2))f &= (g_1 * g_2, h_1 \cdot h_2)f = (h_1 \cdot h_2)f(g_1 * g_2)^{-1} \\ &= (h_1 \cdot h_2)f(g_2^{-1} * g_1^{-1}) = h_1(h_2 f g_2^{-1})g_1^{-1} \\ &= (g_1,h_1)(h_2 f g_2^{-1}) = (g_1,h_1)((g_2,h_2)f).\end{aligned}$$

所以,群$(G \times H, \circ)$作用在有限集 $S_i (1 \leqslant i \leqslant k)$上. 由 Burnside 引理,$S_i$ 的(G,H)-轨道的个数为

$$\frac{1}{|G \times H|} \sum_{(g,h) \in G \times H} \Psi_{w_i}((g,h)),$$

这里 $\Psi_{w_i}((g,h))$是满足 $w(f) = w_i$ 且$(g,h)f = f$ 的 $f \in B^A$ 的个数.

因为 S_i 中每个元都有权 w_i,所以 B^A 的(G,H)-轨道清单为

$$I_{G,H}(B^A) = \sum_{i=1}^{k} \frac{w_i}{|G \times H|} \sum_{(g,h) \in G \times H} \Psi_{w_i}((g,h))$$

$$= \frac{1}{|G| \cdot |H|} \sum_{\substack{g \in G \\ h \in H}} \sum_{i=1}^{k} w_i \Psi_{w_i}((g,h))$$

$$= \frac{1}{|G| \cdot |H|} \sum_{\substack{g \in G \\ h \in H}} \sum_{\substack{f \in B^A \\ fg = hf}} w(f).$$

定义 7.30 设 A、B 都是非空有限集，$f \in B^A$，如果对任意的 $a_1, a_2 \in A$，只要 $a_1 \neq a_2$，就有 $f(a_1) \neq f(a_2)$，则称 f 是 A 到 B 的一个单射.

定理 7.33 设 A, B 都是非空有限集，$(G, *)$ 和 $(H, \cdot)$ 分别是 A 和 B 上的置换群，$(g,h) \in G \times H$，$f \in B^A$，则 f 是由 A 到 B 的一个单射，当且仅当 hfg^{-1} 是由 A 到 B 的一个单射.

证明：必要性.

设 f 是由 A 到 B 的一个单射. 因为当 $a_1, a_2 \in A$ 且 $a_1 \neq a_2$ 时，有 $g^{-1}a_1 \neq g^{-1}a_2$，所以 $f(g^{-1}a_1) \neq f(g^{-1}a_2)$，从而 $hf(g^{-1}a_1) \neq hf(g^{-1}a_2)$，即 $(hfg^{-1})(a_1) \neq (hfg^{-1})(a_2)$，所以 hfg^{-1} 是由 A 到 B 的一个单射.

充分性.

设 hfg^{-1} 是由 A 到 B 的一个单射，$a_1, a_2 \in A$ 且 $a_1 \neq a_2$. 因为 g 是 A 上的一个置换，所以 $ga_1 \neq ga_2$，从而有 $hfg^{-1}(ga_1) \neq hfg^{-1}(ga_2)$，即 $hf((g^{-1} * g)a_1) \neq hf((g^{-1} * g)a_2)$，所以 $hf(a_1) \neq hf(a_2)$. 因为 h^{-1} 是 B 上的一个置换，所以 $h^{-1}(hf(a_1)) \neq h^{-1}(hf(a_2))$，即 $(h^{-1} \cdot h)f(a_1) \neq (h^{-1} \cdot h)f(a_2)$，亦即 $f(a_1) \neq f(a_2)$，所以 f 是由 A 到 B 的一个单射.

设 A, B 是两个非空有限集，$(G, *)$ 和 $(H, \cdot)$ 是 A 和 B 上的置换群. 如果 $f_1, f_2 \in B^A$ 且 $f_1 R_{G,H} f_2$，则存在 $g \in G$ 和 $h \in H$，使得 $f_1 g = hf_2$，即使得 $f_1 = hf_2 g^{-1}$. 由定理 7.33 知：f_1 是由 A 到 B 的单射当且仅当 f_2 是由 A 到 B 的单射，因此，B^A 的任一个 (G,H)-轨道所含的映射要么全是由 A 到 B 的单射，要么全不是由 A 到 B 的单射.

如果是前者,则称该(G,H)-轨道是单射(G,H)-轨道.

定理 7.34 设A,B都是非空有限集,$|A|=n$,$|B|=m$,且$m \geqslant n$;$(G,*)$和$(H,\cdot)$分别是A和B上的置换群,则B^A的单射(G,H)-轨道的个数为

$$\left[P_G\left(\frac{\partial}{\partial y_1},\frac{\partial}{\partial y_2},\cdots,\frac{\partial}{\partial y_n}\right)P_H(1+y_1,1+2y_2,\cdots,1+my_m)\right]_{y_1=y_2=\cdots=y_m=0}.$$

证明:对任一个$f\in B^A$,指定f的权为

$$w(f)=\begin{cases}1 & \text{若}f\text{是由}A\text{到}B\text{的单射}\\0 & \text{若}f\text{不是由}A\text{到}B\text{的单射}\end{cases},$$

则$I_{G,H}(B^A)$就是B^A的单射(G,H)-轨道的个数. 下面对取定的$g\in G$和$h\in H$,求$\sum\limits_{\substack{f\in B^A\\fg=hf}}w(f)$的值.

设g的型为$(s_1,s_2,\cdots,s_n)$,h的型为$(t_1,t_2,\cdots,t_m)$,f是满足条件$fg=hf$的任一个由A到B的单射. 任取$a\in A$,设a属于g的一个长为$j(1\leqslant j\leqslant n)$的轮换,则此轮换是$(a\ ga\ g^2a\ \cdots\ g^{j-1}a)$且$g^ja=a$. 因为$fg=hf$,所以

$$\begin{aligned}fg^i&=hfg^{i-1}=h^2fg^{i-2}=\cdots\\&=h^{i-1}fg=h^if\quad(i=1,2,3,\cdots,j),\end{aligned}$$

于是有$f(g^ia)=h^if(a)(i=1,2,\cdots,j-1)$,且

$$h^jf(a)=fg^j(a)=f(g^ja)=f(a).$$

因为$a,ga,g^2a,\cdots,g^{j-1}a$彼此相异且$f$是由$A$到$B$的单射,所以$f(a),f(ga),f(g^2a),\cdots,f(g^{j-1}a)$也彼此相异,从而$f(a)$所在的$h$的轮换是$(f(a),hf(a),h^2f(a),\cdots,h^{j-1}f(a))$,其长度也为$j$. 因此,$f$把$g$的一个长为$j$的轮换映射成$h$的一个长为$j$的轮换,而且$g$的不同的轮换被$f$映射成$h$的不同的轮换.

因为g有$s_j(j=1,2,\cdots,n)$个长为j的轮换,h有t_j个长为j的轮换,而由一个s_j元集到另一个t_j元集的单射有$(t_j)_{s_j}$个,故满足

条件 $fg=hf$ 的由 A 到 B 的单射 f 的个数为 $\prod_{j=1}^{n} j^{s_j}(t_j)_{s_j}$，从而

$$\sum_{\substack{f\in B^A\\ fg=hf}} w(f)=\prod_{j=1}^{n} j^{s_j}(t_j)_{s_j}.$$

因
$$\frac{\mathrm{d}^s}{\mathrm{d}y^s}(1+jy)^t=j^s(t)_s(1+jy)^{t-s},$$

所以
$$\left[\frac{\mathrm{d}^s}{\mathrm{d}y^s}(1+jy)^t\right]_{y=0}=j^s(t)_s,$$

从而

$$\sum_{\substack{f\in B^A\\ fg=hf}} w(f)=\left[\left(\frac{\partial}{\partial y_1}\right)^{s_1(g)}\left(\frac{\partial}{\partial y_2}\right)^{s_2(g)}\cdots\left(\frac{\partial}{\partial y_n}\right)^{s_n(g)}(1+y_1)^{t_1(h)}\cdot\right.$$

$$\left.(1+2y_2)^{t_2(h)}\cdots(1+my_m)^{t_m(h)}\right]_{y_1=y_2=\cdots=y_m=0},$$

其中 $\left(\frac{\partial}{\partial y}\right)^s=\frac{\partial^s}{\partial y^s}$.

于是由定理 7.32，B^A 的单射 (G,H)-轨道的个数为

$$\frac{1}{|G|\cdot|H|}\sum_{\substack{g\in G\\ h\in H}}\left[\left(\frac{\partial}{\partial y_1}\right)^{s_1(g)}\left(\frac{\partial}{\partial y_2}\right)^{s_2(g)}\cdots\left(\frac{\partial}{\partial y_n}\right)^{s_n(g)}(1+y_1)^{t_1(h)}\cdot\right.$$

$$\left.(1+2y_2)^{t_2(h)}\cdots(1+my_m)^{t_m(h)}\right]_{y_1=y_2=\cdots=y_m=0}$$

$$=\left[\frac{1}{|G|}\sum_{g\in G}\left(\frac{\partial}{\partial y_1}\right)^{s_1(g)}\left(\frac{\partial}{\partial y_2}\right)^{s_2(g)}\cdots\left(\frac{\partial}{\partial y_n}\right)^{s_n(g)}\frac{1}{|H|}\sum_{h\in H}(1+y_1)^{t_1(h)}\cdot\right.$$

$$\left.(1+2y_2)^{t_2(h)}\cdots(1+my_m)^{t_m(h)}\right]_{y_1=y_2=\cdots=y_m=0}$$

$$= \left[P_G\left(\frac{\partial}{\partial y_1},\frac{\partial}{\partial y_2},\cdots,\frac{\partial}{\partial y_n}\right)P_H(1+y_1,1+2y_2,\cdots,1+my_m)\right]_{y_1=y_2=\cdots=y_m=0}.$$

定理 7.35 设 A,B 是两个非空有限集，$|A|=|B|=n$，$(G,*)$和$(H,\cdot)$分别是 A 和 B 上的置换群，则 B^A 的单射(G,H)-轨道的个数为

$$\left[P_G\left(\frac{\partial}{\partial y_1},\frac{\partial}{\partial y_2},\cdots,\frac{\partial}{\partial y_n}\right)P_H(y_1,2y_2,\cdots,ny_n)\right]_{y_1=y_2=\cdots=y_n=0}.$$

证明：对任一个 $f\in B^A$，指定 f 的权为

$$w(f)=\begin{cases}1 & 若 f 是由 A 到 B 的单射\\ 0 & 若 f 不是由 A 到 B 的单射\end{cases},$$

则 $I_{G,H}(B^A)$ 就是 B^A 的单射(G,H)-轨道的个数. 下面对取定的 $g\in G$ 和 $h\in H$，求 $\sum\limits_{\substack{f\in B^A\\ fg=hf}} w(f)$ 的值.

由定理 7.34 的证明知：如果 f 是满足条件 $fg=hf$ 的任一个由 A 到 B 的单射，则 f 把 g 的每一个长为 $j(1\leqslant j\leqslant n)$ 的轮换映射成 h 的一个长为 j 的轮换，而且 g 的不同的轮换被 f 映射成 h 的不同的轮换，又因为 $|A|=|B|=n$，故 g 和 h 的型相同. 又由定理 7.34 的证明知：若 g 的型为$(s_1,s_2,\cdots,s_n)$，h 的型为$(t_1,t_2,\cdots,t_n)$，则

$$\sum_{\substack{f\in B^A\\ fg=hf}} w(f)=\prod_{j=1}^{n} j^{s_j}(t_j)_{s_j}.$$

注意到

$$\left[\left(\frac{\mathrm{d}}{\mathrm{d}y}\right)^s (jy)^t\right]_{y=0}=\begin{cases}0 & 若 s\neq t\\ j^s s! & 若 s=t\end{cases}.$$

所以 $$\sum_{\substack{f\in B^A\\ fg=hf}} w(f)=\left[\left(\frac{\partial}{\partial y_1}\right)^{s_1(g)}\left(\frac{\partial}{\partial y_2}\right)^{s_2(g)}\cdots\left(\frac{\partial}{\partial y_n}\right)^{s_n(g)}(y_1)^{t_1(h)}\cdot\right.$$

$$(2y_2)^{t_2(h)}\cdots(ny_n)^{t_n(h)}\Bigg]_{y_1=y_2=\cdots=y_n=0}.$$

从而 B^A 的单射(G,H)-轨道的个数为

$$\frac{1}{|G|\cdot|H|}\sum_{\substack{g\in G\\h\in H}}\Bigg[\left(\frac{\partial}{\partial y_1}\right)^{s_1(g)}\left(\frac{\partial}{\partial y_2}\right)^{s_2(g)}\cdots\left(\frac{\partial}{\partial y_n}\right)^{s_n(g)}(y_1)^{t_1(h)}\cdot$$

$$(2y_2)^{t_2(h)}\cdots(ny_n)^{t_n(h)}\Bigg]_{y_1=y_2=\cdots=y_n=0}$$

$$=\left[P_G\left(\frac{\partial}{\partial y_1},\frac{\partial}{\partial y_2},\cdots,\frac{\partial}{\partial y_n}\right)P_H(y_1,2y_2,\cdots,ny_n)\right]_{y_1=y_2=\cdots=y_n}.$$

例 7.17 用红、蓝、黄 3 种颜色去涂正方体的 6 个面,使得涂成红色、蓝色和黄色的面各有 2 个,求涂成的式样不同的着色正方体的个数.

解:设所求的式样不同的着色正方体的个数为 N. 以 A 表示正方体的 6 个面所成之集,以 $b_1,b'_1,b_2,b'_2,b_3,b'_3$ 表示 6 种不同的颜色,令 $B=\{b_1,b'_1,b_2,b'_2,b_3,b'_3\}$. 以$(D,*)$表示正方体的旋转群,$(G,\circ)$是由$(D,*)$导出的面置换群;以$(H,\cdot)$表示集合 B 上的如下的置换群:$H=\{h_1,h_2,\cdots,h_8\}$,其中

$$h_1=(b_1)(b'_1)(b_2)(b'_2)(b_3)(b'_3);$$
$$h_2=(b_1)(b'_1)(b_2b'_2)(b_3)(b'_3);$$
$$h_3=(b_1)(b'_1)(b_2)(b'_2)(b_3b'_3);$$
$$h_4=(b_1)(b'_1)(b_2b'_2)(b_3b'_3);$$
$$h_5=(b_1b'_1)(b_2)(b'_2)(b_3)(b'_3);$$
$$h_6=(b_1b'_1)(b_2b'_2)(b_3)(b'_3);$$
$$h_7=(b_1b'_1)(b_2)(b'_2)(b_3b'_3);$$
$$h_8=(b_1b'_1)(b_2b'_2)(b_3b'_3),$$

则$(G,\circ)$的轮换指标为

$$P_G(x_1,x_2,\cdots,x_6)=\frac{1}{24}(x_1^6+8x_3^2+6x_2^3+3x_1^2x_2^2+6x_1^2x_4),$$

$(H,\cdot)$的轮换指标为

$$P_H(x_1,x_2,\cdots,x_6)=\frac{1}{8}(x_1^6+3x_1^4x_2+3x_1^2x_2^2+x_2^3).$$

以a_1,a_2,a_3分别表示红色、蓝色和黄色. 用红、蓝、黄3种颜色去涂正方体的6个面,每个面涂一种颜色,且涂成红色、蓝色和黄色的面数均为2,所得到的着色正方体记成W_6. 但可通过如下两个步骤去作出W_6:先用6种颜色$b_1,b'_1,b_2,b'_2,b_3,b'_3$去涂正方体的6个面,每个面涂一种颜色且使得各个面的颜色相异;然后把涂成b_i或$b'_i(i=1,2,3)$的面的颜色改成a_i. 设K_6和K'_6均是对正方体实施第一个步骤而得到的着色正方体,则K_6和K'_6可看成是由A到B的两个单射f和f'. 又设对K_6和K'_6实施第二个步骤而得到的两个着色正方体分别为W_6和W'_6,则W_6和W'_6式样相同当且仅当f和f'有(G,H)-关系. 因此,所求的式样不同的着色正方体的个数N等于B^A的单射(G,H)-轨道的个数. 由定理7.35得

$$N=\left[P_G\left(\frac{\partial}{\partial y_1},\frac{\partial}{\partial y_2},\cdots,\frac{\partial}{\partial y_6}\right)P_H(y_1,2y_2,\cdots,6y_6)\right]_{y_1=y_2=\cdots=y_6=0}$$

$$=\frac{1}{24\times 8}\Bigg[\Bigg(\left(\frac{\partial}{\partial y_1}\right)^6+8\left(\frac{\partial}{\partial y_3}\right)^2+6\left(\frac{\partial}{\partial y_2}\right)^3+3\left(\frac{\partial}{\partial y_1}\right)^2\left(\frac{\partial}{\partial y_2}\right)^2+$$

$$6\left(\frac{\partial}{\partial y_1}\right)^2\left(\frac{\partial}{\partial y_4}\right)\Bigg)(y_1^6+3y_1^4(2y_2)+$$

$$3y_1^2(2y_2)^2+(2y_2)^3)\Bigg]_{y_1=y_2=\cdots=y_6=0}$$

$$=\frac{1}{192}(6!+6\times 2^3\times 3!+3\times 3\times 2!\times 2^2\times 2!)=6.$$

例 7.18 用红、粉红、黄、黑 4 种颜色去涂正方体的 6 个面，使涂成黄色和黑色的面各有一个，涂成红色和粉红色的面各有 2 个. 李先生有些色盲. 对于两个着色正方体 W_6 和 W'_6，如果 W'_6 是把 W_6 中涂成红色的 2 个面改涂成粉红色，把涂成粉红色的 2 个面改涂成红色而得到，李先生由于有色盲，干脆认为 W_6 和 W'_6 是一样的. 求在李先生的识别方法之下，涂成的式样不同的着色正方体的个数.

解：以 A 表示正方体的 6 个面所成之集，以 $b_1,b_2,b_3,b'_3,b_4,b'_4$ 表示 6 种不同的颜色，令 $B=\{b_1,b_2,b_3,b'_3,b_4,b'_4\}$. 以 $(D,*)$ 表示正方体的旋转群，$(G,\circ)$ 是由 $(D,*)$ 导出的面置换群；以 $(H,\cdot)$ 表示集合 B 上的如下的置换群：$H=\{h_1,h_2,\cdots,h_8\}$，其中

$$h_1=(b_1)(b_2)(b_3)(b'_3)(b_4)(b'_4);$$
$$h_2=(b_1)(b_2)(b_3b'_3)(b_4)(b'_4);$$
$$h_3=(b_1)(b_2)(b_3)(b'_3)(b_4b'_4);$$
$$h_4=(b_1)(b_2)(b_3b'_3)(b_4b'_4);$$
$$h_5=(b_1)(b_2)(b_3b_4)(b'_3b'_4);$$
$$h_6=(b_1)(b_2)(b_3b'_4)(b'_3b_4);$$
$$h_7=(b_1)(b_2)(b_3b_4b'_3b'_4);$$
$$h_8=(b_1)(b_2)(b_3b'_4b'_3b_4),$$

则 $(G,\circ)$ 的轮换指标为

$$P_G(x_1,x_2,\cdots,x_6)=\frac{1}{24}(x_1^6+8x_3^2+6x_2^3+3x_1^2x_2^2+6x_1^2x_4),$$

$(H,\cdot)$ 的轮换指标为

$$P_H(x_1,x_2,\cdots,x_6)=\frac{1}{8}(x_1^6+2x_1^4x_2+3x_1^2x_2^2+2x_1^2x_4).$$

通过类似于例 7.17 的讨论，易知所求的式样不同的着色正方体的个数 N 等于 B^A 的单射 (G,H)-轨道的个数. 由定理 7.35 得

$$N = \frac{1}{24 \times 8}\left[\left(\left(\frac{\partial}{\partial y_1}\right)^6 + 8\left(\frac{\partial}{\partial y_3}\right)^2 + 6\left(\frac{\partial}{\partial y_2}\right)^3 + 3\left(\frac{\partial}{\partial y_1}\right)^2\left(\frac{\partial}{\partial y_2}\right)^2 + 6\left(\frac{\partial}{\partial y_1}\right)^2\left(\frac{\partial}{\partial y_4}\right)\right)\left(y_1^6 + 2y_1^4(2y_2) + 3y_1^2(2y_2)^2 + 2y_1^2(4y_4)\right)\right]_{y_1=y_2=\cdots=y_6=0}$$

$$= \frac{1}{192}(6! + 3 \times 3 \times 2! \times 2^2 \times 2! + 6 \times 2 \times 2! \times 4)$$

$$= 5.$$

Pólya 计数定理在图的计数中起着非常重要的作用,有兴趣的读者可参阅 F. Harary 和 E. M. Palmer 合著的《图的计数》(参考文献9).

习 题 七

1. 以$(G_1,\circ)$表示正四面体的旋转群导出的顶点置换群,求证:$(G_1,\circ)$的轮换指标为

$$P_{G_1}(x_1,x_2,x_3,x_4) = \frac{1}{12}(x_1^4 + 8x_1x_3 + 3x_2^2).$$

2. 以$(F_1,\circ)$表示正四面体的旋转群导出的边置换群,求证:$(F_1,\circ)$的轮换指标为

$$P_{F_1}(x_1,x_2,\cdots,x_6) = \frac{1}{12}(x_1^6 + 8x_3^2 + 3x_1^2x_2^2).$$

3. 以$(W_1,\circ)$表示正四面体的旋转群导出的面置换群,求证:$(W_1,\circ)$的轮换指标为

$$P_{W_1}(x_1,x_2,x_3,x_4) = \frac{1}{12}(x_1^4 + 8x_1x_3 + 3x_2^2).$$

4. 以$(G_2,\circ)$表示正八面体的旋转群导出的顶点置换群,求证:$(G_2,\circ)$的轮换指标为

$$P_{G_2}(x_1,x_2,\cdots,x_6)=\frac{1}{24}(x_1^6+3x_1^2x_2^2+6x_1^2x_4+6x_2^3+8x_3^2).$$

5. 以$(F_2,\circ)$表示正八面体的旋转群导出的边置换群，求证：$(F_2,\circ)$的轮换指标为

$$P_{F_2}(x_1,x_2,\cdots,x_{12})=\frac{1}{24}(x_1^{12}+3x_2^6+6x_4^3+6x_1^2x_2^5+8x_3^4).$$

6. 以$(W_2,\circ)$表示正八面体的旋转群导出的面置换群，求证：$(W_2,\circ)$的轮换指标为

$$P_{W_2}(x_1,x_2,\cdots,x_8)=\frac{1}{24}(x_1^8+9x_2^4+6x_4^2+8x_1^2x_3^2).$$

7. 用m种颜色去涂正四面体的6条边，每条边涂一种颜色，求涂成的式样不同的边着色正四面体的个数.

8. 用m种颜色去涂正八面体的8个面，每个面涂一种颜色，求涂成的式样不同的面着色正八面体的个数.

9. 今用红、蓝、黄3种颜色去涂正方体的12条边，使得被涂成红色、蓝色和黄色的边均有4条，求涂成的式样不同的边着色正方体的个数.

10. 今用红、蓝、黄3种颜色去涂正方体的6个面，使得被涂成红色、蓝色和黄色的面均有2个，求涂成的式样不同的面着色正方体的个数.

11. 今用红、黄、黑、绿4种颜色去涂正六边形的6条边，每条边涂一种颜色，求涂成的边着色正六边形的Ⅰ型式样数.

12. 今用m种颜色去涂正n边形的n条边，每条边涂一种颜色，求涂成的边着色正n边形的Ⅱ型式样数N.

13. 今用红、黄、黑、绿4种颜色去涂正六边形的6条边，每条边涂一种颜色，求涂成的边着色正六边形的Ⅱ型式样数.

14. 求由2个a,2个b,4个c作成的第一类和第二类环排列的个数.

15. 求由2个a,3个b,5个c作成的第二类环排列的个数.

16. 设有3块白瓷砖和6块绿瓷砖，这些瓷砖都是边长为1的正方形. 今用这些瓷砖砌成一个边长为3的正方形图案，问能砌出多少种式样不同的图案?

17. 设有4块白瓷砖、4块黄瓷砖和8块绿瓷砖，这些瓷砖都是边长为1的正方形. 今用这些瓷砖砌成一个边长为4的正方形图案，问能砌出多少种

式样不同的图案?

18. 求由 2 个 a,2 个 b,4 个 c 作成的 2 个 a 不相邻的第一类环排列的个数.

19. 用红、黄、绿 3 种颜色去涂正方体的 6 个面,每个面涂一种颜色,每种颜色至少使用一次,求涂成的式样不同的面着色正方体的个数.

20. 用 $m(m\geqslant 2)$ 种颜色去涂正 $n(n\geqslant 3)$ 边形的 n 个顶点,每个顶点涂一种颜色,相邻顶点颜色相异,求涂成的顶点着色正 n 边形的 Ⅰ 型式样的个数 $g(m,n)$.

21. 用 $m(m\geqslant 2)$ 种颜色去涂正 $n(n\geqslant 3)$ 边形的 n 个顶点,每个顶点涂一种颜色,相邻顶点颜色相异,求涂成的顶点着色正 n 边形的 Ⅱ 型式样的个数 $h(m,n)$.

22. 用 $m(m\geqslant 2)$ 种颜色去涂正方体的 6 个面,每个面涂一种颜色且使得相邻的面颜色相异,求涂成的式样不同的面着色正方体的个数.

23. 用红、蓝、黄、黑 4 种颜色去涂正方体的 6 个面,使得被涂成红色和蓝色的面各有 1 个,被涂成黄色和黑色的面各有 2 个,求涂成的式样不同的着色正方体的个数.

24. 用红、粉红、黄、黑 4 种颜色去涂正六边形的 6 条边,使涂成黄色和黑色的边各有一条,涂成红色和粉红色的边各有 2 条. 李先生有些色盲. 对于两个着色正六边形 A_6 和 A'_6,如果 A'_6 是把 A_6 中涂成红色的两条边改涂成粉红色,把涂成粉红色的两条边改涂成红色而得到,李先生由于色盲,认为 A_6 和 A'_6 是一样的. 求在李先生的认别方法之下,涂成的边着色正六边形 Ⅰ 型式样数.

25. 设 A_n 是正 n 边形,今用 m 种颜色去涂 A_n 的 n 个顶点,每个顶点涂一种颜色,以 $g(n,m)$ 表示涂成的顶点着色正 n 边形的 Ⅰ 型式样数,求证:

$$g(n,m)=\frac{1}{n}\sum_{d\mid n}\varphi(d)m^{\frac{n}{d}}.$$

26. 用 m 种颜色去涂正方体的 12 条边,每条边涂一种颜色,求涂成的式样不同的边着色正方体的个数.

27. 今用红、蓝两种颜色去涂正方体的 8 个顶点,使得被涂成红色和蓝色的顶点数均为 4,求涂成的式样不同的顶点着色正方体的个数.

28. 用给出的 3 种不同颜色的珠子可作出多少种式样不同的 4 珠手镯?

29. 用给出的3种不同颜色的珠子可串出多少种式样不同的4珠项链?

30. 用3颗红珠、3颗黄珠和3颗绿珠可作出多少种式样不同的9珠手镯?

31. 用3颗红珠、3颗黄珠和3颗绿珠可串出多少种式样不同的9珠项链?

32. 今有边长为1的红、黄两种颜色的单面着色瓷砖,用这两种瓷砖去砌一个边长为2的正方形图案,问能砌出多少种式样不同的图案?

33. 今用边长为1的红、蓝两种颜色的正方形单面着色瓷砖去砌一个边长为3的正方形图案,问可砌出多少种式样不同的图案?

34. 今用边长为1的m种不同颜色的正方形单面瓷砖去砌边长为n($n\geqslant 3$且n为奇数)的正方形图案,问可砌出多少种式样不同的图案?

35. 今用边长为1的m种不同的正方形单面瓷砖去砌边长为n($n\geqslant 2$且n为偶数)的正方形图案,问可砌出多少种式样不同的图案?

习题答案

习 题 一

1. 4 422.
2. $(2n)!/2^n\cdot n!$.
3. 108.
4. 64.
5. $2mn-m-n$.
6. 216.
7. $2^{n-2}n(n+1)$.
8. 21 840.
9. 750.
10. 1360.
12. $m(m-1)^{n-1}$.
13. $(n^2-3n+3)(n-2)!$.
14. 2 257 920.
15. 420.
16. 185.
17. $\dfrac{(a-b)(a+b-1)!}{a!b!}$.
18. $n!(2n)!/(n+1)!$.
19. 604 800.
20. 11 760.
21. 45 374.
22. $\prod_{i=1}^{k}\binom{n_i+m-1}{m-1}$.
23. 56.
24. $\dfrac{n(n+1)!}{2}$.
25. 16 800.
26. $A=12, B=18, C=5$.
27. $\binom{m}{k}\cdot n^k$.
28. $\binom{n+9}{9}-1$.
29. 210.
30. $2(n-2)\cdot(n-2)!$.
31. 5 760.
32. 28 584.

34. (1) $\dfrac{4^{n+1}-1}{n+1}$. (2) $\binom{n+1}{3}$. (3) $(n^2+n+12)2^{n-2}$.

(4) $(2n+3)3^{n-1}$. (5) $\dfrac{1}{n+1}$. (6) $\dfrac{(n+5)2^n-2}{n+1}$.

40. $h'_m(n) = \sum_{k=2}^{m}(-1)^{m-k}\binom{m}{k}(k^2-3k+3)^{n-1}k(k-1)$.

41. $D_n = n!\sum_{k=0}^{n}(-1)^k/k!$.

45. $\sum_{k=0}^{m}(-1)^{m-k}\binom{m}{k}[(k-1)^n+(-1)^n(k-1)]$.

47. $\frac{n!}{n-k+1}$.

48. $g_n = \binom{2n}{n}$.

49. (1) $(2^m-1)^n$. (2) $(2^m-2)^n$.

50. $\left[\frac{n^2+4n+4}{4}\right]$.

51. $\sum_{k=0}^{[\frac{n+1}{2}]}\binom{n-k+1}{k}2^{n-k}$.

52. $a_n = \left[\frac{n^2+2n+1}{4}\right]$.

53. $\frac{n(3m^2+3mn+n^2-1)}{3}$.

55. $n\cdot 2^{n-1}$.

56. 2 940 种.

57. (1) $\frac{(3n)!}{6^n\cdot n!}$ $(n\geqslant 1)$. (2) $\frac{(3n)!}{6^n}$.

58. $\binom{n}{k}\binom{n-k}{2r-2k}\cdot 2^{2r-2k}$种.

习 题 二

1. 95. 2. 167. 3. 29. 4. 219.

5. 426. 6. 534. 7. 1 167.

8. $\sum_{k=0}^{8}(-1)^k\binom{9}{k}(9-k)^n$.

10. 2 项. 11. 1314.

12. $(n^3-6n^2+14n-13)(n-3)!$.

13. (1)1 854. (2)3 186. (3)1 331.

19. $\sum_{k=0}^{n}(-1)^k\binom{n}{k}2^k(3n-k)!$.

20. $l(n,m) = \sum_{k=0}^{n}(-1)^k\binom{n}{k}(n-k-1)^{n-k}(n-k)^{m+k}$.

23. $\sum_{k=0}^{n}(-1)^k\binom{n}{k}(n-k)^m(n-k-1)^m$ 种.

24. $3^n-(6+n)\cdot 2^{n-1}+2n+3$ 种.

27. (1) 6^n 种.　(2) $\sum_{k=0}^{5}(-1)^k\binom{6}{k}(6-k)^n$ 种.

习　题　三

1. (1)$2^n+2^k(-1)^{n+k}$.

   (2)$\dfrac{(-1)^k\cdot k!}{n(n+1)\cdots(n+k)}$.

   (3)$(n+2k)\cdot 2^n$.

   (4)$2^k\sin^k\dfrac{x}{2}\cos\left[nx+\dfrac{k(\pi+x)}{2}+a\right]$.

2. $2^n\sin^n\dfrac{x}{2}\cos\left[a+\dfrac{n(\pi+x)}{2}\right]$.

3. $2^n\cos^n\dfrac{x}{2}\cos\left(a+\dfrac{nx}{2}\right),2^n\cos^n\dfrac{x}{2}\sin\left(a+\dfrac{nx}{2}\right)$.

4. $\dfrac{1}{4}n^4+\dfrac{13}{6}n^3+\dfrac{27}{4}n^2+\dfrac{53}{6}n+4$.

5. $f(n)=n^3+2n^2+n+3$.

6. $f(n)=2n^3-5n^2+3n+1$,

   $\sum_{k=0}^{n}f(k)=\dfrac{(n+1)(3n^3-7n^2+4n+6)}{6}$.

7. $\dfrac{1}{5}n^5+\dfrac{1}{2}n^4+\dfrac{1}{3}n^3-\dfrac{1}{30}n$.

10. $f(n)=n^2-n+2\ (n\geqslant 2)$.

11. $2^{2n-1}+2^{n-1}\ (n\geqslant 1)$.

12. (1)$2^{n-1}-n-1$. (3)105.

14. $\dfrac{n^3+5n+6}{6}$.

15. $a_n=\dfrac{(m-1)^n}{m}+(-1)^n\cdot\dfrac{m-1}{m}$.

16. (1) $a_n=(n+3)2^n$.

(2) $a_n = n!\left(2+\sum_{k=0}^{n}(-1)^k/k!\right)$.

(3) $a_n=2^n+1$.

(4) $a_n=\dfrac{n+1}{2^n}$.

(5) $a_n=2^{n+(-1)^n}$.

17. $h(n)=\sqrt{5\cdot 2^n-1}$.

18. $h(n)=\sqrt{\dfrac{3^{n+1}+5}{2}}$.

19. (1) $a_n=2+3^n$.

(2) $a_n=3\cdot 2^n+3^n$.

(3) $a_n=1-3\cdot 2^n+4\cdot 3^n$.

20. (1) $a_n=3-2^n+n\cdot 2^n$.

(2) $a_n=1-2\cdot 3^n+n\cdot 3^n$.

(3) $a_n=2-n+3\cdot 2^n$.

(4) $a_n=3\cdot 2^n+n\cdot 2^n+3^n$.

(5) $a_n=(2+n-n^2)3^n$.

21. (1) $a_n=2^{n+1}+3^n+n+2$.

(2) $a_n=2\cdot 3^n+4^n+n+2$.

(3) $a_n=17+11n-13\cdot 2^n+4n\cdot 2^n$.

(4) $a_n=3\cdot 2^n+3^n-5^n$.

22. $a_n=2\cdot 4^n-2n+2$, $b_n=2\cdot 4^n+4n-2$.

23. $\sum_{k=0}^{[\frac{n}{3}]}\binom{n-2k}{k}$.

26. $6(\alpha_1^{n-3}+\alpha_2^{n-3}+2)$,其中 $\alpha_1=\dfrac{1+\sqrt{5}}{2}$,$\alpha_2=\dfrac{1-\sqrt{5}}{2}$.

30. $a_n=2^{n-1}$.　　32. $\sum_{k=1}^{n}(-1)^k k^2=(-1)^n\cdot\dfrac{n(n+1)}{2}$.

33. $a_n=10^{n-1}\ (n\geqslant 1)$.　　34. $a_n=(-1)^{n-1}-\dfrac{n(n-1)}{2}\ (n\geqslant 1)$.

36. $f(n)=3^n+2n-1$.　　37. $a_n=2(n-1)!\ (n\geqslant 3)$.

38. (1) $g(5,2)=20$.　(3) $g(2n,n)=\dfrac{(2n)!}{n!\cdot 2^n}$.

(4) $g(n,2)=(n-1)!\cdot\sum_{k=2}^{n-2}\dfrac{1}{k}$.

40. $G(n,3)=2^{n-2}-1$.

41. (1) $K(m,n)=m\cdot(m-2)^n+(-1)^n\cdot m(m-2)$.

(2) $G(m,n)=\sum_{k=3}^{m}(-1)^{m-k}\binom{m}{k}[k(k-2)^n+(-1)^n k(k-2)]$.

习　题　四

1. (1) $A(t)=\dfrac{5-4t}{(1-t)^2}$.

(2) $A(t)=\dfrac{2t^2}{(1-t)^3}$.

(3) $A(t)=\dfrac{6t}{(1-t)^4}$.

2. $A(t)=\dfrac{t^2}{1-6t+11t^2-6t^3}$.

4. 54.　5. 25.　6. 260.　7. 29.　8. 141.　9. 34.

10. $a_n=2^{n+1}-3^{n+1}+2\cdot 4^n$.　　11. 833.

12. $\sum_{k=0}^{r}(-1)^k\binom{r}{k}\binom{n+r-s_1r-(s_2-s_1+1)k-1}{r-1}$.

15. $m!(n-1)!(m+n)\cdot\binom{n+m-nk-1}{n-1}$.

16. $\binom{n-7}{3}$.

17. (1) $R(t)=1+7t+14t^2+8t^3+t^4$.

(2) $R(t)=1+7t+13t^2+7t^3+t^4$.

(3) $R(t)=1+9t+24t^2+20t^3+4t^4$.

(4) $R(t)=1+9t+22t^2+14t^3$.

18. (1) $E(t) = 24 + 48t + 28t^2 + 18t^3 + 2t^5$.

(2) $E(t) = 14 + 36t + 40t^2 + 22t^3 + 6t^4 + 2t^5$.

19. 26.

20. $a_n = 10^n$.

21. $a_n = \frac{5^n + 2 \cdot 3^n + 1}{4}$.

22. $N_n = \frac{6^n + 2 \cdot 4^n + 2^n}{4}$.

23. $\frac{4^n - 3^n + (-1)^n}{4}$.

24. $\frac{3^n - 1}{2}$.

25. $f_{2n}(m) = \frac{1}{2^m}\sum_{k=0}^{m}\binom{m}{k}(2k-m)^{2n}$.

26. $\frac{n^2 - 3n + 2}{2} - \left[\frac{n-1}{2}\right]$种.

29. $g(n,m) = \binom{n - \frac{m^2 - m}{2} - 1}{m - 1}$.

30. $m!n! \cdot \sum_{k=0}^{n-1}(-1)^k \cdot \binom{n-1}{k}\binom{m + n - (n-1)s_1 - (s_2 - s_1 + 1)k}{n}$.

31. $\frac{n}{n-k} \cdot \binom{n-k}{k}$种.

32. $R(n,m) = n! \cdot \sum_{k=0}^{n}(-1)^k\binom{m}{k} \cdot \frac{(m-k)^{n-k}}{(n-k)!}$.

33. $\frac{6^n + 2^n}{2}$.

34. $G_n = \frac{3^{n-1} - 3 \cdot 2^{n-1} + 3}{2}$.

35. $$d(n,m) = \sum_{j=0}^{m-1}(-1)^j\binom{m}{j}(m-j)^n - n\sum_{j=0}^{m-2}(-1)^j\binom{m-1}{j}(m-1-j)^{n-1}.$$

习 题 五

1. $[\frac{n}{3}]$.

2. $[\frac{n^2+3}{12}] - [\frac{n-k}{2}]$.

3. 84.

5. $g_3(n)=\begin{cases}[\frac{n-1}{2}] & 若 3\nmid n\\ [\frac{n-1}{2}]-1 & 若 3\mid n\end{cases}$.

6. 23.　　7. 48.　　8. 84.　　9. 37.　　10. 9.

16. $15=8+1+1+1+1+1+1+1$，　$15=6+3+3+1+1+1$，
$15=5+4+3+2+1$，　$15=4+4+4+3$.

17. 11.

18. 1^{11}，　$1\,2^5$，　$1^2\,3^3$，　$1^3\,4^2$，　$1^5\,6$，　$1\,2\,4^2$，　$1\,2^2\,6$，　$1^2\,3\,6$.

19. 8.　20. 12,9.

21. $19=4+4+4+4+2+1$，　$19=10+2+2+2+2+1$，
$19=10+5+1+1+1+1$.

22. (1) $3^n-(6+3n)\cdot 2^{n-1}+3n^2+3n+3$ 种.　(2) $\binom{n-4}{2}$种.

(3) $\left[\frac{n^2-6n}{12}\right]+1$ 种.

23. 25 种.

25. 设有 N_n 种不同的分法,则 $N_n=\begin{cases}0 & 若 n 为奇数\\ \left[\frac{n-1}{4}\right] & 若 n 为偶数\end{cases}$.

27. $\left[\frac{n^2+6n}{12}\right]+1$.　28. 39.

习　题　七

7. $\frac{1}{12}(m^6+3m^4+8m^2)$.

8. $\frac{1}{24}(m^8+17m^4+6m^2)$.

9. 1479.　　10. 6.　　11. 700.

12. $N=\begin{cases}\frac{1}{2n}\sum_{d\mid n}\varphi(d)\cdot m^{\frac{n}{d}}+\frac{1}{2}m^{\frac{n+1}{2}} & n 为奇数\\ \frac{1}{2n}\sum_{d\mid n}\varphi(d)\cdot m^{\frac{n}{d}}+\frac{1}{4}m^{\frac{n}{2}}(1+m) & n 为偶数\end{cases}$.

13. 430. 14. 54,33.

15. 132. 16. 22. 17. 225336.

18. 39. 19. 30.

20. $g(m,n)=\frac{1}{n}\sum_{\substack{d|n\\ d\neq n}}\varphi(d)\left[(m-1)^{\frac{n}{d}}+(-1)^{\frac{n}{d}}(m-1)\right]$.

21. $h(m,n)$

$$=\begin{cases}\frac{1}{2n}\sum_{\substack{d|n\\ d\neq n}}\varphi(d)\left[(m-1)^{\frac{n}{d}}+(-1)^{\frac{n}{d}}(m-1)\right] & n\text{ 为奇数}\\ \frac{1}{2n}\sum_{\substack{d|n\\ d\neq n}}\varphi(d)\left[(m-1)^{\frac{n}{d}}+(-1)^{\frac{n}{d}}(m-1)\right]+\frac{1}{4}m(m-1)^{\frac{n}{2}} & n\text{ 为偶数}\end{cases}$$

22. $\frac{1}{24}m(m-1)(m-2)(m^3-9m^2+32m-38)$.

23. 8. 24. 15.

26. $\frac{1}{24}(m^{12}+6m^7+3m^6+8m^4+6m^3)$. 27. 7.

28. 24 种. 29. 21 种. 30. 188 种. 31. 94 种. 32. 6 种.

33. 140 种. 34. $\frac{1}{4}(m^{n^2}+2m^{\frac{n^2+3}{4}}+m^{\frac{n^2+1}{2}})$种.

35. $\frac{1}{4}(m^{n^2}+2m^{\frac{n^2}{4}}+m^{\frac{n^2}{2}})$ 种.

参 考 文 献

1 柯召,魏万迪．组合论(上册)．北京:科学出版社,1981.

2 R. A. Brualdi. 组合学导引．李盘林,王天明译．武汉:华中工学院出版社,1982.

3 徐利治,蒋茂森,朱自强．计算组合数学．上海:上海科学出版社,1987.

4 C. L. Liu. 组合数学导论．魏万迪译．成都:四川大学出版社,1988.

5 李宇寰．组合数学．北京:北京师范学院出版社,1988.

6 L. Comtet. 高等组合论．谭明术,等译．大连:大连理工大学出版社,1991.

7 张禾瑞．近世代数基础．北京:人民教育出版社,1978.

8 J. Riordan. An introduction to combinatorial analysis. New York: Wiley, 1958.

9 F. Harary, E. M. Palmer. Graphical enumeration. New York and London: Acad. Press, 1973.

10 W. J. Gilbert. Modern algebra with application. John Wiley and Sons, 1976.

11 M. Hall. Combinatorial theory. John Wiley & Sons, 1986.

12 李乔．组合数学基础．北京:高等教育出版社,1993.

13 曹汝成．推广了的"夫妻问题"的简单解法[J]．数学通讯,1984,7:27－28.

14 曹汝成．环型交错排列的计数公式[J]．华南师范大学学报:数学专刊,1984,100－104.

15 曹汝成,柳柏濂．有限集覆盖的计数[J]．华南师范大学学报:数学专刊,1986,12－18.

16 曹汝成,柳柏濂．常系数线性齐次递归式的一般解公式[J]．数学的实践与认识,1987,3:80－82.

17 曹汝成．广容斥原理及其应用[J]．数学研究与评论,1988,4:526－530.

18 曹汝成．钥匙编码的若干计数问题[J]．应用数学,1994,1:1－5.

19 Liu Bolian. On enumeration of perfect partition. 数学进展,1987,3:331－332.